云南东川雪岭铜多金属矿床的
地质地球化学特征与成矿模式研究

刘文恒　刘继顺　杨婉芩　著

科学出版社

北　京

内 容 简 介

本书基于地质资料分析与现场地质系统调查，针对东川雪岭厚覆盖大隐伏矿区找矿难题，以区域成矿学、比较矿床学和找矿系统工程学为指导，以岩相古地理—构造岩浆沉积成矿作用—矿床地球化学—综合成矿模型为主线，以浅部铜多金属矿化线索和衍生成矿信息对深部地质成矿信息追溯和反演，对雪岭矿区的浅部灯影组铜多金属脉状矿化及深部陡山沱组中层状铜矿及辉绿岩的成矿地质特征、矿床地球化学开展较为全面的研究和探索，并讨论辉绿岩的成岩时代、岩石成因及源区特征。本书重点论述各类型矿体特征、地球化学特征及矿体间的亲缘性，建立雪岭矿区的成矿模式，总结关键找矿标志，并开展找矿靶区预测。

本书可供地质学专业师生和专业技术人员参考。

图书在版编目(CIP)数据

云南东川雪岭铜多金属矿床的地质地球化学特征与成矿模式研究/刘文恒，刘继顺，杨婉琴著. —北京：科学出版社，2019.12

ISBN 978-7-03-063859-5

Ⅰ.①云… Ⅱ.①刘… ②刘… ③杨… Ⅲ.①金铜矿床-多金属矿床-地球化学标志-研究-东川区②金铜矿床-多金属矿床-成矿规律-研究-东川区 Ⅳ.①P618.410.627.44

中国版本图书馆 CIP 数据核字(2019)第 300211 号

责任编辑：周　丹　沈　旭/责任校对：王晓茜
责任印制：张　伟/封面设计：许　瑞

科学出版社 出版
北京东黄城根北街 16 号
邮政编码：100717
http://www.sciencep.com
北京虎彩文化传播有限公司 印刷
科学出版社发行　各地新华书店经销
*

2019 年 12 月第 一 版　开本：720×1000　1/16
2019 年 12 月第一次印刷　印张：12 1/2
字数：252 000

定价：99.00 元
(如有印装质量问题，我社负责调换)

前　言

云南东川矿区以古-中元古代浅变质火山-沉积岩系中的超大型铜多金属矿集区著称于世。雪岭矿区处于东川矿区南缘，毗邻东川滥泥坪铜矿区，地表为灯影组至二叠系沉积地层所覆盖。自 2010 年针对矿区浅表产出的铅锌矿、磷矿、大理石矿进行了普查研究，但钻探和坑探结果均表明区内铅锌矿化不连续，磷矿品位低，矿量少，难以支撑矿山经济健康有序地向前发展。在此情况下，笔者随科研团队于 2011 年 4 月来到雪岭矿区进行野外地质调查，在地表观察到多处铜矿化痕迹，并在震旦系灯影组白云岩中发现了原生矿物辉铜矿和黄铁矿。结合雪岭矿区紧邻的东川滥泥坪铜矿区本就是超大的铜铁(金)矿床，铜背景值高，只是本区表面为灯影组和古生代地层所覆盖，其深部应具有铜多金属找矿前景。

因此，笔者在区域成矿与矿区地质文献调研及系统的现场地质调查基础上，针对雪岭厚覆盖大隐伏矿区找矿难题，以区域成矿学、比较矿床学和找矿系统工程学为指导，以岩相古地理—构造岩浆沉积成矿作用—矿床地球化学—综合成矿模型为主线，以浅部铜多金属矿化线索和衍生成矿信息对深部地质成矿信息追溯和反演，对雪岭矿区的浅部灯影组铜多金属脉状矿化、深部陡山沱组中层状铜矿及辉绿岩的成矿地质特征、矿床地球化学等开展了较为全面的研究和探索，建立了雪岭矿区的成矿模式，总结了关键找矿标志，开展了找矿靶区预测，取得了多方面的新认识。

(1) 雪岭矿区浅部铜多金属矿化受落因断裂带南延断裂及其次级断裂和辉绿岩脉所控制，主要呈脉状、透镜状切层产出于灯影组白云岩中，次为似层状矿化。矿石类型有铜铅锌矿(方铅矿、闪锌矿、黄铜矿、黝铜矿和黄铁矿)、铜银矿(黄铜矿、黝铜矿、辉铜矿和黄铁矿，氧化后为孔雀石、蓝铜矿和褐铁矿)和硫铁矿(几乎全部氧化为褐铁矿，局部残余有黄铁矿)。脉石矿物主要为白云石、方解石、重晶石和石英。经槽探、坑探和浅钻控制，矿化不连续，难以构成工业矿体，但矿化强度往北向东川滥泥坪铜矿区及深部有增强趋势。矿石稀土元素地球化学特征显示与陡山沱组中的铜矿体极为相似。矿石硫、铅、氢、氧同位素分析显示：矿区浅部铜多金属矿石的硫同位素组成与滥泥坪铜矿相似，具有海水硫与深源硫的混合硫性质；铅主要源自地幔，并受到壳源铅一定程度的混染；具正常铅特征的硫铁矿体的模式年龄为 260~350Ma，时间为二叠纪—石炭纪，与峨眉山玄武岩的成岩时代接近；成矿流体则以沉积岩中的深层封存水为主，基本上属于中低温、低盐度、低密度的 $NaCl-KCl-H_2O-CO_2$ 体系。

(2) 矿区范围内出露的辉绿岩脉侵入震旦系至下二叠统灰岩中，与震旦系接触带中存在铜多金属矿化。辉绿岩具有低硅、高铁、高钛，铝饱和指数(A/CNK)小于 1，$Na_2O>K_2O$，全碱(Na_2O+K_2O)含量较低(2.75%～6.09%)，分异指数(DI)偏低(25.60～50.62)的特点，属弱分异碱性铁质富钛基性岩。稀土总量为 $194.07×10^{-6}$～$281.97×10^{-6}$，LREE/HREE 值为 5.14～9.49，$(La/Yb)_N$ 值为 5.26～14.96，具弱的 Eu 负异常和轻微的 Ce 负异常。雪岭辉绿岩的 LA-ICP-MS U-Pb 加权平均年龄为(242±28)Ma，与峨眉山玄武岩喷溢时间相近。Sr-Nd-Pb 同位素暗示其来源于地幔与地壳混合的特征。综合分析认为，雪岭辉绿岩起源于晚二叠世峨眉山地幔柱作用影响下的幔源物质与地壳组分的混染作用，其形成于板内构造伸展拉张环境，具大陆裂谷玄武岩浆特征，为峨眉山玄武岩同期同源异相岩浆活动产物。

(3) 根据衍生成矿信息和物探磁法、电法(TEM 和 EH-4)异常，结合雪岭矿区和邻区滥泥坪铜矿区的对比分析，推定雪岭矿区浅部铜多金属矿化成矿物质来源于深部存在的隐伏矿床，并布设深钻进行探索。已施工的 4 个钻孔，在矿区深部成功找到了全隐伏的陡山沱组的滥泥坪式铜矿。该层状铜矿共分两层，上层矿体赋存于陡山沱组上部的深灰色白云岩及石英脉中，部分受辉绿岩脉所控制；下层矿体分布于下部黑色碳泥质白云岩中，均呈层状、似层状产出，具有沉积及热液叠加改造特征。各钻孔均穿过不整合面，进入昆阳群因民组中终孔。

(4) 根据雪岭矿区深钻所揭露的陡山沱组层状铜矿地质事实与矿床地球化学特征，结合区域成矿地质背景研究，建立雪岭矿区成矿模式。研究表明：陡山沱组层状铜矿中的铜主要来自于昆阳群中铜矿的风化剥蚀物，部分来自于沿断裂运移的深部成矿物质；硫主要来自海相硫酸盐的还原作用，部分受到下伏昆阳群铜矿床中的硫和生物硫的影响；铅同位素组成显示出壳幔混合源性质，且矿石、围岩和昆阳群铜矿床的铅源具有一定的亲缘性，故陡山沱组层状铜矿的成矿物质主要来源于昆阳群铜矿床。后期热液叠加改造形成的矿体其成矿流体主要来源于大气降水形成的层间封存水，大体上属于中低温、低盐度、低密度的 $NaCl-KCl-H_2O-CO_2$ 体系。因此，陡山沱组中的层状铜矿为陆源碎屑砂砾岩沉积改造成因。而雪岭矿区浅部灯影组中铜多金属脉状矿化是在晚二叠世时，受峨眉山玄武岩巨量喷溢所导致的辉绿岩侵入与断裂构造的影响，混合了层间水和天水的热液流体在热能的驱动下活化萃取深部陡山沱组铜矿成矿物质，并渗透淋滤沉积地层中部分成矿物质，伴随着物理、化学条件的变化，沿落因断裂带南延断裂及辉绿岩侵入接触带向上运移至浅部灯影组地层中沉淀富集而就位，系浅成低温热液充填交代成因。矿床地球化学特征表明,浅部灯影组铜多金属脉状矿化与深部下伏的陡山沱组层状铜矿，以及与进一步往深部待发现的昆阳群层状铜矿之间,具有强烈的亲缘性和衍生性,显示出同位成矿特征。

(5)综合以上分析,结合区域成矿地质背景和同位成矿原理,预测区内将有中大型铜矿的找矿前景,找矿突破方向为深部陡山沱组中层状铜矿床和昆阳群中铜铁矿床,次为辉绿岩脉出露区。在此基础上,总结出了大地构造、岩性、构造组合、辉绿岩、蚀变、地球化学、地球物理等关键的找矿标志,优选找矿靶区,为厚覆盖大隐伏矿床的寻找提供一个新的案例。

本科研课题得到了校企合作项目"云南东川雪岭铜多金属矿区成矿规律与找矿预测研究"及其合作单位昆明弗拉瑞矿业有限公司的资助和野外工作支持。本书第4章由刘文恒和杨婉芩编写,其余章节均由刘文恒编写,刘继顺教授全局统筹。参加野外地质调研的还有中南大学吴自成、王伟及昆明弗拉瑞矿业有限公司罗江华、高林和杨永。笔者在本书编写期间与中南大学张洪培、张彩华、周余国、刘德利、董新、刘卫明、尹利君、欧阳玉飞、杨立功、康亚龙、杨振军、豆松、马慧英、舒国文、邓湘伟、支凤歧、王玉朝、王天国、于换涛、李曦等进行了广泛交流,受益颇深。在工作中学习、应用了很多前人的科研成果,使认识不断深化,在此一并衷心感谢这些作者。

最后需要指出的是,本次历时三年的研究只能算是一个开端,由于雪岭矿区找矿目标为全隐伏矿体,困难重重。而且本次研究受研究时间、科研经费、研究水平及新区资料匮乏的限制,不足之处尚多。随着工作的进一步发展,一定还会有很多新的发现和认识出现。要完全弄清深部陡山沱组铜矿床的空间分布、规模和品位,尚需更多的钻探和坑探工程。对于灯影组铜多金属脉状矿体的成矿年龄,目前只有铅同位素模式年龄参考,今后的工作中还需要用其他方法论证矿区浅部矿化成矿年龄。此外,矿区辉绿岩与成矿关系的研究也尚需加强。

作 者

2019年10月1日

目 录

前言

第1章 引言 ··· 1
  1.1 研究现状 ··· 1
  1.2 存在问题 ··· 3
  1.3 研究思路和研究内容 ·· 4

第2章 区域成矿地质背景 ··· 6
  2.1 大地构造背景 ·· 6
  2.2 大陆裂谷盆地构造演化过程 ·· 8
  2.3 区域地层 ··· 9
  2.4 区域构造 ··· 12
      2.4.1 褶皱 ·· 14
      2.4.2 断裂 ·· 15
  2.5 区域岩浆岩 ··· 17
      2.5.1 火山岩 ·· 17
      2.5.2 侵入岩 ·· 17
  2.6 区域矿产 ··· 18

第3章 雪岭矿区下寒武统至上震旦统铜多金属脉状矿化地质特征 ·············· 21
  3.1 矿区地质概况 ·· 21
      3.1.1 矿区地层 ··· 21
      3.1.2 矿区构造 ··· 23
      3.1.3 矿区岩浆岩 ··· 25
  3.2 矿区地层地球化学 ··· 25
      3.2.1 矿区研究剖面及采样 ·· 25
      3.2.2 矿区地层地球化学元素含量及分布特征 ··························· 26
      3.2.3 矿区成矿及相关元素分布规律研究 ·································· 28
      3.2.4 构造作用对矿化的影响 ·· 30
  3.3 矿区铜银(铅锌)矿化带 ··· 31
      3.3.1 地质特征 ··· 31
      3.3.2 矿石矿物特征 ·· 35

3.3.3 围岩蚀变 ………………………………………………………… 39
3.4 矿区铁矿化带 …………………………………………………………… 39
  3.4.1 地质特征 …………………………………………………………… 40
  3.4.2 岩石矿物特征 ……………………………………………………… 43
  3.4.3 围岩蚀变 …………………………………………………………… 45

第4章 雪岭矿区辉绿岩地质地球化学特征 ……………………………… 47
4.1 岩体岩相学特征 ………………………………………………………… 47
4.2 岩体地球化学特征 ……………………………………………………… 47
  4.2.1 主量元素特征 ……………………………………………………… 48
  4.2.2 微量元素特征 ……………………………………………………… 51
  4.2.3 稀土元素特征 ……………………………………………………… 55
  4.2.4 讨论 ………………………………………………………………… 58
4.3 年代学 …………………………………………………………………… 64
  4.3.1 测试方法 …………………………………………………………… 64
  4.3.2 锆石特征及测试结果 ……………………………………………… 64
  4.3.3 结果讨论 …………………………………………………………… 67
4.4 Sr-Nd-Pb 同位素特征 …………………………………………………… 70
  4.4.1 测试方法 …………………………………………………………… 70
  4.4.2 Sr-Nd 同位素特征 ………………………………………………… 71
  4.4.3 Pb 同位素特征 …………………………………………………… 71
  4.4.4 结果讨论 …………………………………………………………… 72
4.5 综合分析 ………………………………………………………………… 76
  4.5.1 雪岭辉绿岩侵位时代 ……………………………………………… 76
  4.5.2 地球化学特征 ……………………………………………………… 77
  4.5.3 岩浆源区性质及岩石成因 ………………………………………… 78
  4.5.4 雪岭辉绿岩与峨眉山玄武岩亲缘性讨论 ………………………… 81

第5章 雪岭矿区滥泥坪式铜矿地质特征 ………………………………… 82
5.1 邻区滥泥坪矿区地质特征 ……………………………………………… 82
5.2 雪岭矿区隐伏陡山沱组地层分布与构造 ……………………………… 83
  5.2.1 区域地质-构造分析 ……………………………………………… 83
  5.2.2 物探磁法测量 ……………………………………………………… 85
  5.2.3 物探电法测量 ……………………………………………………… 87
  5.2.4 隐伏含矿层与构造推定 …………………………………………… 88
  5.2.5 钻孔工程 …………………………………………………………… 89

目 录

    5.2.6 Surpac 三维制图 ··· 92
5.3 雪岭矿区陡山沱组岩相古地理 ······································· 95
5.4 陡山沱组铜矿地质特征 ·· 96
    5.4.1 矿体特征 ··· 96
    5.4.2 矿石特征 ·· 100
    5.4.3 矿床后期改造作用 ·· 101

第 6 章 雪岭矿区矿床地球化学 ·· 103
6.1 浅部灯影组铜多金属脉状矿化 ····································· 103
    6.1.1 岩矿石地球化学 ·· 103
    6.1.2 同位素地球化学 ·· 114
    6.1.3 流体包裹体地球化学 ······································· 123
6.2 深部陡山沱组铜矿 ·· 125
    6.2.1 岩矿石地球化学 ·· 125
    6.2.2 同位素地球化学 ·· 135
    6.2.3 流体包裹体地球化学 ······································· 144

第 7 章 雪岭矿区成矿作用演化与同位成矿 ······························ 147
7.1 隐伏昆阳群分布与基底构造特征 ·································· 147
7.2 雪岭矿区浅部矿化带与深部的联系 ······························· 148
    7.2.1 稀土元素证据 ··· 148
    7.2.2 硫同位素证据 ··· 152
    7.2.3 铅同位素证据 ··· 153
7.3 同位成矿 ·· 156

第 8 章 雪岭铜多金属矿区成因探讨及找矿方向 ······················· 158
8.1 控矿因素 ·· 158
    8.1.1 浅部铜多金属矿化控矿因素 ····························· 158
    8.1.2 深部陡山沱组铜矿控矿因素 ····························· 159
8.2 矿床成因 ·· 160
    8.2.1 前震旦世基底古铜矿床形成阶段 ······················· 160
    8.2.2 晚震旦世滥泥坪式铜矿形成阶段 ······················· 161
    8.2.3 晚二叠世热液充填交代阶段 ····························· 161
8.3 成矿模式 ·· 162
8.4 找矿标志 ·· 165
    8.4.1 大地构造标志 ··· 165
    8.4.2 岩性标志 ··· 165

    8.4.3 构造标志··165
    8.4.4 岩浆岩标志··166
    8.4.5 蚀变标志··166
    8.4.6 地球化学标志··166
    8.4.7 地球物理标志··166
  8.5 找矿方向··167
参考文献··169
图版··182

第1章 引　言

1.1 研究现状

东川矿区位于云南中部偏北的昆明市东川区，大地构造背景属于昆阳元古宇裂谷内东川拗拉槽中，自古被喻为"天南铜都"，以古-中元古界浅变质火山-沉积岩系中的超大型铜多金属矿集区闻名于世。东川矿区由于矿床类型多、成矿过程复杂、成矿作用多样，几十年一直受到地质学者的高度重视和持续关注。许多科研工作者做了大量卓有成效的研究(钱荣耀和穆邦奇，1974；龚琳等，1975，1996；冉崇英，1983；阮惠础等，1988；华仁民，1989；陈好寿和冉崇英，1992；刘继顺等，1993；段嘉瑞等，1994；赵彻终等，1999；薛步高，2009)，基本对东川铜矿的成矿地学背景、成矿环境、典型矿床地质、矿区地质、成矿模式及找矿标志、找矿模式和勘查方法等各方面进行了全面系统的分析。

地质学者对于因民组稀矿山式铁铜矿床和落雪组东川式铜矿床(狭义，下同)的成因认识经历了不断地深化和改进。最初钱荣耀和吴锦天(1959)认为稀矿山式铁铜矿床中的铁是沉积成因的，而铜是后期热液叠加的，现在多数学者基本认同属于火山喷流沉积成因。对于东川式铜矿床的成因认识则从20世纪40年代的岩浆期后热液成因(谢家荣，1941)、60～70年代的沉积变质改造或火山沉积变质成因(施林道，1980)、80年代的沉积-成岩-生物成因及红层预富集汲取成因(冉崇英和陈好寿，1989)，直到90年代至今的火山喷流沉积成因。

众多学者从不同方面阐述了东川铜矿的喷流沉积成矿机制(何毅特，1992；谢世业等，1995；吴健民和黄永平，1995a；李志群，1996)，提出了热水微裂隙喷溢沉积成矿(李志群等，1994)、热水沉积、生物化学沉积的同生矿床经后期变质改造(罗君烈，1995)。此外，何毅特(1996)根据程裕淇等(1983)关于矿床成矿系列的概念，将东川铜矿划分为喷流-沉积成矿系列和沉积改造成矿系列，其中稀矿山式铁铜矿、东川式铜矿和桃园式铜矿均属于喷流-沉积成矿系列，它们是由于昆阳裂谷演化过程中由氧化环境向缺氧环境转化，由火山-喷流向沉积-喷流至封闭水体的一系列成矿环境和成矿机制所决定的；滥泥坪式铜矿则形成于裂谷衰亡期，受晋宁运动所产生的不整合面所控制，铜质源自基底昆阳群古铜矿床，属于沉积-改造成因。刘继顺等(1996)认为稀矿山式、东川式和桃园式铜矿构成了一个完整的喷流-沉积成矿系列，为壳幔成矿作用即有地幔成矿作用参与下的壳内成矿作用的产物(陈国达，1992)。地幔成矿作用通过岩浆热液、火山喷流热液直接提供大量成矿物质，并提供矿质迁移所需的矿化剂及热动力，促使流体对流并浸取含矿地质体和有利层位的成矿物质，然后沿断裂构造喷出至海底，叠加在海盆地沉积背景之上。

关于东川铜矿成矿物质的来源，也存在一定的争议。有学者认为因民组紫色层具有很高的铜背景值，为东川式铜矿的近源矿源层(华仁民，1989；杨蔚华，1984；冉崇英和陈好寿，1989)，而对紫色层的分析测试证实，其大多数铜含量低于上部陆壳平均值，与碳酸盐岩类和砂岩类岩石平均值相当，在很大程度上削弱了紫色层是矿源岩的可能性(赵劲松等，1996)。李志伟(1992)提出成矿物质主要来源于陆源和因民组火山岩。刘继顺等(1996)认为因民组、落雪组和黑山组中的成矿物质大部分来源于地球深部，与火山岩浆活动密切相关，少部分来源于下伏地层和海盆地。薛步高(1997)认为东川矿区脉状矿的主金属元素铜与主要伴生元素银并非来源于层状矿，而是以深源为主后期叠加形成的。诸多研究成果均指示成矿物质为深部来源(上地幔或下地壳)(吴健民等，1996)，同时东川矿区内多个基性侵入岩均具有强度不一的铜矿化(张刚生和李达明，1996；陈和生，1998)，也在一定程度上证明了这点。昆阳裂谷发展演化的早期和中期发育的富碱基性岩类及晚期发育的酸性-碱性岩类，形成一套典型的双峰式火山岩，且可能与铜矿化有一定的关系(华仁民，1990；张学诚和李天福，1994；龚琳等，1996；何国朝等，1997)。

滥泥坪式铜矿主要产于雪岭矿区北缘的滥泥坪矿区，为昆阳裂谷挤压封闭后受不整合面控制的沉积-改造型铜矿床。建造类型为陆源碎屑岩、碳酸盐岩建造，容矿岩石为砾岩、砂岩、白云岩、碳泥质白云岩。滥泥坪式铜矿占东川已探明铜矿储量的11%(蒋家申，1998)。对滥泥坪式铜矿的成因问题，从最开始到现在有着不同的看法。在地质勘探初期，中低温热液成矿的假说曾占据主导地位，随着地质工作的深入，钱荣耀提出了沉积-期后热液成矿的看法，之后何毅特提出沉积-改造矿床的观点，赵玉山又提出沉积含铜砂砾岩矿床和成岩-后生作用迁移成矿的说法(钱荣耀和廖邦奇，1974)。现在滥泥坪式铜矿床属于基底不整合面上古风化壳风化剥蚀再造成因的观点已无异议。造山运动(晋宁运动)之后，昆阳裂谷已经封闭，昆阳群褶皱隆起成为山系，之后经长期的风化剥蚀至陡山沱海侵初期已基本夷平，之后海水淹没了昆阳群铜矿床的残积风化壳，通过海解作用铜质被带到局限洼地，在还原环境及生物作用下形成同生沉积矿层。后经成岩及构造变形作用，成矿物质发生活化、迁移，沿不整合面及逆断层上盘富集成为富铜矿体。钱荣耀(1992)指出滥泥坪式铜矿矿石成分简单，铜的硫化物以黄铜矿为主，斑铜矿及辉铜矿次之；氧化物以孔雀石、砷酸钙铜矿为主，硅孔雀石及蓝铜矿次之。构造方面以微粒及细粒浸染状和细网脉状较为普遍，斑点、散点及薄层状次之。

徐自斌等(2008)指出昆阳群中一般不含矿的各类岩石的铜背景含量也较高,为陡山沱组滥泥坪式铜矿的富集成矿提供了丰富的物质来源。

雪岭矿区位于东川超大型铜铁(金)矿区南缘,轿子雪山东翼,海拔3120～4180m。该区地质工作研究较少,前人只针对矿区铅锌矿、磷矿和大理石矿开展过数次普查工作。其中西南有色昆明勘测设计(院)股份有限公司于2007年10月～2008年8月对矿区铅锌矿开展了普查工作,提交了"云南省昆明市东川区雪岭铅锌矿详查阶段性报告";云南驰宏资源勘查开发有限公司于2009年9月～2010年3月对雪岭地区铅锌矿开展普查研究,未发现大规模的铅锌工业矿体,但发现了大面积的磷矿层存在;云南有色地质局地质地球物理化学勘查院于2009年9月～2010年11月针对雪岭矿区铅锌、大理石、磷矿开展详查工作;云南驰宏资源勘查开发有限公司于2010年3月～2010年底针对矿区磷矿开展详查工作,提交了"云南省昆明市东川区雪岭磷矿详查报告"(荣惠锋和李良云,2010)。上述针对浅表产出的铅锌矿、磷矿、大理石的普查研究显示矿区内铅锌矿化不连续,磷矿品位低,矿量少,难以支撑矿山经济健康有序地向前发展。

在矿区前景不明朗,方向未明确时,笔者随科研团队于2011年4月来到雪岭矿区进行野外地质调查,在地表观察到多处铜矿化痕迹,并在矿区已施工坑道内发现产出于震旦系灯影组白云岩内的原生矿物辉铜矿等,有的已氧化成孔雀石和蓝铜矿,并在矿区的褐铁矿民采点发现原生的硫铁矿。由于灯影组沉积地层所含硫和铜多金属成矿物质有限,故预示着矿区浅部矿化成矿物质应主要为深部来源。结合雪岭矿区紧邻的东川矿区本就是超大型铜铁(金)矿床,铜背景值高,只是本区表明为灯影组和古生界地层所覆盖,其底部有可能产出滥泥坪式铜矿和不整合面以下的昆阳群东川式、稀矿山式、桃园式铜矿,深部具有铜多金属找矿前景。故将本区的研究与勘查目标由浅部的铅锌矿、磷矿转为以铜矿为主的深部隐伏铜多金属矿化。

1.2 存在问题

纵观前人研究成果,本区主要存在以下问题。

(1)过去对于东川矿区及其矿床的研究,南端仅限于滥泥坪矿区一线,而对于东川南缘厚覆盖的雪岭矿区基本未涉及。雪岭矿区浅部为沉积地层所覆盖,矿化信息有限,前人只对矿区的铅锌矿、磷矿和大理石等方面做过普查研究,对于矿区浅部沉积盖层以下的深部地层含矿性及隐伏成矿构造均未做专门研究。

(2)关于雪岭矿区浅部铜多金属脉状矿化的地质特征、成矿条件、控矿因素、物质来源、矿床成因、成矿模式等方面的研究均属空白。对雪岭矿区出露的辉绿岩脉的岩石地球化学、成矿关系及与峨眉山玄武岩的亲缘性均未做过研究。

(3) 对于厚覆盖雪岭矿区如何根据浅部铜多金属矿化特征及衍生地质信息开展深部找矿，尚未有成功的经验可借鉴。

1.3 研究思路和研究内容

本书基于区域地质矿产勘查及矿山工程资料的调研，以区域成矿学、比较矿床学和找矿系统工程学为指导，以岩相古地理—构造岩浆沉积成矿作用—矿床地球化学—综合成矿模型为主线，以浅部铜多金属矿化线索和衍生成矿信息对深部地质成矿信息进行追溯和反演，从而解决深部成矿条件问题，并厘清本区成矿模式，拓展找矿方向，预测找矿靶区。

1) 区域成矿地质背景及成矿构造研究

通过对东川矿区至康滇地轴的文献研究，了解雪岭矿区的区域地质背景。通过对区内南北向和东西向剖面的观察，研究南北向构造和东西向构造特别是宝九断裂、滥泥坪断裂的生成机理，大致判断其出露部位，并探讨构造作用与成矿的关系。

2) 浅部矿化与深部成矿的关系

针对区内浅部已发现的脉状铜多金属矿化，通过对坑道、钻孔等工程编录分析，结合岩矿鉴定、地球化学分析等，研究其成因及其与深部成矿的关系，指示深部矿床研究。

3) 辉绿岩地质地球化学特征

通过辉绿岩岩矿鉴定、岩石地球化学、锆石 U-Pb 定年及 Sr-Nd-Pb 同位素分析等研究岩浆活动与构造、成矿之间的相关性。

4) 滥泥坪式铜矿地质特征

根据雪岭矿区地、物、化资料分析，结合区域地质构造演化过程和探索性钻探工程所揭示的深部陡山沱组及其含矿性特征，以及邻区滥泥坪矿区的滥泥坪式铜矿的地质特征，辅以地球化学分析、岩矿鉴定、岩相古地理等方面的研究，综合隐伏构造特征，分析雪岭矿区深部陡山沱组滥泥坪式铜矿的地质特征及空间分布特征，并指示找矿靶区。

5) 浅部矿化、陡山沱组铜矿和昆阳群铜矿亲缘性探讨

根据区域成矿地质背景研究，结合钻探工程所揭露的深部地层展布信息和含矿性特征，辅以地球化学分析及与邻区同类型矿床的对比分析，综合研究雪岭矿区深部陡山沱组及昆阳群顶部地层的埋藏深度、岩性及含矿性特征，并探索雪岭矿区浅部铜多金属矿化、深部陡山沱组铜矿和不整合面以下昆阳群古铜矿三者之

间的关系。

6) 成矿模式与找矿方向

通过雪岭矿区浅部赋存的铜多金属矿脉的地质特征及控矿因素研究，以及矿区深部陡山沱组层状铜矿和昆阳群铜(铁)矿地质特征研究，结合区域地质演化背景，以及构造、断裂等对成矿的影响，综合矿物的同位素、常量元素、微量元素、稀土元素、岩矿鉴定和成矿物理化学条件研究成果，建立雪岭矿区铜多金属成矿模式，提出雪岭矿区及外围找矿方向，开展找矿靶区预测。

该项研究对于康滇地块上新地层覆盖区的前震旦纪变质基底构造属性与成矿特征的认识，以及对于探索全覆盖深隐伏矿床的找矿，均具有较为重大的理论与实际意义。

第 2 章 区域成矿地质背景

2.1 大地构造背景

东川雪岭矿区处于康滇地轴云南段北端的东川断隆南缘。黄汲清于 1945 年最早提出"康滇地轴"概念,把它定义为两个不同地质区域分界线的巨大的前寒武纪地块。陈国达(1960)将其称为"川滇地洼系"。李春昱(1963)认为康滇地轴的隆起是由于翘曲性的振荡运动和伴随着的断裂运动,而并非是未被覆盖的前震旦纪基岩地块和由某一次褶皱旋回而造成的古陆,也非由几个深大断裂所控制的隆起区。任纪舜等(1984)认为康滇地轴乃扬子准地台西缘的一个次级构造单元,于震旦纪—中三叠世为隆起区,印支运动后由隆起区转化为断陷盆地-滇中盆地,喜马拉雅运动后再次隆起。

针对东川地区,骆耀南(1985)认为康滇地轴原系中元古代岛弧带,从晚古生代到中生代经历了后地台阶段的大陆裂谷发生、发展和消亡的全过程,并称为攀枝花-西昌古裂谷带。潘杏南和赵济湘(1986)称之为康滇古裂谷带。卢民杰(1986)认为中、新元古界位于安宁河-元谋深断裂与小江深断裂之间的地区可能为在克拉通边缘形成的裂谷型地槽,冯本智(1989)则认为属昆明-会理地槽活动带。华仁民(1990)认为昆阳群的形成构造环境是古大陆裂谷-拗拉谷环境,并建议将其称为昆阳拗拉谷。龚琳等(1996)鉴于昆阳群是一套海相的大陆边缘沉积柱,分布于扬子板块与印支-南海板块之间,故提出为元古宙的古大陆边缘裂谷。

昆阳裂谷总体上呈南北向复杂线性构造,裂谷内一级构造为边界断裂及与其平行的内部深大断裂,控制了裂谷的总体形态、地层展布、火山活动带、成矿带,并形成裂谷内主要的构造格架;二级断裂为规模较小的南北向、东西向和北东向断裂褶皱带,它们使裂谷内主要构造格架进一步分解为更细致具体的内部构架,主要控制火山-岩浆活动中心和矿集区(图 2-1)。

现在一般认为东川矿区所处的东川断隆为康滇地轴内的一个次级构造单元,位于昆阳裂谷系中的会理-东川拗拉槽。东川断隆被小江断裂、宝九断裂、普渡河断裂和麻塘断裂所围限,主要出露元古宇昆阳群,为超大型铜(铁、金)矿集区。雪岭矿区地处东川断隆南缘,宝九断裂从本区北部隐伏通过。

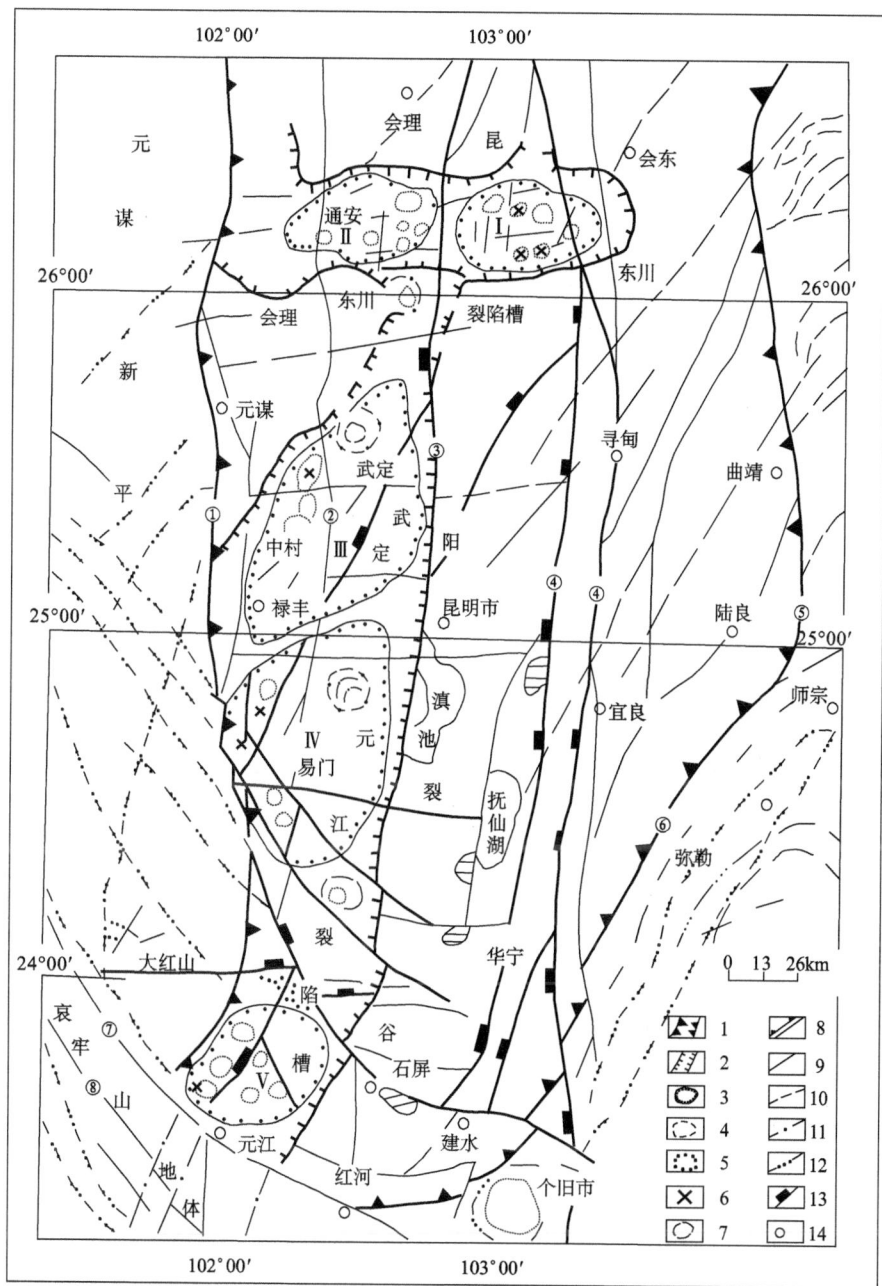

图 2-1 昆阳裂谷构造、遥感解译图(龚琳等,1996)

1-昆阳裂谷边界;2-裂陷槽边界;3-沉降盆地;4-岩浆构造复合环;5-岩浆环;6-火山环;7-隐伏构造或岩浆环;8-推覆构造;9-元古宙发生并多期继承活动断裂;10-古生代发生并多期继承活动断裂;11-中生代早期发生并多期继承活动断裂;12-晚中生代发生并多期继承活动断裂;13-元古宙生长并多期活动的贯穿性断裂;14-县(区);①-元谋-绿汁江断裂;②-汤郎-易门断裂;③-普渡河断裂;④-小江断裂;⑤-昭通-陆良断裂;⑥-师宗-弥勒断裂;⑦-红河断裂;⑧-哀牢山断裂;Ⅰ-东川断陷盆地;Ⅱ-笔架山断陷盆地;Ⅲ-禄武断陷盆地;Ⅳ-易门断陷盆地;Ⅴ-元江断陷盆地

东川矿区经历了晋宁、加里东、海西、印支、燕山、喜马拉雅等各期强弱不等的地质构造运动，长期稳定持续沉降的浅海环境及裂谷深断裂活动，形成了本区复杂的地质构造背景，断裂、褶皱广泛发育。

2.2 大陆裂谷盆地构造演化过程

东川矿区位于昆阳裂谷北部东西向会理-东川拗拉槽东端，受多期构造及地质运动影响，东川梯形断陷盆地内发育了一系列次级断陷盆地和古火山机构形成的水下隆起。会理-东川拗拉槽位于天宝山-巧家断裂和宝九断裂之间，西止于龙川江口，西界为安宁河断裂带的磨盘山断裂，东界在小江断裂以东被掩盖(刘肇昌，1994)。东西长250km以上，南北宽约为80km。该拗拉槽受南北向断层影响被切为三个断块，西部为会理-拉拉断块，中部为通安-鲁南山断块，东部为东川-小街断块。相对于中部断块，西部断块向北移动，而东部断块向南移动。拗拉槽发育于1950~850Ma，经历了河口期火山地堑阶段、东川期过渡阶段、会理期挠曲沉降阶段和天宝山期挤压收缩阶段，组成了完整的拗拉槽构造演化旋回，而且每一个阶段均为早期沉降、晚期上升，呈多旋回性质。区内裂谷型沉积建造发育，并有细碧角斑岩建造、双峰式火山岩建造，且区内发育有大量生长断裂。岩浆活动同样具有多旋回性，有从基性到酸性，从喷发到侵入的演化趋势。在拗拉槽演化的不同阶段，金属矿床也呈现不同的富集类型。会理-东川拗拉槽具体的演化过程如下。

(1)古元古代晚期河口期(1950~1700Ma)火山地堑阶段。古元古代晚期至中元古代早期为河口期，康滇运动呈南北向拉张作用，导致原始结晶基底出现裂解，于拉拉地区形成近东西向的裂谷盆地，并沉积有由细碧角斑岩建造、陆屑-碳酸盐岩建造、碳硅质岩建造和浊积细屑建造共同组成的河口群沉积。该阶段产出有四川拉拉铜矿，赋存于河口群中部钠质火山岩中。东川地区则沉积洒海沟组-平顶山组下部，为一套以陆源碎屑为主的泥砂质粗碎屑建造和红色含铁建造，赋存有铜多金属矿床。

(2)中元古代东川期(1700~1400Ma)火山地堑向(岩石圈伸展)陆壳断裂断陷过渡阶段。中元古代中期为东川期，拗拉槽强烈的火山-构造活动中心已由河口早期的拉拉地区向东迁移到东川、通安地区。此时控制裂谷扩张的深断裂已深切至地壳下部，甚至已至上地幔，导致大规模基性岩浆上升，形成裂谷中的基性火山-侵入岩建造。同时伴随着火山作用和浊流沉积，形成了昆阳群下部的因民组地层，并伴随有强烈水下火山喷溢作用和生长断裂活动，形成稀矿山式铜铁矿床。在岩石圈持续伸展作用下，形成较大区域的断陷-拗陷沉积作用，该阶段陆续沉积了落雪组白云质碳酸盐岩建造、黑山组碳泥质及浊积细屑建造和青龙山组碳酸盐岩建造等，显示断陷作用自西向东推进。因民晚期和落雪早期的潮坪潟湖相环境相对宁静，沿同生断裂持续发生热水喷流作用，巨量的成矿物质伴随着成岩和构造作用沉淀富集，形成著名的东川式铜矿。黑山期受落雪组残余矿质继续活动的影响，在有利位置受还原作用沉淀富集为桃园式铜矿。

(3) 中元古代会理期(1400~1000Ma)岩石圈挠曲沉降阶段。中元古代晚期为会理期，受会理运动影响，拗拉槽进入岩石圈挠曲、大面积拗陷沉降新阶段，促使沉降中心向北迁移形成由大营盘组陆屑建造和局部钠质基性火山岩建造、红层建造，力马河组浊积碎屑建造，凤山营组碳酸盐岩、浊积碳酸盐岩建造及局部发育的双峰式火山岩建造等组成的会理群沉积，沉积范围甚至越过拗拉槽边界断裂，使盆地具拗拉槽特有的下窄(地堑)上宽(拗陷)的二元结构。

(4) 新元古代天宝山期(1000~850Ma)挤压收缩阶段。新元古代早期为天宝山期，形成一套火山-侵入-构造角砾杂岩。晚期晋宁运动使裂谷挤压封闭，构造运动又引起深部岩浆的再次活动，沿主要断裂带发生以基性岩和酸性岩为主的火山喷发和侵入运动。晋宁运动晚期又在强烈挤压、褶皱的基础上发生推覆隆升，形成如东川块状隆起这样主要由元古宇地层组成的块体。

(5) 后造山伸展裂陷阶段。该阶段依次沉积了震旦系澄江组、陡山沱组、灯影组。随着澄江期强烈风化剥蚀和充填作用的进行，陡山沱期时昆阳群古老铜矿床经风化剥蚀作用及近距离搬运作用在附近洼地生成滥泥坪式铜矿。

2.3 区域地层

东川矿区出露地层绝大部分为元古宇，古生界、中生界仅分布于矿区南缘的雪岭一带及小江东岸，另外在部分平台、沟谷零星分布有新近系、第四系。分布的元古宇以中元古界为主，约占全区面积的85%，古元古界多呈断块在矿区北部和中部部分地区出露，新元古界震旦系多分布于矿区南部，约占总面积的13%(表2-1)。

中元古界昆阳群在矿区出露面积最广，但由于部分地层受构造运动和风化剥蚀影响，层序排列不清。有关东川昆阳群的划分方案历年来有很多，主要的划分方案参见孟宪明(1945)、李希绩(1993)、花友仁(1959)、王可南(1963)、谢振西(1965)、东川地质队实测剖面组(1965)、东川地质队1：5万填图组(1972)、云南省区调队1：20万东川幅地质图(1980)、314队1：5万地质图修编组(1985)、段嘉瑞等(1994)、戴恒贵(1997)等。方案争议的焦点在于因民组所处位置的"正序"和"倒序"问题，"正序"指因民组不是昆阳群最老的地层，下方还有下昆阳亚群；"倒序"指因民组为昆阳群最老的地层，现在露头的重置关系是逆断层将因民组等

表 2-1 滇中、四川前寒武纪的构造演化阶段(龚琳等，1996)

年代	地层		主要地质事件	构造运动/Ma
	云南	四川		
新元古代	震旦系	灯影组 陡山沱组	灯影组 烈古六组	盖层形成	~~~~~澄江运动 700~~~~~
		澄江组	苏雄组	裂谷封闭	~~~~~晋宁运动 900~~~~~
中元古代		昆阳群	会理群	昆阳陆间裂谷作用	~~~~东川运动 1900~~~~
古元古代		大红山组	河口组	大陆边缘裂谷作用	
			盐边组	"超大陆"形成	~~~康滇运动 2500~2300~~~
新太古代		苴林群	康定群	古陆核形成	

老地层逆冲于新地层之上。本书根据综合调查分析研究，更倾向于"正序"观点，即因民组属于中昆阳亚群，下方还有下昆阳亚群，有新近施工的汤丹矿区小江边 1218m 标高坑探工程佐证。东川矿区从中元古界下昆阳亚群开始，由老地层至新地层排列如下。

1) 中元古界下昆阳亚群

该段地层由老至新可分为洒海沟组(Pt_2s)、望厂组(Pt_2w)、菜园湾组(Pt_2c)和平顶山组(Pt_2p)。洒海沟组岩性主要为千枚岩、白云岩和泥灰岩，厚度大于 807m；望厂组主要为一套以石英岩为主的碎屑岩建造，抗风化，厚度为 1060~1158m；菜园湾组为一套碳酸盐岩与泥质岩建造，岩性主要为白云质灰岩、白云岩、泥灰岩、千枚岩、钙质板岩等，厚度约为 700m；平顶山组以杂色千枚岩为主，厚度约为 600m。

2) 中元古界中昆阳亚群

该段地层由老至新可分为因民组(Pt_2y)、落雪组(Pt_2l)、黑山组(Pt_2h)和青龙山组(Pt_2q)。因民组在东川矿区各地厚度不一，岩性主要为紫色泥砂质白云岩夹紫色板岩、铁质白云岩、凝灰岩和角砾岩等，厚度不大于 654m；落雪组基本与因民组相伴出露，岩性主要为厚层状白云岩、泥砂质白云岩夹薄层钙质板岩、藻白云岩、硅质岩等，厚度变化较大，在滥泥坪矿区厚为 250~420m，汤丹矿区厚为 300~560m；黑山组分布广，岩性主要为黑色碳质板岩、黄绿色厚层状晶屑凝灰岩、凝灰质砂岩等，其最大厚度可达 2000m；青龙山组为一套巨厚的碳酸盐岩地层，主要分布在东川矿区中部，最大厚度可达 1825m。

3) 中元古界上昆阳亚群

该段地层从老至新主要包括大营盘组(Pt_2d)、小河口组(Pt_2x)和麻地组(Pt_2m)。大营盘组主要在矿区中北部,厚度可达1958~3158m,上段岩性主要为一套石英岩夹板岩的碎屑岩系,中段为以板岩为主的泥质-碎屑岩系,下段是一套火山-沉积岩系;小河口组为一套石英砂岩夹铁质、碳质绢云母板岩建造,厚度为50~2500m;麻地组上段为灰白色-肉红色中至厚层含叠层石白云岩,中段为灰色绢云母化灰岩、凝灰岩和钙质石英砂岩,下段为灰绿色细碧岩,厚度一般大于400m。

4) 新元古界震旦系

该段地层从老至新包括澄江组(Z_1c)、陡山沱组(Z_2d)和灯影组(Z_2dy)。

下震旦统澄江组(Z_1c):澄江组主要为早震旦世澄江期洪积扇和河流相碎屑磨拉石建造,岩性由红色厚层状长石石英粗砂岩夹砾岩、薄层页岩组成。该地层在地表仅出露于小江西岸(中厂河)至马鞍桥南部,厚0~1000m,与下伏地层不整合接触。本组受生长断裂限制,在东川矿区南部仅分布于宝九断裂以南。

上震旦统陡山沱组(Z_2d):陡山沱组为晚震旦世陡山沱期所沉积,在滥泥坪矿区厚度约为80m,与下伏昆阳群呈不整合接触,为滥泥坪式铜矿的含矿层。从上至下可分为砂泥质白云岩段(Z_2d^4)、碳泥质白云岩段(Z_2d^3)、硅质白云岩段(Z_2d^2)和底砾岩段(Z_2d^1)。砂泥质白云岩段(Z_2d^4)岩性为灰色、灰白色薄至中厚层砂泥质白云岩,具缝合线构造,较稳定,不具铜矿化,厚8~16m;碳泥质白云岩段(Z_2d^3)岩性为黑色薄至中厚层碳泥质白云岩夹板岩,偶夹灰白色白云岩透镜体,顶部夹有少量碳质页岩,为主要含矿层,厚1~5m;硅质白云岩段(Z_2d^2)岩性为灰色及深灰色细晶白云岩夹碳泥质白云岩,偶夹同生角砾岩或细鲕状白云岩和燧石条带,底部常具铜矿化,厚1~15m;底砾岩段(Z_2d^1)岩性为灰色、灰黑色角砾岩及岩屑石英砂岩,砾石成分为细粒白云岩、白云石、石英、玉髓、板岩及少量电气石,呈次棱角状、次圆状、滚圆状,胶结物为泥质、钙质,少量石英及胶磷矿,该层稳定性差,为主要含铜矿层,厚0~3m。

上震旦统灯影组(Z_2dy):灯影组为晚震旦世灯影期沉积,与下伏陡山沱组呈整合接触。该组地层分布较稳定,岩性变化不大,由上至下可分为硅质白云岩段(Z_2dy^3)、结晶白云岩段(Z_2dy^2)和条带状白云岩段(Z_2dy^1)。硅质白云岩段(Z_2dy^3)岩性为灰白色薄至中层硅质白云岩,偶见小型波状藻,顶部破碎带中常见铅锌铜矿化,厚60~260m;结晶白云岩段(Z_2dy^2)上部岩性为白色、浅灰色细晶夹粗晶白云岩,中部为灰白色粗晶夹细晶白云岩,粗晶白云岩普遍具鲕状、同心圆状、皮壳状构造,下部为白色、灰白色致密白云岩,底部有1~2层黄白色薄层泥质白云岩,向上具密细线状弯曲纹理,厚120~280m;条带状白云岩段(Z_2dy^1)顶部为鲕状白云岩,上部为灰色、深灰色花纹状白云岩,中部为灰色、灰白色致密白云岩，局部有弱黄铁矿、黄铜矿化，下部为灰色、青灰色条带状白云岩，厚100～210m。在雪岭矿区仅出露灯影组中上段，而下段仅钻孔可见。

5) 古生界下寒武统

下寒武统地层由老至新主要包括渔户村组($\epsilon_1 y$)和筇竹寺组($\epsilon_1 q$)。

渔户村组($\epsilon_1 y$)：该组与下伏灯影组呈整合接触，可分为上白云岩段($\epsilon_1 y^2$)和含磷块岩段($\epsilon_1 y^1$)。上白云岩段($\epsilon_1 y^2$)岩性主要为深灰、灰白色中至厚层状白云岩夹硅质岩，局部白云岩发生结晶，且可见黄铁矿星点，厚 23.75～47.70m；含磷块岩段($\epsilon_1 y^1$)岩性为灰色、浅灰色薄至中层状含磷粉砂质白云岩、白云质粉砂岩、砂质白云质磷块岩夹灰白色中厚层状硅化白云岩和硅质岩，该岩性段厚30.40～35.25m。

筇竹寺组($\epsilon_1 q$)：该组与下伏渔户村组呈整合接触，其中上部为灰色薄层状钙质泥质粉砂岩夹中厚层状长石石英砂岩，底部为深灰色薄至中厚层状细粒长石岩屑砂岩、微层纹理泥质粉砂岩夹灰黑色碳泥质粉砂岩，厚度大于167m。

6) 古生界中寒武统及以上地层

本区中寒武统为西王庙组($\epsilon_2 x$)，以上为古生界、中生界部分地层，以及某些平台、沟谷沉积的少量新近系、第四系地层。

西王庙组($\epsilon_2 x$)：岩性主要为灰黄色、灰绿色细粒长石砂岩夹紫红色、褐红色粉砂岩，局部夹石膏层，与下统(ϵ_1)地层整合接触。

下二叠统(P_1)：以浅海相碳酸盐岩为主，底部出现海陆交互相的含煤地层，与下伏中寒武统不整合接触。

上二叠统(P_2)：主要为峨眉山玄武岩组($P_2\beta$)玄武岩，顶部有陆相碎屑岩含煤建造。

第四系(Q)：分布零星，有冰川沉积、湖相沉积、洪积沉积、冲积沉积、钙华沉积及风化壳等。

2.4 区域构造

昆阳裂谷是在新太古代基底上发育起来的受一系列南北向深大断裂控制的狭长海槽，基底构造形态复杂。东川矿区属于昆阳裂谷系内南北向会理-东川拗拉槽东部的一个梯形断块盆地，该断块盆地由南北向小江断裂、普渡河断裂和东西向宝九断裂、麻塘断裂四条主干断裂所围限(图 2-2)。四条边界断裂控制了东川矿区的构造格局，而矿区内也形成东西向、南北向两组断裂系。东西向断裂以汤丹断裂、黄水箐断裂、四棵树断裂、双水井断裂等为主，具生长断裂特征，在矿区沉积过程中有多期活动；南北向断裂以落因破碎带为主。受板块作用和地质

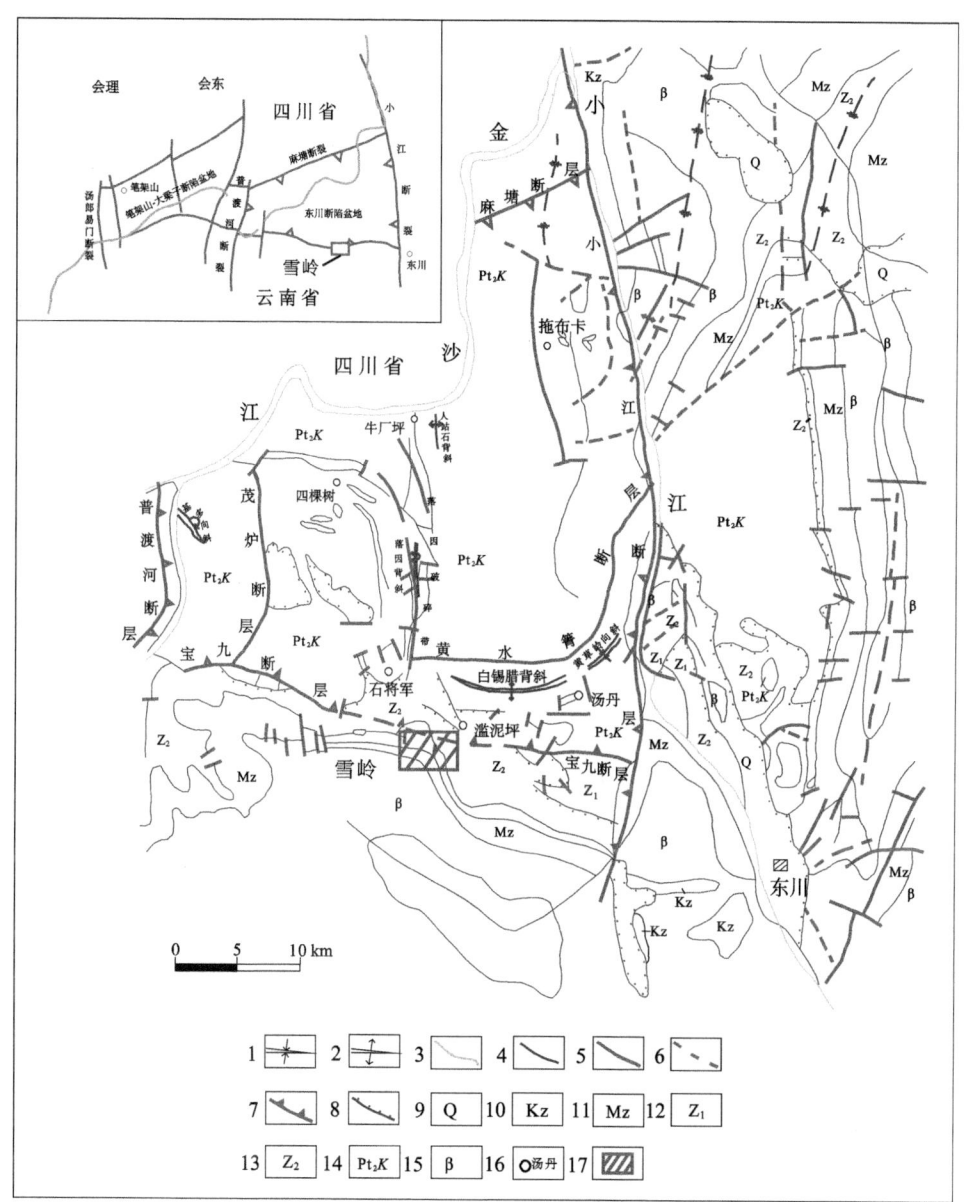

图 2-2 东川地质构造略图(龚琳等，1996)

1-向斜轴倾没端；2-背斜轴倾没端；3-河流；4-地层界线；5-断层；6-推测断层；7-边界断裂；8-角度不整合；
9-第四系；10-新生界；11-中生界；12-下震旦统澄江组；13-上震旦统陡山沱组—灯影组；14-中元古界昆阳群；
15-峨眉山玄武岩；16-地点；17-研究区

运动的影响，东川矿区内褶皱广泛发育，以落因背斜、基多向斜、黄草岭向斜、宝台厂背斜等为主。复杂的地质构造使东川断块盆地进一步分解为一个个半地堑式的沉积洼地，四条边界断裂及南北向—东西向断裂系组成东川矿区的主要构造格局，并控制着区内矿产资源的分布和产出。

2.4.1 褶皱

东川及雪岭矿区褶皱发育，其中以晓光村向斜、落因背斜、基多向斜、黄草岭向斜、宝台厂背斜等较大规模的褶皱构造为主。

1）晓光村向斜

晓光村向斜位于轿子山、晓光村一带，实质上是发育于北部昆阳群古陆南缘的古生代—新生代褶皱构造，核部由晚二叠世玄武岩及早二叠世灰岩所组成，翼部则为海相古生界及震旦系。向斜北东翼地层平缓，倾角15°～20°，由于是在古陆斜坡上沉积的，故地层具有超覆现象，且地层厚度由北至南逐渐增厚，岩性和岩相相应地有所变化；南西翼则较陡，倾角20°～50°。晓光村向斜宽约10km，长约20km。

2）落因背斜

落因背斜轴部为平顶山组和菜园湾组，轴面陡立西倾70°。该背斜东翼受后期断裂作用影响呈断续出露，深部倒转，西翼则正常叠置。落因背斜在石将军至面山一带轴向南北，之后背斜轴向逐渐转为东西向。南部为宝九断裂所切；北部面山以西，轴部发育四棵树-面山纵向逆断层，导致南翼的因民组逆冲推覆于北部的黑山组、青龙山组和大营盘组之上。受多次构造运动影响，落因背斜整体上呈弧顶向东的弧形褶曲。

3）基多向斜

基多向斜位于落因背斜西部，轴部为大乔地组肉红色藻礁白云岩，轴向NW30°，轴面呈东倾35°。东翼的大乔地组过普渡河后呈东西向出露，封闭为短轴向斜。西翼倒转成紧密的同斜向斜。向斜在东南部的达朵附近呈20°～30°的扬起。

4）黄草岭向斜

黄草岭向斜位于东川南部，轴向NE60°，延伸近5km。其核部为黑山组地层，并进一步褶曲为次级的黄草岭背斜和牛背包向斜。两翼落雪组地层对称分布，但两翼的因民组地层受下盘逆冲推覆的影响而出露不全。黄草岭向斜东延，北翼受黄水箐断裂推覆作用的影响而隐伏于大营盘组之下，南翼则被汤丹因民组地层下盘逆断层所控制，于田坝梁子至新塘一带具南北向展布，继续北延后同样受黄水箐断裂影响而呈隐伏状态。

5) 宝台厂背斜

宝台厂背斜与黄草岭向斜南翼相连续，其轴向 NE35°，延伸约 4km。其轴部依次为洒海沟组至平顶山组，南翼则为落雪组和因民组。宝台厂背斜位于小江断裂和宝九断裂交汇处，故该段岩石较破碎，地层多呈断块出露，该背斜表现为轴面西倾的同斜背斜。

2.4.2 断裂

东川矿区断裂以边界断裂及区内断裂为主，边界断裂包含小江断裂、普渡河断裂、宝九断裂和麻塘断裂，区内断裂以近南北向的落因断裂带和近东西向的双水井断裂、黄水箐断裂、下四棵树断裂为主。

1. 边界断裂

1) 小江断裂

小江断裂沿小江呈近南北向延伸，北至四川昭觉、峨边一带，南至蒋家沟口分为两支，东支经寻甸、宜良至华宁与西支合并，再经嵩明至通海、建水，全长约 1000km。倾向西向，倾角 40°～87°。地震测深资料表明地壳底界面经小江断裂后增深近千米，其北段与金沙江河谷相邻附近地壳介质有明显变化，而且地壳不同深部地层的层间断裂在经过小江断裂时两侧均有显著的波速和物性差异，这些都说明小江断裂已深及地壳底界附近，具有岩石圈断裂规模。断裂具左旋压扭性质，其西侧为元古宇，东侧为古生界，对区域内地层、构造和矿产具明显的控制作用。现在在小江断裂附近仍有地震等构造活动事件，说明小江断裂是自元古代以来至今仍在活动的深大断裂。

2) 普渡河断裂

普渡河断裂位于东川矿区西部，北起普渡河口，往南沿 200°左右延伸，全长约 320km。该断裂基本上为震旦系和古生界覆盖，故其元古宙时期的活动较难追寻。但是昆阳群只在其东侧出露，沿断裂带发育震旦系澄江组，说明它与小江断裂、宝九断裂一样，控制了裂谷封闭后的磨拉石沉积，同时也控制了二叠纪峨眉山玄武岩的喷溢和基性岩的侵入。它是一条岩石圈断裂，作为东川断块的西界，在中元古界中昆阳群时，它是东川拉分盆地的西界，由于它和小江断裂的走滑运动，导致东川拉分盆地的形成与发展。

3) 宝九断裂

宝九断裂西至宝台厂，东至九龙，长 35km，近东西向延伸，倾向北东向，倾角 70°～80°。其雪岭矿区段被上震旦统灯影组覆盖，具隐伏特征，表明其在早震旦世强烈活动后即进入休眠期。断层上盘为昆阳群，下盘为下震旦统澄江组，具逆冲断裂性质。受此逆冲断裂的影响，北盘昆阳群表现出陡倾而向北倒转的紧闭褶皱，这使得震旦系不整合面下的昆阳群各组均可与震旦系直接接触。澄江组在由南向北过宝九断裂时出现缺失，表明其在晋宁运动时期控制了山间磨拉石的堆积，使澄江组只在断裂以南沉积。针对昆阳群是否在断裂以南沉积，龚琳等(1996)指出在西部禄劝县赵家村一带有呈断块出露的昆阳群，而且地球物理信息图形在断裂以南并未封边，继续南延仍然有昆阳群沉积，但是岩性和东川断块内昆阳群岩性有较大差异。宝九断裂长期使东川断块隆起并控制区内多期次岩浆的活动，断裂深度已切过岩石圈，属岩石圈断裂，其应是昆阳裂谷系内东川断块的南部边界。

4) 麻塘断裂

该断裂位于东川断块北部，主要在四川省境内，本区仅在象鼻岭一带出露，走向NE70°，向东延伸与小江断裂相交，向西延伸至四川淌塘一带为震旦系所覆盖，全长约26km。小河口组厚层块状石英岩在龙头山一带厚约千米，沿北东向过麻塘断裂后厚度剧减，岩性变为石英砂岩夹板岩，至四川黄坪一带厚度薄至百余米。且麻塘断裂以北的金沙江区域尚有变质杂岩出露。构造上来说，麻塘断裂以南以南北向构造为主导，而在断裂以北，其断层、褶皱都是明显的东西向，并且大量发育倒转、平卧、翻卷等复杂的褶皱样式，这些都与南盘较简单的褶皱形成鲜明对比。这些都说明了麻塘断裂控制区内的地层厚度、岩性岩相变化和构造变形特征，为东川断陷盆地的北部边界大断裂。

2. 区内断裂

1) 落因断裂带

该断裂带在东川矿区内出露长约20km，南到石将军被上震旦统覆盖，遥感解译其错断宝九断裂，往北延至金沙江边，并与南北向的牛厂坪断裂对接。在落雪—因民地段呈南北向延伸，并发生在落因背斜轴部，形成较宽的破碎带。沿断裂带有多期次的岩浆活动，断裂两侧地层厚度有明显差异(西部厚，东部薄)，说明是同生的生长断裂，也是火山活动通道，为控矿断裂。该断裂带可向南延伸至雪岭矿区范围内。

2) 黄水箐断裂

黄水箐断裂西起兴隆坪，沿黄水箐大沟东延至沟口附近，并被小江断裂所切。该断裂长约13km，产状约为330°∠68°，由多条平行断层组成，中间又被横向和斜向断层切割。黄水箐断裂破坏了猴跳崖背斜和黄水箐向斜，在姑庄一带发育数十米宽的破碎带，因民组和落雪组都受其影响而变薄。以黄水箐断层为界，可以划分出北面的杉木箐断块和南面的汤丹断块，两个断块的明显区别是大营盘组只在黄水箐断层以北分布,而汤丹断块则出露较老的中、下昆阳群,说明黄水箐断裂发生了北盘下降、南盘上升的差异运动。

3) 双水井断裂

双水井断裂沿大木厂至双水井呈东西向延伸,产状 10°∠56°,北盘上升。断裂作用强烈,基本呈弧形弯曲,断裂带发育挤压褶皱劈理化带和数十米宽的破碎角砾岩带。此外,沿断裂带两盘地层出露不均一,说明断层比较复杂。双水井断裂将杉木箐断块和拖布卡断块分开,拖布卡断块相对上升。

4) 滥泥坪断裂

该断裂为落因南北向断裂系从雪岭矿区以外的人站石、因民、落雪、石将军过滥泥坪抵达本区,走向近南北向,南北长约 21km,向东陡倾,具正断层性质。常有基性岩沿断裂破碎带贯入。滥泥坪断裂南端与宝九断裂交汇,控制了雪岭矿区内铜多金属脉状矿化带在地表的产出。

2.5　区域岩浆岩

2.5.1　火山岩

东川矿区岩浆活动强烈,活动时期长,活动的高峰主要是因民期和晋宁晚期。因民期以火山岩为主,火山岩主要为钠质基性火山岩-酸性火山岩构成的双峰式火山岩系,其次为玄武岩,局部地段见粗面岩。

东川地区火山岩分布范围广,主要出露地有落雪—因民—人站石带、白锡腊—滥泥坪带、面山—四棵树带、黑山沟—落雪沟带、拖布卡—播卡带、杉木箐带、坡头—新厂沟带、黄水箐沟、大朵沟等地。火山碎屑岩包括火山角砾岩、熔结火山角砾凝灰岩、凝灰岩、沉凝灰岩等。火山岩及火山碎屑岩主要见于因民组底部,其次为平顶山组、黑山组、大乔地组。

此外,在东川地区外围的西南部、北部等区域还分布有峨眉山玄武岩。峨眉山玄武岩喷溢于早二叠世—早三叠世之间,主体喷发时代为晚二叠世(张招崇等,2001),主要岩石类型为辉斑玄武岩、斜斑玄武岩、无斑玄武岩及少量伴生的碱性侵入岩。

2.5.2　侵入岩

侵入岩以晋宁晚期为主,主要是辉绿岩、辉长岩及少量的钠长闪长岩、石英钠长斑岩、花岗岩等。此外,在东川矿区南缘的雪岭范围可见海西期的辉绿岩,为二叠纪峨眉山玄武岩同源异相岩浆活动产物。区内侵入岩的数量与规模均弱于火山岩，分布局限，岩石类型简单，但产状复杂。

钠长闪长岩、石英钠长斑岩和钠长斑岩与铜金钴等成矿关系密切。侵入岩包括次火山岩，主要沿落因构造破碎带及两侧横断裂和纵断裂侵入呈岩枝、岩墙和岩脉状产出。在汤丹矿区出露了一条宽数十米，长约 1000m 的辉长岩墙，为本区出露的最大的岩墙之一。上老龙矿段揭露出与岩体有关的碱性岩与震旦系呈沉积不整合接触，说明成矿作用主要发生在晋宁期。花岗岩较为少见，在小江断裂东侧的李子沟与大深沟可见花岗岩呈岩株或岩基产出。此外，在矿区外围的新村北 2km 处也出露有花岗岩，侵入时代为加里东期。

对矿区各地层岩浆岩测试得到的同位素年龄及其分布区域见表 2-2。需要指出的是，部分老地层测出的同位素年龄比较新，应该是受后期同位素扰动所致，或者所测样品发生变质作用，测得的只是变质年龄。

表 2-2　东川地区岩浆岩时空分布表

层位	岩石组合	产状	同位素年龄	分布
二叠系	玄武岩、辉绿岩、辉长岩	层状岩墙		东川断块边缘
晋宁晚期	辉绿岩		K-Ar:747Ma,927 Ma,984Ma	落雪、因民、汤丹
	钠长闪长细晶岩		Rb-Sr:816 Ma,717 Ma	滥泥坪
	石英钠长斑岩		K-Ar:487Ma	新村
	似斑状二长花岗岩	岩基	Rb-Sr:960 Ma	
大营盘组	晶屑凝灰岩、凝灰质砂岩、辉绿岩	层状岩脉		小黑山、包子铺、双水井、树桔坡
黑山组	玄武岩、辉绿岩、辉长岩、凝灰岩、凝灰质砂岩		Sm-Nd:1130 Ma K-Ar:1028Ma,1059 Ma	黑山—落雪沟、黄水箐
落雪组	粗面质凝灰岩、白云岩	层状		滥泥坪—白锡腊
因民组	细碧岩、玄武岩、火山角砾岩、火山凝灰岩、钾细碧岩	层状	Rb-Sr:984Ma Sm-Nd:1931Ma,2098Ma	面山—四棵树、因民—石将军、白锡腊、拖布卡、宝台厂
平顶山组（小溜口组）	细碧岩、玄武岩、火山角砾岩、凝灰岩、钠长岩	层状	Sm-Nd:927Ma	大坪地、落雪、红门楼沟

注：岩浆岩年龄数据引自段嘉瑞等(1994)和龚琳等(1996)

2.6　区域矿产

东川矿区经过勘查研究发现赋存有大型-超大型的铜、铁矿床，特别是铜矿资源储量在国内占有重要地位。除此之外，尚有铅、锌、金、银、磷、褐煤、石棉、滑石等资源。

1. 铜矿

东川矿区范围内发现的铜矿床、矿点共有 148 个(龚琳等，1996)，其中共获大型铜矿床 2 个(落雪、汤丹)，中型铜矿床 5 个(石将军—萝卜地、新塘、面山、大英稠、滥泥坪)，小型铜矿床 36 个。铜金属探明总储量为 391.4 万 t，其中 C 级以上铜资源储量为 227.8 万 t，D 级储量为 94.7 万 t，低品位(0.3%～0.5%)储量为 68.9 万 t，预测 E+F 级储量 204 万 t，共计 595.4 万 t(龚琳等，1996)。铜矿床主要为因民组中的稀矿山式铜铁矿、落雪组中的东川式铜矿、黑山组中的桃园式铜矿和陡山沱组中的滥泥坪式铜矿 4 种类型，其各类型铜矿床探明储量分别占全区探明总储量的 11%、72%、6% 和 11%。铜矿为东川矿区最重要的资源。

2. 铁矿

东川矿区铁矿基本赋存在望厂组、平顶山组、因民组、大营盘组、大乔地组和陡山沱组 6 个层位，现已发现 18 个矿床、矿点，但只有包子铺铁矿和稀矿山—滥山含铜铁矿得到了详细勘查，其余大部分为初勘、普查和概查。

包子铺铁矿赋存于大营盘组底部，铁矿物主要为褐铁矿、赤铁矿，现已探获 C+D 级铁矿石储量为 5107 万 t，其中 C 级铁矿石为 2134 万 t，品位 31.85%；D 级铁矿石为 2973 万 t，品位 33.33%。另外，远景储量为 1146 万 t，品位 34.34%。铁矿石中 SiO_2 含量高达 34.96%，为高磷低硫的酸性铁矿，经选矿后可利用。稀矿山—滥山含铜铁矿赋存于因民组火山-沉积角砾岩之上，铁矿物主要为磁铁矿、赤铁矿，品位为 47.48%～76.6%，储量估计有 3000 万 t。除以上两处矿床外，矿区铁架山、基多、帽壳山、白锡腊、杉木箐、滥泥坪、宝台厂等地区均赋存有铁矿。东川矿区铁矿资源储量共计约 1.5 亿 t。

3. 铅、锌矿

东川矿区铅、锌矿资源主要赋存在宝台厂、矿王山脚、燕麦地地区的菜园湾组，月亮田地区的黑山组，大风口地区的青龙山组，白河厂、小营盘、茂炉地区的大营盘组，以及雪岭、白水茶箐、紧风口、九龙村、玉碑地等地区的灯影组中。铅、锌矿物主要为方铅矿和闪锌矿，一般呈脉状、网脉状、散点状与石英、重晶石等沿断裂破碎带共同产出。白水茶箐至三姑庄一带铅品位为 0.34%～13.55%，锌品位为 0.54%～12.93%，铅储量为 4116t，锌储量为 11140t；月亮田地区铅品位为 1.5%，锌品位为 6%，铅储量为 2093t，锌储量为 23529t。

4. 金矿

东川矿区目前已发现的金矿集中在拖布卡一带,均产于中元古界昆阳群中,赋矿岩性为碳质板岩、千枚岩、绢云母板岩,且岩性随脆韧性剪切带穿过而发生改变。金矿类型为剪切带型,脆韧性剪切破碎带既是导矿通道又是容矿场所(薛步高,2005)。除拖布卡地区以外,汤丹—东川、牛厂坪—因民等地区也具有较好的金矿找矿前景(张翼飞,2003)。

5. 银矿

东川矿区内银矿一般为铜矿中的伴生矿,其中以陡山沱组铜矿中含银最高,原矿中银平均品位为4～9g/t,铜精矿中银品位可达80～150g/t。其次是落雪组硅质白云岩中的层状铜矿,原矿中银平均品位为3～7g/t。东川矿区全区计算出的伴生银储量为1689t。此外,东川矿区铜矿中其他伴生元素锗、钴、镓、钼、硫的储量分别为98t、555t、164t、30t、45t。

6. 磷矿

矿区内磷矿主要产于震旦系灯影组顶部和寒武系渔户村组底部,为早寒武世扬子地台在海倾背景下沉积所致,属于浅海相沉积层状磷块岩矿床。矿石含 P_2O_5,一般为15%～28%(质量分数)。东川矿区范围内赋存有沉积磷矿的地区有雪岭、白龙潭等。

第3章 雪岭矿区下寒武统至上震旦统铜多金属脉状矿化地质特征

3.1 矿区地质概况

雪岭矿区位于云南省昆明市东川区汤丹镇石庄村西部,距东川城区平距20km,交通便利。地理坐标为:东经 102°56′00″～103°01′00″、北纬 26°06′30″～26°10′00″。矿区属中高山地貌,区内最高标高为矿区西部的狐狸房附近山顶,海拔4180m,最低标高为矿区东部老官房附近,海拔3120m,最大高差为1060m。矿区受构造作用长期影响,山高坡陡,沟谷纵横。矿区属典型亚热带高原型季风气候,一年分干湿两季,4～9月天气炎热,最高气温可达 37℃,雨量较多;10月至次年3月气候较温和,一般气温10～20℃,雨量较少。海拔较高处全年大部分时间有积雪,如双塘子及狐狸房附近。

3.1.1 矿区地层

矿区范围内出露地层主要有上震旦统灯影组至二叠系碳酸盐岩-碎屑岩系,其次为晚二叠世峨眉山玄武岩,偶见辉绿岩脉出露(图3-1)。

地层层序由新至老如下。

第四系(Q):矿区分布零星,主要有冰川沉积、湖相沉积、洪积沉积、冲积沉积等。

上二叠统(P_2):分布在矿区西南部,为峨眉山玄武岩组($P_2\beta$)玄武岩。

下二叠统(P_1):以浅海相碳酸盐岩为主,底部出现海陆交互相的含煤地层。

中寒武统西王庙组(ϵ_2x):岩性主要为灰黄色、灰绿色细粒长石砂岩夹紫红色、褐红色粉砂岩,局部夹石膏层。

下寒武统筇竹寺组(ϵ_1q):主要分布在矿区西北部,为黄绿色、灰绿色、黑色泥质页岩与细砂岩、粉砂岩互层,厚度大于167m。

下寒武统渔户村组(ϵ_1y):主要分布在矿区中部及中北部,为一套白云岩夹磷块岩互层建造,并含少量钙质粉砂岩、含磷泥质粉砂岩和含磷白云质灰岩,厚约70m。

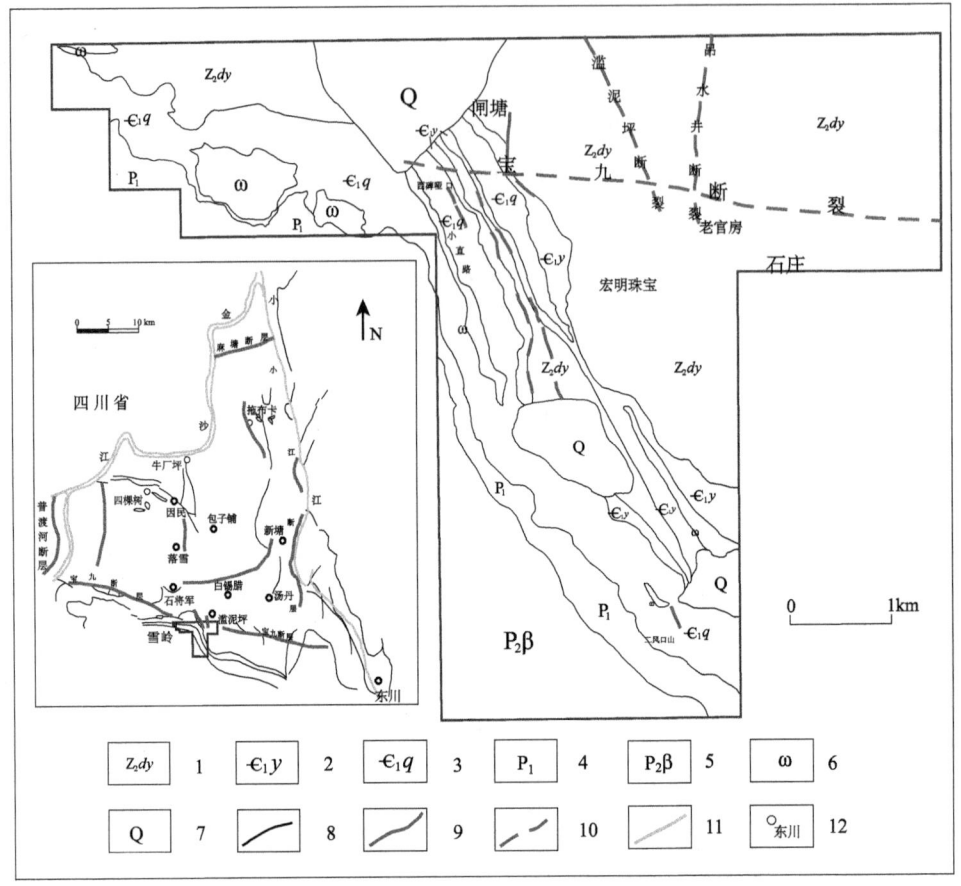

图 3-1 雪岭铜多金属矿区区域地质简图(龚琳等,1996)

1-灯影组;2-渔户村组;3-筇竹寺组;4-下二叠统;5-峨眉山玄武岩;6-辉绿岩;7-第四系;8-地层界线;9-断裂;10-隐伏断裂;11-河流;12-地点

上震旦统灯影组(Z_2dy): 该组地层在本区出露面积最广,主要分布在矿区东部及东北部,且为浅部铜多金属矿化的主要含矿层。岩性以白云岩为主,自上而下可分为硅质白云岩、结晶白云岩和条带状白云岩三段,并含鲕状白云岩、泥质白云岩及叠层石,厚度大于400m。在灯影组上段往往有裂隙脉状铜铅锌矿化,中段局部可见褐铁矿-硫铁矿沿断裂和层间构造产出,下段底部可见黄铁矿-黄铜矿化。

上震旦统陡山沱组(Z_2d): 在地表未出露,主要为一套砂泥质白云岩、碳泥质白云岩、硅质白云岩和底砾岩建造,并含少量的碳质页岩、岩屑石英砂岩等,厚度大于70m。其中碳泥质白云岩和底砾岩常具铜矿化,为滥泥坪式铜矿的主要含矿层。

下震旦统澄江组(Z_1c)：在地表未出露，为一套紫红色-灰色砂砾岩系的磨拉石建造，厚度为0～1000m。本组在宝九断层以北因未沉积而缺失。

3.1.2 矿区构造

1. 褶皱

矿区内一级褶皱构造为晓光村向斜，其位于轿子山、晓光村一带，是发育于北部昆阳群古陆南缘的古生代—新生代褶皱构造，核部由晚二叠世玄武岩及早二叠世灰岩所组成，翼部为海相古生界及震旦系。雪岭矿区处于晓光村向斜北东翼，地层走向300°～330°，倾向210°～240°，倾角15°～20°。矿区闸塘至小直路一带因受近南北向断裂构造的牵引影响，地层倾角稍有变陡，走向也略有变化。

此外，在矿区至西碑垭口公路剖面上，可见一个次级向斜构造，核部地层为筇竹寺组，两翼分别为渔户村组和灯影组。该次级向斜西部为一次级背斜，总体上构成了一个向斜和背斜组合(图3-2)。

2. 断裂

雪岭矿区位于东川断块南缘，长期受地质作用影响，断裂构造复杂。影响本区的断裂主要是近东西向的宝九断裂和近南北向同属落因断裂系的滥泥坪断裂、吊水井断裂及其次级断裂(图3-1)。

1)边界断裂构造

宝九断裂为东川断块的南部边界断裂，于古-中元古代具同生生长断裂性质，新元古代以后具逆冲断层性质。走向近东西向，往北陡倾，并在晋宁期控制了磨拉石堆积，所以澄江组过宝九断裂在东川矿区范围内缺失。受宝九逆冲断裂的影响，昆阳群在雪岭矿区整体抬升，与上震旦统陡山沱组呈不整合接触。

雪岭矿区内宝九断裂被灯影组白云岩覆盖，形迹不明。这表明宝九断裂在早震旦世强烈活动后即进入休眠期。根据遥感资料及实地调查，推测隐伏的宝九深大断裂在本区从赵家坟—闸塘一带通过。在野外地质调查可以发现，闸塘沟内岩石呈近东西向节理裂隙发育，以及团斑状、细脉状、似层状粗晶白云石化发育。在西碑垭口公路上，可见走向280°的断层破碎带。

宝九断裂作为早期的深大生长断裂及后期的逆冲断裂，控制了本区深部地层的展布和基底断裂，也控制了深部矿床的种类和分布，对雪岭矿区成矿富集具有重要的意义。

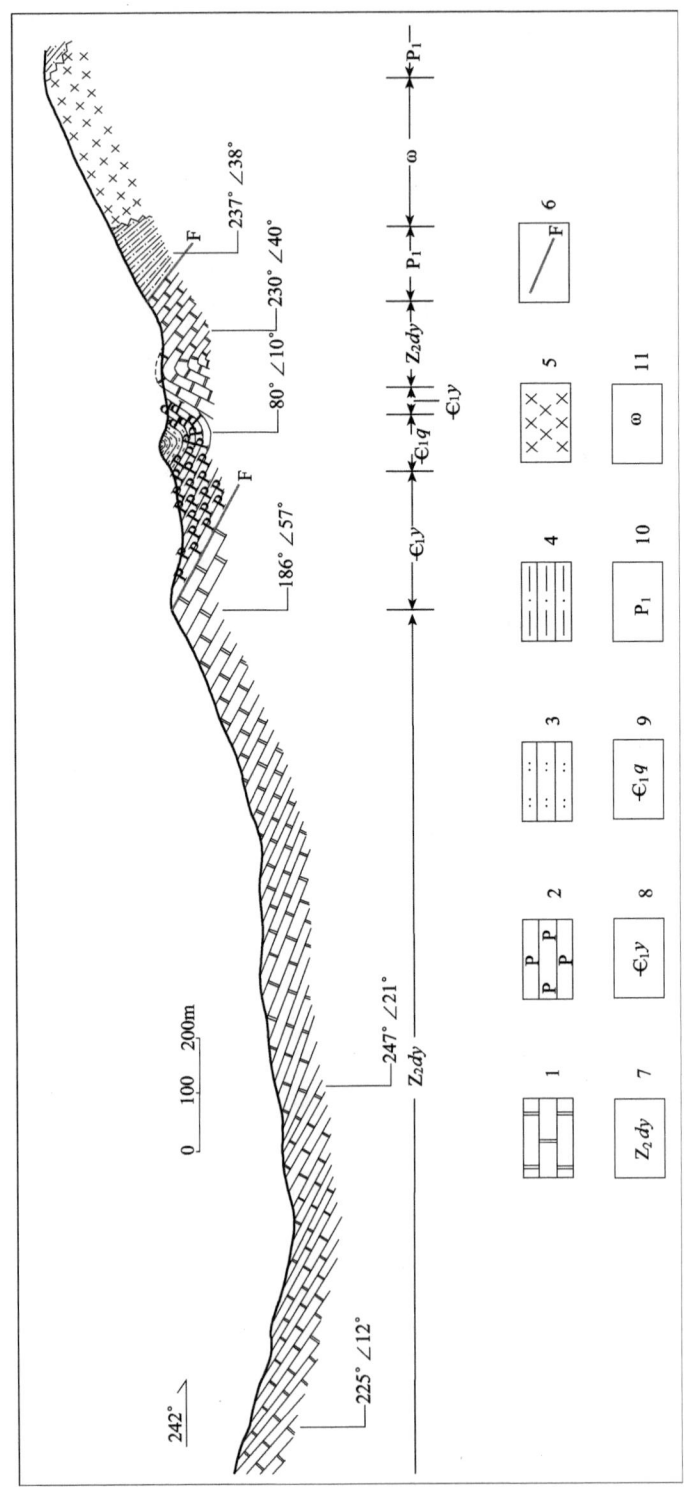

图 3-2 雪岭矿区西碑塸口至闸塘一带剖面图

1-白云岩; 2-磷块岩; 3-砂岩; 4-砂页岩; 5-辉绿岩; 6-断裂; 7-灯影组; 8-渔户村组; 9-筇竹寺组; 10-下二叠统; 11-辉绿岩

2)落因断裂系

落雪—因民近南北向断裂系,从东川矿区金沙江边的人站石、因民、落雪、石将军过滥泥坪抵达本区,表现为一组近南北向的长期活动的断裂带(如滥泥坪断裂带、吊水井断裂带),往东陡倾,控制了区内的铜多金属脉状矿在地表的出露。

3)矿区断裂

矿区断裂构造基本为宝九断裂与落因断裂系的派生断裂,主要分布在灯影组白云岩中,部分沿灯影组白云岩和渔户村组磷块岩层间破碎带分布。矿区断裂主要有北北西向、北西向和北东向三组断裂及层间破碎带,控制了铜多金属脉状矿化的产出和分布。

总体看来,雪岭矿区内断裂主要呈南北向、东西向、北西向和北东向发育,造成区内地质构造的复杂化,也使得脉状矿体在平面上和剖面上的形态、规模及品位变化较大。

3.1.3 矿区岩浆岩

矿区内岩浆岩主要为晚二叠世峨眉山玄武岩,分布于矿区西南部,与下伏地层呈喷发不整合接触。

此外,在矿区东部和北部铜多金属矿坑采矿点附近,均可见到辉绿岩脉沿断层侵入灯影组至下二叠统灰岩中,仅在与灯影组白云岩接触带中可见铜多金属矿化,还发育有蛇纹石化、绿帘石化、绿泥石化、硅化、褐铁矿化等。这些都说明基性岩浆岩与本区灯影组白云岩中沿断裂带产出的铜多金属矿化有一定的关系。

3.2 矿区地层地球化学

作为区域地球化学研究的重要组成部分,地层地球化学可以提供区域地质演化过程、元素在演化各阶段的行为特征及不同时代地层的元素丰度等地球化学内容,对于研究区域成矿理论和预测找矿靶区具有重要的指示意义(唐元骏等,1987)。

3.2.1 矿区研究剖面及采样

在雪岭矿区按照方位角242°布设勘探线,间距200m,选取其中三条勘探线系统取样,进行矿区地层地球化学研究分析。本次共系统采样180件,样品平均重500g,多数为新鲜基岩,其中灯影组白云岩121件;渔户村组白云岩3件,磷块岩 10 件；筇竹寺组白云岩 2 件，砂岩 4 件；下二叠统砂岩 10 件；铜多金属矿石样 30 件。样品由国土资源部昆明矿产资源监督检测中心进行破碎处理和测试，分析元素为 Ag、Cu、Pb、Ni、As、Ba、Co、Sb、Sr、Zn。其中检测 Ag 的仪器为 WSP-1 型 2m 光栅摄谱仪，检测 As 的仪器为 AFS-3100 原子荧光光度计，其余元素均采用 ICP-AES(IRIS Intrepid Ⅱ)进行检测，检验温度为 24℃，湿度为 55%。

3.2.2 矿区地层地球化学元素含量及分布特征

通过对矿区各层位样品检测数据进行系统分析(表 3-1)，其相关元素的基本特征表现如下。

表 3-1 雪岭矿区各地层相关元素含量汇总表

样品	样品数	含量/10^{-6}									
		Ag	As	Ba	Co	Cu	Ni	Pb	Sb	Sr	Zn
灯影组白云岩	121	0.19	10.71	88.44	3.18	23.65	3.74	94.33	12.55	43.97	71.75
渔户村组白云岩	3	0.69	32.19	367.37	6.00	21.25	1.76	68.43	35.00	349.07	62.00
渔户村组磷块岩	10	0.34	12.94	418.67	2.79	18.07	10.18	74.27	2.65	421.83	137.40
筇竹寺组砂岩	4	0.12	12.71	745.50	11.38	15.80	24.48	62.46	1.76	66.43	75.33
筇竹寺组白云岩	2	0.20	20.34	595.50	15.60	23.80	41.45	71.45	1.07	48.20	91.40
下二叠统砂岩	10	0.15	14.05	497.63	12.97	25.71	20.07	39.06	1.78	132.94	55.98
铜多金属矿石	30	0.72	145.78	243.75	17.56	257.56	21.71	227.99	60.60	58.80	363.30
上地壳		0.05	1.50	550.00	10.00	25.00	20.00	20.00	0.20	350.00	71.00

注：由国土资源部昆明矿产资源监督检测中心测试，主要检验仪器为 ICP-AES(IRIS Intrepid Ⅱ)、AFS-3100 原子荧光光度计、WSP-1 型 2m 光栅摄谱仪，检验温度为 24℃，湿度为 55%。测试人：杜白、李文忠、武祥军、姚明。上地壳数据引自 Taylor 和 McLennan(1985)

(1)灯影组为矿区出露面积最大的地层，为滞留潟湖相碳酸盐沉积。铜多金属矿化沿断裂带和辉绿岩脉产自灯影组白云岩中，故研究灯影组白云岩中成矿元素及其相关元素的地球化学特征，对于探讨矿区铜多金属矿化产出规律和控矿因素具有重要的指示意义。灯影组白云岩中，Ag、As、Pb、Sb 含量相对于上地壳富集，其含量分别为上地壳的 4 倍、7 倍、5 倍和 62 倍；Cu、Zn 含量与上地壳相对持平。Ba、Co、Ni、Sr 含量相对于上地壳亏损，元素含量分别为上地壳的 1/6、1/3、1/6 和 1/8。

对灯影组白云岩中相关元素进行聚类分析研究，结果见表 3-2 和图 3-3。

表 3-2 灯影组白云岩样品元素聚类分析数据表

元素	Ag	As	Ba	Co	Cu	Ni	Pb	Sb	Sr	Zn
Ag	1	0.567	0.289	0.503	0.308	0.245	0.731	0.518	0.039	0.703
As		1	0.375	0.301	0.511	0.538	0.562	0.191	0.151	0.713
Ba			1	0.531	0.669	0.72	0.154	0.179	0.529	0.395
Co				1	0.463	0.686	0.218	0.36	0.112	0.372
Cu					1	0.666	0.267	0.267	0.378	0.66
Ni						1	0.097	0.150	0.360	0.402
Pb							1	0.319	−0.003	0.815
Sb								1	−0.048	0.377
Sr									1	0.193
Zn										1

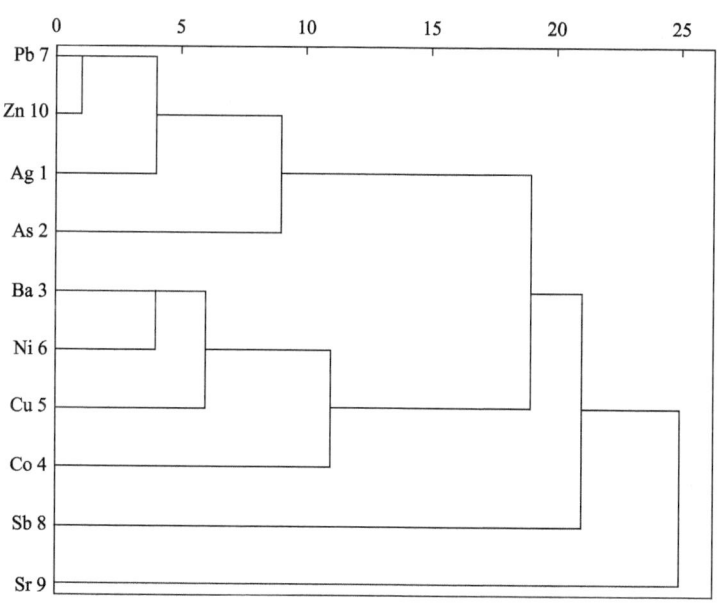

图 3-3 灯影组白云岩样品元素聚类分析图

从表 3-2 和图 3-3 可以看出，①在相关系数 0.8 水平下，元素组合为 Pb-Zn；②在相关系数 0.7 水平下，元素组合为 Pb-Zn-Ba-Ni-Ag；③在相关系数 0.6 水平下，元素组合为 Pb-Zn-Ba-Ni-Ag-As-Cu。

灯影组作为矿区铜多金属矿体产出的主要地层，除 Pb 和 Ag 以外，其主要成矿元素如 Cu、Zn 的含量并未较上地壳有明显的富集，可以认为灯影组白云岩可能为成矿提供了部分 Pb、Ag 等成矿物质。

(2) 渔户村组白云岩中，Ag、As、Pb、Sb 含量相对于上地壳富集，含量分别为上地壳的 14 倍、21 倍、3 倍和 170 倍；Cu、Ba、Sr、Zn、Co 含量与上地壳相差不大；Ni 含量相对于上地壳亏损，为上地壳 Ni 含量的 1/10。

渔户村组磷块岩中，Ag、As、Pb、Sb、Zn 含量相对于上地壳富集，其含量分别为上地壳的 73 倍、8 倍、4 倍、13 倍和 2 倍；Cu、Ba、Sr 含量与上地壳相对持平；Co、Ni 含量相对于上地壳亏损，元素含量分别为上地壳的 1/5 和 1/2。

渔户村组以磷块岩为主，其 Ag、As、Sb、Pb、Zn 均较上地壳有明显富集。结合矿区部分铜多金属矿呈透镜状、脉状、浸染状沿灯影组白云岩和渔户村组含磷岩系之间的层间破碎带分布，虽然工业矿化均偏向富集于灯影组白云岩中，但仍可认为渔户村组为铜多金属矿化提供了部分成矿物质。

(3) 筇竹寺组砂岩中，Ag、As、Pb、Sb 含量相对于上地壳富集，元素含量分别为上地壳的 2 倍、8 倍、3 倍和 9 倍；Ba、Co、Ni、Zn 含量与上地壳相对持平；Cu、Sr 含量相对于上地壳亏损，元素含量分别为上地壳的 3/5 和 1/5。

筇竹寺组白云岩中，Ag、As、Ni、Pb、Sb 含量相对于上地壳富集，元素含量分别为上地壳的 4 倍、13 倍、2 倍、4 倍和 5 倍；Ba、Co、Cu、Zn 含量与上地壳相对持平；Sr 含量相对于上地壳亏损，为上地壳 Sr 含量的 1/7。

筇竹寺组主要分布在矿区的中北部，样品分析显示其 Ag、Ni、Pb 等成矿元素含量相对上地壳有不同程度的富集，虽然在该组地层浅表未见明显矿化，但与同属下寒武统的渔户村组地层均具有较高的成矿元素地球化学背景值，可以推断筇竹寺组对矿区成矿可能提供了部分成矿物质来源。

(4) 下二叠统砂岩中，Ag、As、Pb、Sb 含量相对于上地壳富集，元素含量分别为上地壳的 3 倍、9 倍、2 倍和 9 倍；Ba、Co、Cu、Ni、Zn 含量与上地壳相对持平；Sr 含量相对于上地壳亏损，为上地壳含量的 1/3。

同样在矿区下二叠统砂岩中未见明显矿化，由于其主要成矿元素并未较上地壳有明显富集，该组地层对矿区矿化未有较大影响。

由此可见，矿区沉积地层与上地壳相比，Ag、As、Pb 和 Sb 部分富集，其余测试元素则与之持平或明显亏损。此外需要指出的是，矿区各类岩性中，Pb、Zn、Ag、Cu 等成矿元素含量，以灰白色白云岩的最低，硅质白云岩的次之，而黑色含碳质泥晶白云岩、泥砂质白云岩及含磷岩系的成矿元素含量较高，且高于上地壳丰度值的数倍至十余倍，这说明沉积过程中泥质和有机质对成矿元素的吸附作用较强。

3.2.3 矿区成矿及相关元素分布规律研究

将矿区成矿及相关元素在地层不同岩性中的含量依次进行对比作图(图 3-4)。

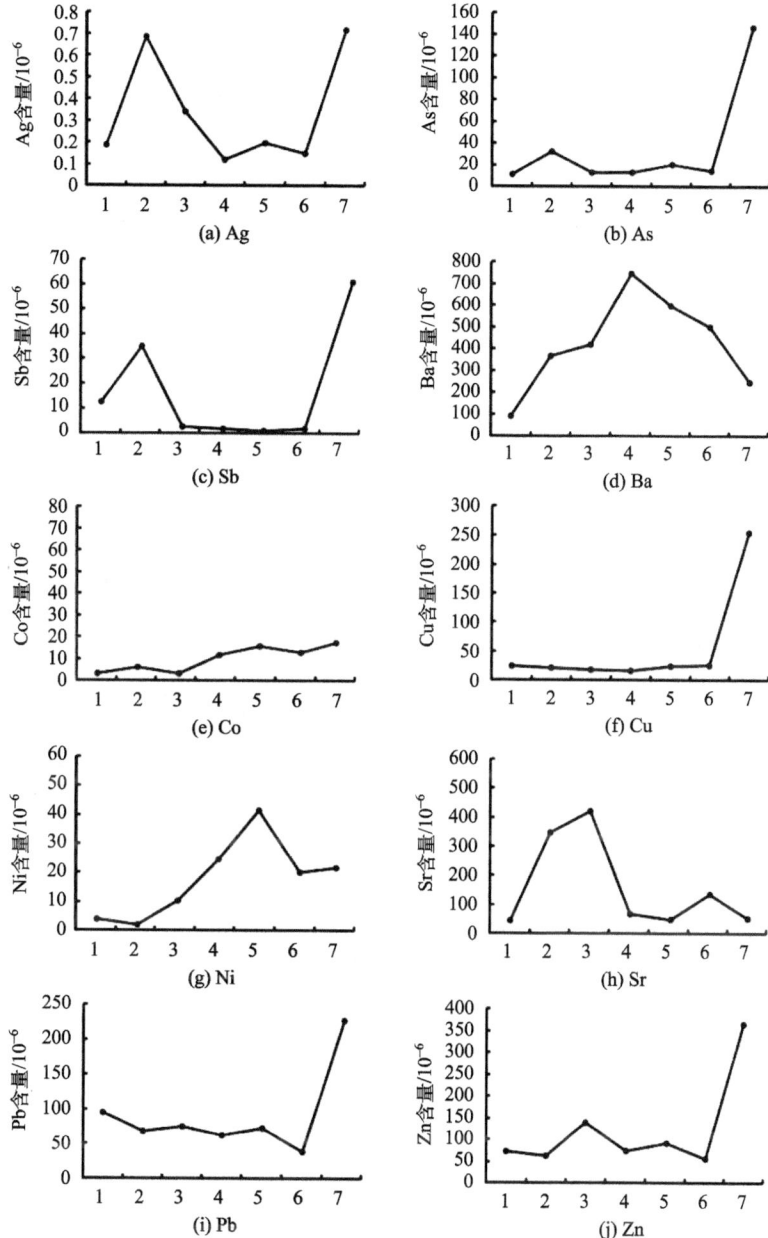

图 3-4 雪岭矿区元素在各地层各岩性中含量变化图

1-灯影组白云岩；2-渔户村组白云岩；3-渔户村组磷块岩；4-筇竹寺组砂岩；5-筇竹寺组白云岩；6-下二叠统砂岩；7-矿石样

（1）Ag、As、Sb 在渔户村组白云岩中含量最高，在其他地层岩石中含量较平均，均高于上地壳相应元素丰度值，在矿石样中明显富集。

（2）Co、Cu、Ni 在灯影组、渔户村组、筇竹寺组中含量较平均，基本与上地壳相应元素丰度值持平，在矿石样中明显富集。

（3）Ba 在筇竹寺组砂岩中最富集，在矿区其他地层岩石中含量较平均，与上地壳丰度值基本持平，但在灯影组中含量最低，与上地壳相比有明显亏损。

（4）Sr 在渔户村组中含量与上地壳基本持平，但在灯影组、筇竹寺组、二叠系及矿石样中均明显亏损。Sr 在沉积岩中，由于沉积环境、物源和古地理条件的差异，导致了 Sr 的分布具有显著的不同（倪善芹等，2010）。

（5）Pb 在矿区各地层中含量较上地壳丰度值均有不同程度的富集，Zn 在矿区各地层中的含量则基本与之持平，但在矿石样中 Pb、Zn 含量明显富集。说明矿石中 Pb 除来源于深部以外，高背景值的围岩也可能是 Pb 富集的原因之一，Zn 则基本来源于深部。

3.2.4 构造作用对矿化的影响

雪岭地区铜多金属矿化主要沿断裂带和辉绿岩脉产出于灯影组白云岩中，部分沿灯影组和渔户村组层间破碎带分布，为了研究断裂构造运动对成矿元素富集的影响，对矿区断裂带通过处与断裂带未通过处的白云岩样品所含相关元素含量进行对比统计分析（表 3-3 和图 3-5）。

表 3-3 灯影组白云岩中断裂带通过处与断裂带未通过处相关元素含量对比表

样品	样品数	含量/10^{-6}									
		Ag	As	Ba	Co	Cu	Ni	Pb	Sb	Sr	Zn
灯影组白云岩（断裂带未通过处）	101	15.20	10.64	69.18	2.09	20.57	3.16	79.62	4.68	42.93	60.56
灯影组白云岩（断裂带通过处）	20	37.50	11.05	185.68	8.66	39.21	6.68	168.61	52.29	49.20	128.27

注：由国土资源部昆明矿产资源监督检测中心测试，主要检验仪器为 ICP-AES（IRIS Intrepid Ⅱ）、AFS-3100 原子荧光光度计、WSP-1 型 2m 光栅摄谱仪，检验温度为 24℃，湿度为 55%。测试人：杜白、李文忠、武祥军、姚明

由图 3-5 可见灯影组中断裂带通过处的白云岩所含元素含量均高于断裂带未通过处的白云岩所含元素含量，其中 Ag、Ba、Cu、Pb、Sb 和 Zn 含量分别为断裂带未通过处白云岩的 2 倍、3 倍、2 倍、2 倍、11 倍和 2 倍。这与断裂带内黝铜

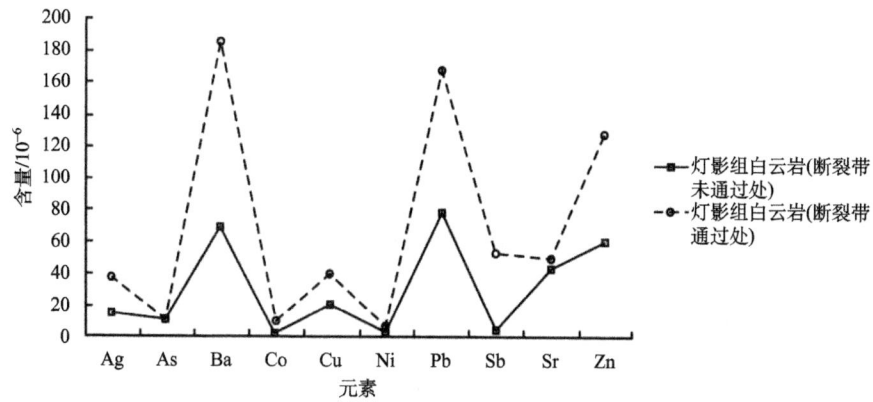

图 3-5 灯影组中断裂带通过处白云岩与断裂带未通过处白云岩元素含量对比图

矿化、重晶石化、黄铁矿化等蚀变特征相符。Co、Ni 作为深部来源元素,断裂构造使其在受断裂作用的白云岩中得到富集,Co、Ni 含量分别比未受断裂作用的白云岩富集 4 倍和 2 倍,虽然仍低于上地壳 Co、Ni 元素含量平均值[w(Co)=10×10^{-6}, w(Ni)=20×10^{-6}],但可以说明矿区断裂构造作用有利于成矿及相关元素的活化富集,对铜多金属矿化有积极影响。

通过对矿区各层位不同岩性中各相关元素的含量对比分析可以看出,包括作为矿化围岩的灯影组白云岩和渔户村组白云岩、磷块岩在内的矿区各沉积地层均较上地壳富集 Ag、Pb、As 和 Sb 等成矿元素,而其余分析元素则基本持平或亏损。受构造作用影响的白云岩较未受构造作用影响的白云岩所含元素含量均有不同程度的富集,说明构造作用对矿化有积极影响。雪岭矿区铜多金属矿化明显受层位、岩性、岩脉和构造控制,其 Cu、Ag、Pb 和 Zn 等成矿元素应主要来源于深部,为成矿热液沿断裂活化运移至灯影组地层中有利位置沉淀富集所致。围岩中 Ag 和 Pb 的高背景值对矿化也提供了部分成矿物质。

3.3 矿区铜银(铅锌)矿化带

3.3.1 地质特征

雪岭矿区内已发现的铜多金属矿化受近南北向的落因断裂带南延断裂及其次级断裂和辉绿岩脉所控制,主要呈脉状、透镜状切层产出于灯影组白云岩中,其次为似层状矿化。区内铜多金属矿化主要包括矿区中段偏北部的铜银(铅锌)矿化带和矿区东部-北部的铁矿化带。雪岭矿区铜银(铅锌)矿化带从东至西可依次划分为四条矿化带。

1. Ⅰ号铜银(铅锌)矿化带

该矿化带主要分布在矿区矿部至雷打岩一带,矿化围岩为灯影组第三段硅质白云岩,受落因断裂带南延断裂控制,走向北西,倾向南西。矿化带长约 2km,厚度一般为 0.3～0.6m,如遇陡倾断裂或节理裂隙发育,则矿体厚度可达 1m 以上。Cu 平均品位为 1%左右,Pb、Zn 偶见。矿石外表以孔雀石化、蓝铜矿化和褐铁矿化为标志,原生矿石矿物主要为黝铜矿和辉铜矿,其次为斑铜矿和黄铜矿,脉石矿物主要为白云石、方解石、重晶石和石英,矿化以脉状、浸染状、角砾状、团块状为主。伴生 Ag 平均品位在 50g/t 以上,Ag 含量与 Cu 品位呈明显的正相关关系,Ag 含量随 Cu 品位的增高而增高。由于工程有限,该矿化带矿化处特别是富矿段沿走向和倾向延伸不明,钻孔 DZK2-2 在断裂带沿倾向下延相应深度见厚约 0.2m 和 0.5m 的两段矿化,以黝铜矿、孔雀石、蓝铜矿和褐铁矿为主。

2. Ⅱ号铜银(铅锌)矿化带

该矿化带处于Ⅰ号矿化带的西侧,与Ⅰ号矿化带近于平行产出,异常区范围如图3-6所示。矿化带北西自西碑垭口延伸至东南宏明珠宝磷矿采场,全长约6km,雪岭矿区内长约2km。该矿化带明显切层产出,可穿透震旦系灯影组白云岩和寒武系渔户村组磷块岩,但工业矿化均产于灯影组硅质白云岩内。矿化带走向北西,倾角近乎直立,或向东南陡倾,倾角 70°左右。矿化带平均宽度约 4m,最宽可至 8m,窄则 1m。矿化特征与Ⅰ号矿化带基本一致,只是铅锌矿化、硅化更强,氧化矿物有孔雀石、蓝铜矿、褐铁矿、黄钾铁矾、菱锌矿、褐锰矿等,原生矿石矿物主要为黝铜矿、辉铜矿和黄铁矿,其次为黄铜矿、斑铜矿、方铅矿、闪锌矿、菱锰矿,脉石矿物为白云石、方解石、重晶石和石英,矿石主要为脉状、浸染状、角砾状和团块状构造。地表矿化最强地段见于宏明珠宝磷矿采场内(图版Ⅱ-1),铜矿体长约 60m,厚约 6m,富矿脉厚约 1m,Cu 品位为 7%左右,Ag 品位为 300～1000g/t,且 Ag 含量与 Cu 品位呈明显的正相关关系,Ag 含量随 Cu 品位的增高而增高。在雪岭矿区内多处坑道和钻孔均于相应位置见到铜多金属矿化(图版Ⅱ-2),且均达工业品位,但矿化厚度较薄(多小于 1m),说明该矿化带矿化极不均匀。

3. Ⅲ号铜银(铅锌)矿化带

该矿化带位于Ⅰ、Ⅱ号矿化带的西侧(图3-6),近于平行产出,由多条铜(铅锌)细脉组成,矿脉沿硅化、黄铁矿化蚀变破碎带产出,金属矿物以黝铜矿、方铅矿、闪锌矿、孔雀石、蓝铜矿等为主,脉石矿物为白云石、方解石、重晶石和石英,主要为脉状、浸染状、颗粒状、星点状构造。在工程控制方面,坑道内钻孔

DZK3300-1 在相应位置见 3 段厚约 0.2m 的块状硫化物脉，见铅锌矿穿插含铜黄铁矿；坑道 PD3300 见长约 2m、宽 0.1～0.2m 的铜铅锌矿脉，为石英脉型，以黝铜矿、方铅矿、闪锌矿、孔雀石、蓝铜矿等为主，矿物呈颗粒状、浸染状、星点状分布于石英脉中，石英脉切层侵入，产状 95°∠78°（图版Ⅱ-3）。该矿化带浅表铜多金属矿化强度弱，规模小，难以形成可采矿段，但由于工程控制有限，深部有待继续研究。

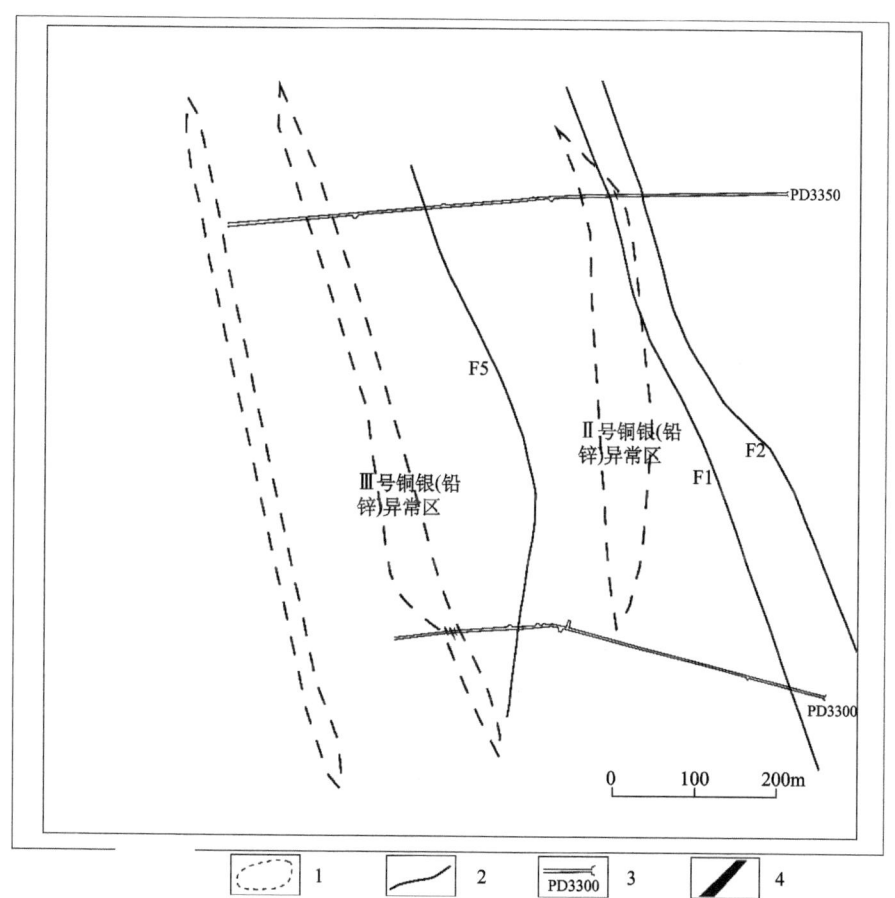

图 3-6　雪岭矿区Ⅱ号、Ⅲ号铜银（铅锌）异常区平面图
1-铜银（铅锌）异常区；2-断层；3-坑道及编号；4-铜多金属矿化体

4. Ⅳ号铜银（铅锌）矿化带

该矿化带位于雪岭矿区闸塘处，产于震旦系灯影组层状白云岩内的断裂破碎带中，呈含矿的石英碳酸盐脉状产出，厚 0.8～1.6m，走向 NE15°，倾角近乎直

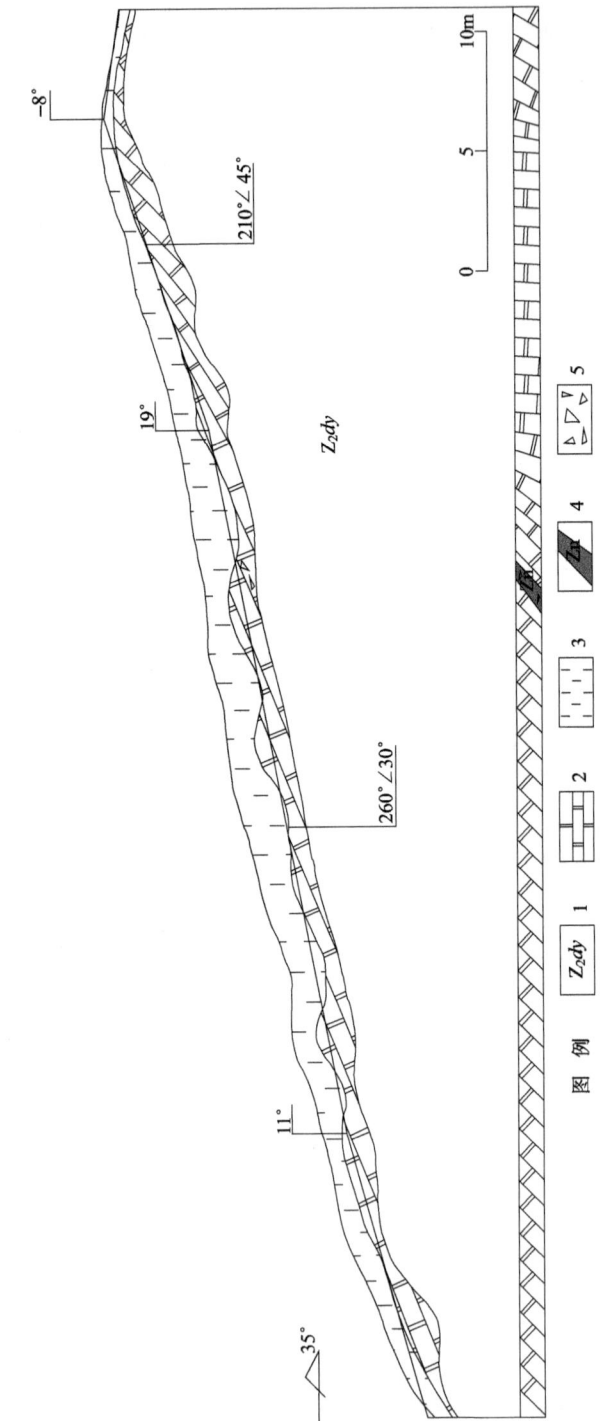

图 3-7 雪岭矿区探槽 TC5 示意图

1-灯影组；2-白云岩；3-黏土；4-锌矿化；5-破碎带

立。原生矿石矿物以方铅矿和闪锌矿为主，其次为黄铜矿、黄铁矿，氧化矿物主要为菱锌矿、水锌矿、白铅矿、孔雀石、蓝铜矿、褐铁矿和黄钾铁矾，脉石矿物为石英、白云石和方解石。矿石构造为角砾状、细脉状、团块状和浸染状。设计施工的探槽 TC5 在该矿化带揭露到宽约 30cm 的锌矿化脉，已风化为次生矿物水锌矿(图 3-7)。该矿化带两块拣块样显示，Pb 平均品位为 4.6%，Zn 平均品位为 4.03%，Cu 平均品位为 1.82%，Ag 平均品位为 250.55g/t，且 Ag 含量与 Cu 品位呈明显的正相关关系，Ag 含量随 Cu 品位的增高而增高。

3.3.2 矿石矿物特征

雪岭矿区铜银(铅锌)矿化带所含金属矿物主要有黝铜矿、辉铜矿、黄铜矿、方铅矿、闪锌矿、黄铁矿、铜蓝、褐铁矿、孔雀石、蓝铜矿等，对矿区铜银(铅锌)矿化带矿石样品进行荧光光谱分析，结果见表 3-4，可见矿化带主要有用组分为 Cu、Pb、Zn、Ba，Ag 为主要伴生元素。在对矿石样品进行品位分析后显示(表 3-5)，雪岭矿区铜银(铅锌)矿化带所含 Cu 品位一般在 0.068%~3.63%，平均为 1.26%；Pb 品位最低小于 0.05%，最高为 6.79%，平均为 0.86%；Zn 品位一般在 0.026%~4.72%，平均为 0.95%；Ag 品位最低小于 5g/t，最高为 937g/t，平均为 159g/t。由矿石样品品位分析总体上可以看出，Ⅰ号铜银(铅锌)矿化带所含 Cu、Pb、Zn、Ag 品位与矿区其他矿化带比较最低，Ⅱ号铜银(铅锌)矿化带所含 Cu、Ag 元素品位最高，Ⅲ、Ⅳ号铜银(铅锌)矿化带所含 Pb、Zn 元素品位最高。

表 3-4　雪岭矿区铜银(铅锌)矿化带矿石样品成分荧光光谱分析结果[单位：10^{-6}(质量分数)]

项目	XLY-46 含铅锌矿化白云岩	XLY-49 含铜矿化白云岩	XLY-101 褪色化褐铁矿化砂岩	XLY-229 孔雀石化、泥化蚀变岩	XLY-230 泥化、褪色化白云岩	XLY-234 破碎白云岩
Ag	>2	>2	>2	>2	>2	>2
As	45.7	>1000	490	228	124	120
Ba	95.1	>1000	65	968	954	>1000
Co	3.58	26.6	3.59	268	53.4	11.2
Cu	126	>1000	>1000	>1000	>1000	200
Ni	1.16	13.1	10.1	133	70.6	22.3
Pb	>1000	101	424	64.7	160	176
Sb	10.5	>1000	171	173	106	13.8
Sr	12.6	683	63.7	126	97.4	27.2
Zn	>1000	814	>1000	>1000	>1000	>1000

注：由国土资源部昆明矿产资源监督检测中心测试，主要检验仪器为 ICP-AES(IRIS Intrepid Ⅱ)、AFS-3100 原子荧光光度计、WSP-1 型 2m 光栅摄谱仪，检验温度为 24℃，湿度为 55%。测试人：杜白、李文忠、武祥军、姚明

表3-5 雪岭矿区铜银（铅锌）矿化带矿石品位分析结果

样号	采样点	岩性	Cu/%	Pb/%	Zn/%	Ag/(g/t)
XLJ-1*	I号铜银（铅锌）矿化带雷打岩	含铜硅化白云质角砾岩	1.31	<0.05	0.064	34.3
XLJ-2*	I号铜银（铅锌）矿化带雷打岩	重晶石化硅化岩	0.068	<0.05	0.026	<5
XLJ-3*	I号铜银（铅锌）矿化带雷打岩	重晶石化硅化岩	0.79	<0.05	0.04	60.7
XLJ-4*	I号铜银（铅锌）矿化带雷打岩	含铜硅质角砾岩	3.44	<0.05	0.058	88.8
XLJ-5*	I号铜银（铅锌）矿化带雷打岩	含铜硅化白云岩	0.24	<0.05	0.043	<5
XLJ-10	I号铜银（铅锌）矿化带矿部	含铜硅质角砾岩	1.4	0.004	0.09	104
XLJ-11*	I号铜银（铅锌）矿化带矿部	含铜硅化白云岩	1.62	0.18	0.1	105.8
XLJ-8*	II号铜银（铅锌）矿化带（PD1地表民采点）	灰褐色硅化碎裂白云岩	0.12	0.47	1.62	32.3
XLJ-9*	II号铜银（铅锌）矿化带（PD1地表民采点）	含铜硅化白云岩	0.34	0.054	0.1	75.9
XLJ-23	II号铜银（铅锌）矿化带3350中段3502测点	褐铁矿化白云岩	0.36	0.2	0.43	19.9
XLJ-24	II号铜银（铅锌）矿化带3350中段3502测点	含铜铁矿化白云岩	2.07	0.46	0.88	113
XLJ-25	II号铜银（铅锌）矿化带3350中段3501测点	硅化碎裂含铜白云岩	0.14	0.1	0.23	12.1
XLJ-29	II号铜银（铅锌）矿化带3350铜穿脉坑口顶	硅化碎裂白云岩铜矿	2.5	0.36	0.33	616
XLJ-28	II号铜银（铅锌）矿化带南延宏明珠宝铜矿露头	硅化白云岩铜矿石	3.63	0.017	0.36	937
H-14	II号铜银（铅锌）矿化带3350北岔巷道坑口	含铜铁矿化白云岩	0.97	0.18	0.21	72.9
H-15	III号铜银（铅锌）矿化带3300北沿脉坑口	含铜铅矿石	1.11	4.57	3.67	179
XLJ-6*	IV号铜银（铅锌）矿化带民采矿堆	含铅锌半氧化硅化白云岩矿石	0.52	2.41	3.34	120.9
XLJ-7*	IV号铜银（铅锌）矿化带民采矿堆	含铜多金属矿化角砾岩	3.01	6.79	4.72	380.2
XLJ-26	IV号铜银（铅锌）矿化带雷打岩北坡	硅化碎裂白云岩	0.34	0.21	1.7	56.7

注：*由昆明冶金研究院测试，主要检验仪器为WFX-130原子吸收分光光度计和滴定管，检验温度25℃，湿度55%。测试人：范丽汇、徐治贫。其余样品由国土资源部昆明矿产资源监督测测中心测试，主要检验仪器为GGX-9原子吸收器，检验温度25℃，湿度50%。测试人：李政

1. 主要金属矿物特征

雪岭铜银（铅锌）矿化带矿石类型依据主要矿石矿物的产出状态可以分为铜铅锌矿（方铅矿-闪锌矿-黄铜矿-黝铜矿-黄铁矿）和铜银矿（黄铜矿-黝铜矿-辉铜

矿-黄铁矿)两种类型,后者常氧化为孔雀石、蓝铜矿和褐铁矿。脉石矿物主要为白云石、方解石、石英、重晶石。

对矿石样品磨制成光薄片在显微镜下进行仔细观察鉴定,可以看出雪岭铜银(铅锌)矿化带主要原生金属矿物为黝铜矿、辉铜矿、黄铁矿、黄铜矿、闪锌矿、方铅矿,以及少量的斑铜矿、铜蓝、菱锰矿等;次生金属矿物主要有孔雀石、蓝铜矿、菱锌矿、水锌矿、白铅矿、褐铁矿、褐锰矿和黄钾铁矾等。非金属矿物以白云石、方解石、石英、重晶石为主。

黝铜矿:在该矿化带中含量较高,含量为1%～15%不等,多呈它形粒状集合体,颗粒大小一般为0.05～0.3mm,具金属光泽,内反射为棕红色,均质性,硬度为3.5～4.5。主要呈浸染状、细脉状分布于白云岩或石英脉中,少量呈星点状嵌布于白云岩和石英脉裂隙中。原生矿物较少见,常被氧化成孔雀石、蓝铜矿。显微镜下可见黝铜矿呈浸染状产出(图版III-6),此外,还可见黝铜矿常与方铅矿、闪锌矿和黄铁矿毗连镶嵌,紧密共生,也可见黝铜矿与黄铜矿紧密共生(图版III-7)。

黄铜矿:在该矿化带较为少见,含量为1%左右,常与黄铁矿、辉铜矿等共生,多呈它形不规则状集合体,颗粒大小一般为0.05～0.1mm,具金属光泽,无内反射,硬度为3.5～4。多呈浸染状、细脉状分布于白云岩和石英脉中,或呈星点状沿白云岩和石英脉裂隙分布,多被孔雀石和蓝铜矿交代。显微镜下常见黄铁矿被黄铜矿交代,说明黄铁矿形成早于黄铜矿(图版IV-6,图版IV-7)。此外,还可见黄铜矿与闪锌矿紧密共生,并被闪锌矿交代(图版IV-2)。

辉铜矿:在该矿化带较少见,含量为1%左右,具钢灰色,强金属光泽,显微镜下不显内反射,硬度为2.5～3。多呈半自形-它形粒状,粒径0.03～0.2mm,浸染状分布于岩石中,呈脉状交代黝铜矿,说明辉铜矿形成晚于黝铜矿。

闪锌矿:在该矿化带含量较少,含量为1%～40%不等,常与方铅矿、黄铁矿、黝铜矿、黄铜矿等共生,多呈它形不规则状,颗粒大小不均匀,粒径一般为0.1～0.5mm,显微镜下显内反射,硬度3.5。多呈浸染状、细脉状分布于白云岩和石英脉中,或呈星点状沿白云岩和石英脉裂隙分布。显微镜下常见闪锌矿被方铅矿沿裂隙交代(图版IV-3),说明闪锌矿的形成早于方铅矿;以及可见闪锌矿与黄铁矿、方铅矿、黝铜矿共生,并交代黝铜矿,说明黝铜矿的形成早于闪锌矿(图版IV-1);还见闪锌矿与黄铜矿共生(图版IV-2)。

方铅矿:在该矿化带较为少见,含量为1%～20%,多与闪锌矿、黄铁矿、黄铜矿、黝铜矿等金属矿物共生,多呈它形不规则状,粒径0.1～0.5mm,多呈浸染状分布于白云岩和石英脉中,或呈星点状与闪锌矿、黄铁矿等沿白云岩和石英脉裂隙分布。显微镜下常见方铅矿沿裂隙交代闪锌矿(图版IV-3,图版V-3),说明方铅矿形成晚于闪锌矿,并可见方铅矿与黄铁矿共生(图版V-2)。

黄铁矿：黄铁矿在该矿化带矿石中较常见，含量为1%左右，多与闪锌矿、方铅矿、黄铜矿、黝铜矿、辉铜矿等金属矿物共生。多呈半自形-它形粒状，晶体以立方体为主，部分形状不规则，粒径0.01～0.4mm，主要以浸染状、星点状分布于白云岩和石英脉中或其裂隙面中。显微镜下可见黄铁矿被黄铜矿所交代（图版Ⅳ-6），说明黄铁矿的形成早于黄铜矿；又可见黄铁矿与闪锌矿、方铅矿和黝铜矿共生，并且见黄铁矿交代黝铜矿，说明黄铁矿形成晚于黝铜矿（图版Ⅲ-5）。

2. 矿石结构构造

矿石中有用组分金属矿物以细粒为主，中-粗粒少见。根据矿石矿物的形态特征和矿物相互间的接触关系，其结构主要分为半自形-它形结构、它形粒状集合体结构、反应边结构、包裹结构、溶蚀结构和交代残余结构等。

半自形-它形结构：在该矿化带白云岩和石英脉中常见到黄铁矿呈半自形-它形结构。黄铁矿晶体以立方体为主，部分呈五角十二面体，其余形状不规则（图版Ⅳ-5，图版Ⅳ-6，图版Ⅴ-2）。在矿石中也可见少量辉铜矿呈半自形-它形结构。

它形粒状集合体结构：该结构在矿化带中较为常见，黝铜矿、辉铜矿、黄铜矿、闪锌矿和方铅矿等金属矿物大多呈它形粒状集合体结构，在白云岩和石英上或沿白云岩和石英裂隙分布。

反应边结构：矿石中可见方铅矿沿闪锌矿边缘交代闪锌矿，形成反应边结构（图版Ⅴ-3）。

包裹结构：矿石中可见形成较晚的黄铜矿交代形成较早的黄铁矿，以致形成黄铜矿中包裹着黄铁矿颗粒的包裹结构（图版Ⅳ-6），还可见方铅矿交代闪锌矿后使闪锌矿颗粒被包裹在方铅矿中（图版Ⅴ-4）。

溶蚀结构：矿石中可见黄铜矿溶蚀交代黄铁矿。

交代残余结构：矿石中可见较晚形成的方铅矿交代较早形成的闪锌矿和黄铁矿，而使闪锌矿和黄铁矿呈不规则状微粒残余于方铅矿中形成交代残余结构（图版Ⅳ-5），也可见黄铁矿被黄铜矿交代后呈残余结构（图版Ⅳ-7）。

矿石中常见浸染状构造、细脉状构造、星点状构造、团块状构造等矿石构造。

浸染状构造：该构造是雪岭矿区最常见的矿石构造类型，一般可见黝铜矿、辉铜矿、黄铜矿、黄铁矿、方铅矿、闪锌矿等金属硫化物及孔雀石、蓝铜矿等氧化物呈稀密浸染状、星点浸染状、细粒浸染状沿断裂带赋存于白云岩中，并与石英、方解石、重晶石等矿物共同产出（图版Ⅱ-1，图版Ⅱ-2）。

细脉状构造：该类构造为矿区内仅次于浸染状构造的矿石构造类型，常见黝铜矿、辉铜矿、斑铜矿、黄铜矿、黄铁矿、方铅矿、闪锌矿等金属硫化物呈细脉状充填于白云岩及石英脉的节理面和裂隙中（图版Ⅱ-3）。

星点状构造： 该类构造在矿区内也较常见，多见黝铜矿、黄铜矿、黄铁矿、方铅矿、闪锌矿等金属硫化物沿断裂带呈星点状分布于含矿白云岩及石英脉中。

团块状构造： 该矿石类型在矿区内较为常见，在矿区赵家坟一带常见黄铁矿呈团块状沿断裂带赋存于白云岩中，此外还可见原生铜矿物氧化形成的孔雀石呈团块状分布于矿化白云岩中(图版Ⅱ-3)。

3.3.3 围岩蚀变

雪岭矿区白云岩中铜多金属矿化围岩蚀变以低温组合为主，且叠加、复合现象明显，其中与成矿作用关系最为密切的围岩蚀变类型为粗晶白云岩化、硅化、重晶石化和绢云母化。

粗晶白云岩化： 雪岭矿区范围内铜多金属矿脉沿断裂带产出时，周围的白云质围岩普遍发生重结晶，出现粗晶白云岩化。该蚀变类型与铜多金属矿化密切相关，基本与矿化如影随形。

硅化： 硅化在矿区也很常见，在矿体周围则更为明显。不但白云质围岩和矿化白云岩硅质含量升高，而且多出现石英脉，并伴随着黝铜矿、辉铜矿、黄铜矿、方铅矿、闪锌矿、黄铁矿等金属硫化物共同产出。

重晶石化： 重晶石化在矿区较为常见，重晶石为矿区热液蚀变产物，主要产于铜多金属矿脉附近，与成矿作用密切相关，常以重晶石-白云石脉产出。

绢云母化： 在铜多金属矿体周围可见，范围较小，与成矿作用关系较为密切。绢云母多呈薄片状、鳞片状，常与石英、黄铁矿、白云石共生。

3.4 矿区铁矿化带

在雪岭矿区赵家坟至宏明珠宝一带灯影组白云岩上出露有零星的褐铁矿民采点，往北延伸至矿区以外还有数个正在开采的褐铁矿点。前人在研究中认为雪岭矿区的褐铁矿点为铁帽型褐铁矿点，由于资源量很小，只是零星矿化，无工业开采价值。笔者认为，本区的褐铁矿成因差异可以导致不同的找矿思路。如果该褐铁矿点是由含铁碳酸盐氧化而成，由于矿化围岩即为碳酸盐岩类，则不具指引找矿价值；如果该褐铁矿点是由硫铁矿氧化而成，考虑到硫质的来源，则具有寻找本区铜多金属矿的指示意义。

考察过程中，笔者在本区褐铁矿点均发现了氧化残余的块状硫铁矿石，以及呈星点状残存于褐铁矿中的黄铁矿颗粒。考虑到紧邻矿区外围北部的滥泥坪沟坑道中开采出了大量的含铜块状硫铁矿矿石，因此可以确定本区的褐铁矿点均由硫铁矿氧化而成，具有寻找深部铜多金属矿床的重要指示意义。

3.4.1 地质特征

1. 铁矿点

由于褐铁矿点在雪岭矿区是零星出露,为了便于研究分析,根据褐铁矿点所处地点的差异,依次将其进行编号,共分为Ⅰ、Ⅱ、Ⅲ和Ⅳ号铁矿点。

1) Ⅰ号铁矿点

Ⅰ号铁矿点位于矿区东部宏明珠宝处,因处于地形低洼的鞍部,表现为残坡积褐铁矿堆积体。因氧化较强,只见红褐色土状褐铁矿粉末,其中未见明显原生铁矿物,推测为细脉状硫铁矿氧化堆积而成。此处矿化较弱,出露范围也较其余三个铁矿化点少,应该与该处沿断裂带上侵至地表的硫铁矿脉较少有关。

2) Ⅱ号铁矿点

Ⅱ号铁矿点位于Ⅰ号铁矿点西部,也位于矿区东部宏明珠宝范围内,该铁矿点为矿区范围内规模最大的露采点。

最开始在本铁矿点地表块状碎裂白云岩中,发现数条细小的褐铁矿脉。但随着露采的持续向下进行,褐铁矿化带急剧变宽,总宽度近50m,其中最大的1条主矿脉厚达约6m(图版Ⅱ-4)。该主矿脉走向北北西向,倾角近于直立。除直立陡倾主矿脉外,尚有沿层透镜状矿体,可断续延伸到主矿脉外30～40m,厚1～2m。目前该露采工程已开采长约100m,开采深度达80m以上,往深部仍有变大趋势。本铁矿点主要有粉末状针铁矿、蜂窝状褐铁矿和半氧化硫铁矿三种铁矿石类型。

3) Ⅲ号铁矿点

Ⅲ号铁矿点位于矿区Ⅱ号铁矿点西北部,矿化特征与Ⅱ号铁矿点相似,只是规模较小。该铁矿点也进行了露采,工程揭示的情况显示铁矿化带宽约30m,表现为多条铁矿细脉平行分布,间隔1～3m不等,单脉厚0.1～2m。主矿脉状旁侧也有沿层透镜状、脉状矿体,厚度小于1m,延伸10m左右。

4) Ⅳ号铁矿点

Ⅳ号铁矿点位于矿区北部,Ⅲ号铁矿点的西北部,矿化特征与Ⅱ号铁矿点相似,只是规模也较小,但总体出露规模大于Ⅲ号铁矿点。该处的露采工程显示Ⅳ号铁矿点矿化带宽约30m,由数条数厘米至1m的褐铁矿脉所组成,沿白云岩裂隙或沿层分布。在该矿化带内也见到氧化残余的块状硫铁矿。

2. 探槽

由于以上4处铁矿点出露范围有限,铁矿点之间为第四系所覆盖。为了更好地揭示各铁矿点之间是否连续,以及更好地观察铁矿化强度范围,故在各铁矿点之间设计实施了数条探槽加以控制，而所有的探槽均揭露了铁矿化带。现以揭露铁矿化带情况较好的探槽 TC1、TC2、TC3、TC6 加以阐述。

TC1：该探槽位于Ⅳ号铁矿点西南方(图3-8)，方位角41°，长133m。探槽揭露到两条褐铁矿化破碎带，分别宽 0.6m 和 2.1m，由于浮土较厚，探槽只挖到 B 层。见褐铁矿大多呈粉末状，少见团块状褐铁矿石，矿化带两侧围岩均为白云岩。

TC2：该探槽位于Ⅲ号和Ⅳ号铁矿点之间，TC1 的东南部，方位角 241°，长 77.2m。本探槽 0～2m 为灰色白云岩；2～2.5m 为石英脉，具褐铁矿化，表面可见黄铁矿流失孔；2.5～8.8m 为灰色-灰褐色白云岩，局部可见少量褐铁矿细脉沿岩石裂隙分布；8.8～13.8m 为断层破碎带，可见灰白色构造角砾岩条带夹于黄褐色褐铁矿化破碎带中，呈互层状，具褐铁矿化、碳酸盐化、褪色化、黄钾铁矾化等蚀变；13.8～24m 为硫铁矿带，由于浮土较厚，探槽只挖到 B 层，褐铁矿呈粉末状，走向5°，近直立(图版Ⅱ-5)；24～60.1m 为灰色-灰白色白云岩，具弱硅化；60.1～66m 为褐铁矿条带夹少量白云岩条带，褐铁矿呈块状，偶见残留块状硫铁矿，呈浅黄绿色，细粒；66～77.2m 为灰色白云岩，产状 215°∠31°。

TC3：该探槽位于 TC1 西部，方位角 246°，长 27.5m。设计目的是揭露Ⅲ号和Ⅳ号铁矿点之间的连续性。探槽 4～7m 处因风化层较厚，未揭露到底部。探槽岩性均为灰白色灯影组白云岩，局部见弱硅化，劈理较发育。白云岩产状 230°∠32°，劈理面产状 98°∠67°、55°∠28°。从揭露情况看，未见铁矿化带在此处出露，应与该处风化层较厚，未揭露到底部有关。

TC6：该探槽位于Ⅲ号和Ⅳ号铁矿点之间，TC2 北部，方位角 26°，长 84m (图版Ⅰ-6)。本探槽岩性为白云岩，其中 22～37m 为碎裂化白云岩，白云岩呈团块状，褐铁矿细脉沿劈理面(产状 78°∠65°)及层面(产状 238°∠39°)呈网脉状分布。碎裂化褐铁矿化白云岩带应为含铁断层破碎带引起的。

上述探槽揭露现象表明：各褐铁矿点是基本上连续稳定延伸的，共同构成了一条长达 2km 左右的褐铁矿-硫铁矿带。此铁矿带向北继续延伸至矿区外，与滥泥坪沟平硐所开采的铁矿系同一矿化带。因此可以推断：在雪岭矿区及周边范围内，西至雪岭矿部—滥泥坪，东达石庄—老官房村，南至白水—石庄，北抵小海—滥泥坪，这一面积达 3km² 的区域，上震旦统灯影组白云岩内存在多条较大储量的褐铁矿-硫铁矿陡倾脉状及层间似层状矿体，并具有寻找深部铜多金属矿床的重要指示意义。

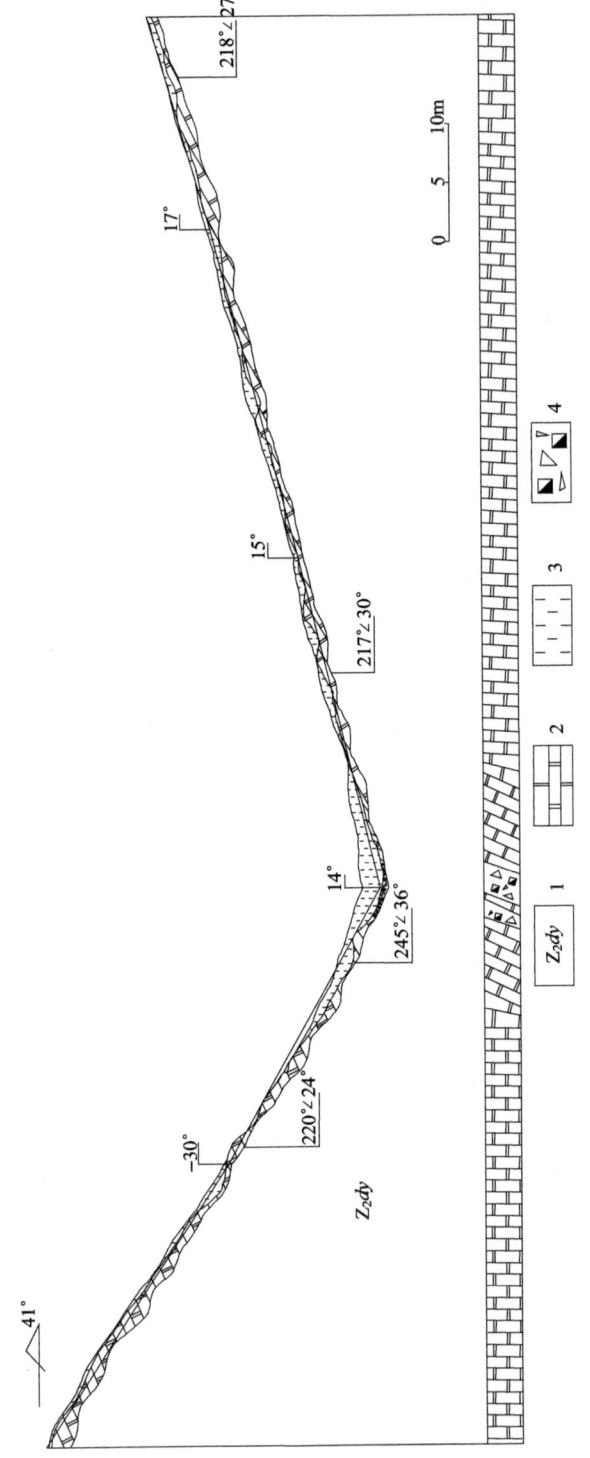

图 3-8 雪岭矿区探槽 TC1 示意图
1-灯影组；2-白云岩；3-黏土；4-褐铁矿化破碎带

3.4.2 岩石矿物特征

雪岭矿区铁矿化带矿石原生矿物有细粒黄铁矿、白铁矿、粗粒黄铁矿，偶见黄铜矿；氧化矿物有褐铁矿、针铁矿、水针铁矿、赤铁矿和黄钾铁矾，偶见褐锰矿、孔雀石；脉石矿物有方解石、白云石、重晶石、石英。

通过对矿石样品进行荧光光谱分析显示(表 3-6)，可见铁矿化带 Cu、Ag、Pb、Zn 元素含量较高。品位分析结果显示(表 3-7)，Ag 品位最低为 1.6g/t，最高为 13.9g/t，平均为 7.0g/t；除 4 个样品的 Co 品位小于 0.001%以外，其余样品的 Co 品位均在 0.008%~0.036%，已达到 Co 伴生矿回收要求。全铁(TFe)品位最低为 0.94%，最高为 57.53%，平均为 31.5%；S 品位除两个样品为 33%和 29.91%以外，其余均较低，在 0.04%~2.93%，这与该铁矿化带受风化淋滤侵蚀氧化较彻底有关。但由于找到了富含硫的氧化残余的原生块状硫铁矿石，以及呈星点状残存于褐铁矿中的黄铁矿颗粒，考虑到碳酸盐围岩不具高硫背景，结合雪岭矿区所处富铜高硫的东川矿区南缘，该区的褐铁矿点具有指示找寻深部铜多金属矿床的重要意义。

表 3-6 雪岭矿区铁矿化带矿石样品成分荧光光谱分析结果　　[单位：10^{-6}(质量分数)]

项目	XLY-38 黄褐色氧化铁矿石	XLY-73 褐铁矿化白云岩	XLY-85 褐铁矿化白云岩	XLY-124 褐铁矿化白云岩	XLY-203 褐铁矿化白云岩	XLY-218 泥化黄褐色硫铁矿石	XLY-219 泥化黄褐色硫铁矿石	XLY-225 褐铁矿化白云岩
Ag	1.05	0.089	0.46	0.57	0.1	0.14	2	1.3
As	710	44.3	302	16.3	14.5	45.2	501	414
Ba	181	135	48.7	319	36.2	19.4	59.4	23.2
Co	12.9	18.5	3.88	29.5	1.17	1.51	3.64	3.38
Cu	714	61.1	996	111	34	47.2	723	395
Ni	81.2	16.4	26.4	56.3	7.17	4.85	25.8	26.6
Pb	611	158	659	514	18.6	108	>1000	581
Sb	68.5	3.83	52.6	2.48	1.69	7.35	133	37.9
Sr	43.1	28.5	11.1	45.9	38.6	7.3	12.5	21
Zn	>1000	94.4	427	720	108	144	>1000	>1000

注：由国土资源部昆明矿产资源监督检测中心测试，主要检验仪器为 ICP-AES(IRIS Intrepid Ⅱ)、AFS-3100 原子荧光光度计、WSP-1 型 2m 光栅摄谱仪，检验温度为 24℃，湿度为 55%。测试人：杜白、李文忠、武祥军、姚明

表 3-7 雪岭矿区铁矿化带矿石品位分析结果

样号	采样点	矿石类型	Ag/(g/t)	Co/%	S/%	TFe/%
H-6	Ⅱ号铁矿点	粉末状褐铁矿	8.81	0.035	0.04	53.32
XLJ-31	Ⅱ号铁矿点	块状硫铁矿石	12.8	0.01	33	44.19
H-7	Ⅲ号铁矿点	粉末状褐铁矿	4.94	0.022	0.27	32.97
XLJ-32	Ⅲ号铁矿点	块状硫铁-褐铁矿石	13.9	0.008	29.91	38.52
H-4	Ⅳ号铁矿点	粉末状褐铁矿	7.75	0.035	0.59	56.31
H-5	TC2 铁矿带 13.8～24m	粉末状褐铁矿	1.6	<0.001	0.3	9.23
H-8	TC2 铁矿带	粉末状褐铁矿	7.79	0.023	0.05	37.73
XLJ-30	TC2 铁矿带	硫铁-褐铁矿	10.8	0.036	2.93	57.53
H-1	TC1 铁矿化带（西端长2m）	灰色白云岩	3.87	<0.001	0.05	0.94
H-2	TC1 褐铁矿化带（长5.4m）	破碎化褐铁矿	2.38	<0.001	0.04	14.05
H-3	TC1 铁矿化带（东端长2m）	灰色-青灰色白云岩	2.49	<0.001	0.04	2.16

注：由国土资源部昆明矿产资源监督检测中心测试，检测仪器为 GGX-9 原子吸收仪，检验温度为 25℃，湿度为 50%。测试人：管霞、李政

1. 主要金属矿物特征

雪岭矿区铁矿化带矿石类型主要为硫铁矿石，该矿石几乎全部氧化为褐铁矿，仅局部残余黄铁矿。将矿石样品磨制成光薄片在显微镜下观察可以发现，主要原生金属矿物是黄铁矿，以及少量的白铁矿、黄铜矿。氧化矿物主要为褐铁矿、赤铁矿和少量的针铁矿、水针铁矿及黄钾铁矾，偶见褐锰矿、孔雀石，非金属矿物主要是方解石、白云石、重晶石、石英。

黄铁矿：为雪岭矿区铁矿化带主要的原生矿物，含量 30%～90% 不等，硬度 6～6.5，常与褐铁矿共生，偶见与黄铜矿共生。多呈半自形-它形粒状集合体，粒径 0.01～0.6mm，放射光下具黄色金属光泽，与黄铜矿相比颜色较淡，多呈浸染状、块状分布于白云岩中，部分黄铁矿裂纹发育。显微镜下常见黄铁矿呈浸染状分布于岩石中，与脉石矿物紧密共生（图版Ⅴ-5，图版Ⅴ-6）。还可见黄铁矿被褐铁矿交代，为黄铁矿氧化所致（图版Ⅳ-8）。

赤铁矿：主要见于矿化带的赵家坟一带，含量 50% 左右，硬度 5.5～6，金属光泽。显微镜下可见赤铁矿主要呈两种形态产出，一种为半自形粒状，粒径 0.02～0.2mm；另一种为它形不规则细粒状，单体粒径 0.01mm，与脉石矿物紧

密共生。

褐铁矿：在该矿化带较常见，含量 10%～90%不等，为原生黄铁矿氧化所致，褐铁矿中还可见氧化残余的黄铁矿颗粒。多呈它形不规则状集合体，粒径大小一般为 0.01～0.05mm，常呈块状、浸染状分布于岩石中或沿黄铁矿裂隙充填。显微镜下可见褐铁矿呈它形不规则状沿黄铁矿中裂隙发育，呈网格状交代黄铁矿(图版Ⅳ-8)。还可见褐铁矿呈它形不规则粒状集合体，浸染状分布于岩石中，沿岩石裂隙充填。

2. 矿石结构构造

雪岭铁矿化带的矿石结构主要有粒状结构、胶状结构、针状结构和交代残余结构。

粒状结构：在矿区较为常见，可见黄铁矿、白铁矿呈细粒、粗粒结构在白云岩和石英上或沿白云岩和石英裂隙分布(图版Ⅴ-6)。

胶状结构：在铁矿带可见黄铁矿及其次生氧化物呈胶状结构分布于白云岩中，由于受风化剥蚀作用影响常见不规则状裂隙。

针状结构：在铁矿带中可见部分氧化形成的针铁矿具针状结构，此外还可见白云石、石英及少量的黄铁矿、黄铜矿。

交代残余结构：原生黄铁矿受氧化作用影响，在显微镜下常见黄铁矿被次生的褐铁矿交代后呈交代残余结构(图版Ⅳ-8)。

铁矿化带的矿石构造类型主要有块状构造、浸染状构造、脉状构造、蜂窝状构造、似层状构造、角砾状构造和条带状构造。

块状构造：在铁矿带较为常见，在Ⅱ号铁矿点可见弱氧化的硫铁矿沿断裂带呈块状赋存于白云岩和石英脉中(图版Ⅱ-4)。

浸染状构造：在铁矿带也较常见，可见黄铁矿主要呈星点浸染状、稠密浸染状构造沿断裂带分布于白云岩和石英脉中。

脉状构造：在铁矿带仅次于块状构造和浸染状构造，主要见黄铁矿及少量的黄铜矿等金属硫化物呈脉状充填于白云岩和石英脉的节理和裂隙中。

蜂窝状构造：主要见于褐铁矿。蜂窝状褐铁矿主要由浸染状及脉状黄铁矿氧化而成，并见有硅质，偶见碳酸盐矿物和氧化残余的黄铁矿。

3.4.3 围岩蚀变

雪岭矿区铁矿带围岩蚀变类型多样，可见重结晶白云岩化、硅化、褐铁矿化、褪色化、黄钾铁矾化等，但在矿体周围最常见的及与矿化关系最紧密的围岩蚀变类型为重结晶白云岩化和硅化。

重结晶白云岩化：矿区铁矿带受含矿热液活动影响，沿断裂带产出的铁铜矿体周围普遍可见白云岩晶体变粗，发生重结晶白云岩化。矿体则赋存于重结晶白云岩中或沿其裂隙面分布。

硅化：硅化在铁矿带及矿体周围较为常见。赋矿白云岩普遍含硅较高，并可见石英脉与黄铁矿、白铁矿、黄铜矿等矿物沿断裂带共同产出于白云岩及其裂隙面中。

第4章 雪岭矿区辉绿岩地质地球化学特征

在矿区野外地质调查研究中，除见铜多金属矿化沿落因断裂带南延断裂及其次级断裂产出以外，还在矿区北部西碑垭口附近发现大量辉绿岩脉沿断裂侵入灯影组白云岩至下二叠统灰岩中，并在与灯影组白云岩接触带中见明显的铜多金属矿化，以孔雀石为主，并见氧化残余的黄铜矿、黄铁矿、方铅矿，还伴有强烈的蚀变，以硅化、绿帘石化、绿泥石化、蛇纹石化、孔雀石化等为主。这些都说明雪岭矿区的铜多金属矿化可能与辉绿岩侵入有关。为了揭示研究区岩浆演化的深部动力学机制，探讨岩体与成矿的关系，对雪岭辉绿岩进行系统的地球化学、U-Pb年代学和Sr、Nd、Pb同位素地球化学研究。

4.1 岩体岩相学特征

雪岭辉绿岩边缘结晶较细，中间结晶变粗。矿物主要为斜长石和单斜辉石，以及少量的石英、黑云母、角闪石等。斜长石为半自形长板状、柱状，含量40%～60%，颗粒有粗有细，细者粒径一般为0.1～1.0mm，粗者可达10mm，聚片双晶清晰可见，细粒斜长石多被辉石包含形成嵌晶含长结构(图版III-3)，粗粒斜长石多形成三角形格架，部分斜长石发生绢云母化、泥化；单斜辉石一般为半自形粒状，含量40%～50%，粒径0.2～2.0mm，可见辉石充填于自形的长板状斜长石搭成的三角形格架中，呈典型的辉绿结构(图版III-4)，部分辉石蚀变为闪石类。金属矿物主要有黄铁矿、方铅矿等，含量为5%左右。

4.2 岩体地球化学特征

首先在室内外的研究基础上，对蚀变较弱的辉绿岩进行优选，作为代表性样品，对样品标号并且去除其岩体表面的物质，运用人工及机器粗碎、烘干等手段磨出岩石粉末，再将磨好的岩石粉末装进样品袋中并标明，最后对样品进行主量元素、微量元素、稀土元素地球化学分析测试。

澳实分析检测(广州)有限公司澳实矿物实验室对样品主量元素、微量元素及稀土元素进行测试和分析实验，使用荷兰PANalytical生产的Axios荧光光谱仪(XRF)分析主量元素，分析精度高于1%，检测温度为25℃，湿度为65%；使用美国 Varian 公司生产的 ICP753-ES 仪器进行微量元素分析测试,主要通过对岩石样品进行四酸消解后,再利用电感耦合等离子体-发射光谱(ICP-MS)测定多元素含量,分析精度高于 3%,检测温度为 25℃,湿度为 65%;稀土元素分析方法是利用碱熔法,将岩石的样品加入 $LiBO_2$ 溶剂中,使它们均匀混合,并在 1000℃或更高的熔炉中熔化,再通过电感耦合等离子体质谱仪检测出多种元素含量,该检测方法使用的仪器为美国 Perkin Elmer 公司所生产的 Elan9000 型电感耦合等离子体质谱仪,分析精度高于 3%,检测温度为 25℃,湿度为 65%。

4.2.1 主量元素特征

13 个样品全岩地球化学分析结果见表 4-1。分析结果显示岩体均有不同程度的蚀变。辉绿岩样品烧失量(LOI)为 0.69%~2.44%,平均值 1.31%;玄武岩样品烧失量为 1.85%~6.64%,平均值 4.71%,烧失量较高。由于 K、Na 和低场强元素(LFSE: Cs、Rb、Sr、Ba)可能在蚀变过程中产生迁移,因此重点对高场强元素(HFSE: Ti、Zr、Y、Nb、Ta、Hf)、Th 和稀土元素(REE)等不活泼元素进行岩石成因的讨论。这些不活泼元素及其他一些中等不活泼元素(如 Fe、Mn)的含量与烧失量之间没有相关关系,表明这些元素在蚀变过程中无迁移(林广春等,2006)。测试分析结果对样品主量元素在扣除烧失量之后进行重新换算,以下作图和结论均按重新换算为 100%来进行。

去除烧失量后,SiO_2 含量为 42.52%~51.68%,平均含量为 47.80%,介于 45%~52%,属于基性岩浆岩。全碱(Na_2O+K_2O)含量为 2.75%~6.09%,平均含量为 4.29%,Na_2O/K_2O 为 1.43~3.54。Al_2O_3 含量为 12.11%~14.4%,平均含量为 13.37%,碱质含量较波动,总体偏低。K_2O 含量为 0.61%~1.67%,平均含量为 1.36%。Na_2O 含量为 2.14%~4.75%,平均含量为 2.92%。P_2O_5 含量为 0.27%~0.49%,平均含量为 0.41%,较高。TFe_2O_3 含量为 11.74%~17.5%,平均含量为 14.59%。CaO 含量为 5.2%~11%,平均含量为 8.50%。MgO 含量为 2.99%~6.26%,平均含量为 4.81%。铝饱和指数小于 1(A/CNK=0.528~0.68),TiO_2 含量为 1.88%~5.13%,平均含量为 4.02%,总体较高。

在雪岭矿床基性岩 TAS 图解(图 4-1)中可以得到:雪岭基性岩大多投在玄武岩区域中,少数投在粗面玄武岩、碱玄岩和碧玄岩中,据分界线 Ir 显示,玄武岩分布在碱性玄武岩区域,辉绿岩分布在亚碱性玄武岩区域。在雪岭矿床基性岩 $w(SiO_2)$-$w(K_2O)$ 图解(图 4-2)中可以得到:基性岩集中分布在高钾钙碱性系列过渡带,大部分集中在高钾钙碱性系列,与计算得出的里特曼指数(δ=1.22~5.18)结果一致,属于钙碱性-碱性岩。在 AFM 图解(图 4-3)中可以看出:除单个落点位于钙碱性系列以外,其余均落于拉斑玄武岩系列区域。岩石的碱度率指数

第 4 章 雪岭矿区辉绿岩地质地球化学特征

表 4-1 雪岭铜多金属矿床基性岩主量元素分析结果

含量/%

序号	编号	岩性	Al$_2$O$_3$	BaO	CaO	Cr$_2$O$_3$	TFe$_2$O$_3$	K$_2$O	MgO	MnO	Na$_2$O	P$_2$O$_5$	SiO$_2$	SO$_3$	SrO	TiO$_2$	LOI
1	XL17-1	辉绿岩	14.1	0.05	8.81	0.01	12.65	1.48	5.68	0.17	2.4	0.27	49.57	0.03	0.06	3.9	0.74
2	XL17-5	辉绿岩	14.28	0.05	8.49	<0.01	11.74	1.67	2.99	0.15	3.08	0.4	51.68	0.02	0.06	3.76	1.54
3	XL17-8	辉绿岩	13.53	0.06	8.88	0.01	12.75	1.61	5.77	0.16	2.31	0.27	48.92	0.03	0.05	3.92	1.19
4	XL17-16	辉绿岩	13.7	0.16	8.04	0.01	15.69	1.29	4.65	0.24	2.52	0.48	46.56	<0.01	0.05	4.19	2.05
5	XL17-17	辉绿岩	13.59	0.17	8.02	0.01	16.05	1.15	4.52	0.22	2.62	0.49	47.29	0.01	0.05	4.05	1.63
6	XL17-29	辉绿岩	13.46	0.04	10.4	0.01	14.13	0.61	6.26	0.22	2.14	0.27	47.8	0.28	0.04	1.88	2.44
7	XL17-31	辉绿岩	12.3	0.06	8.37	<0.01	17.5	1.51	4.44	0.24	3.02	0.46	46.01	0.12	0.06	4.81	0.83
8	XL17-32	辉绿岩	12.11	0.06	9.17	<0.01	17.33	1.22	4.65	0.24	3	0.37	45.72	0.02	0.06	5.13	0.69
9	XL17-33	辉绿岩	12.65	0.07	9.11	<0.01	16.62	1.3	4.45	0.23	3.04	0.42	46.68	0.02	0.06	4.73	0.72
10	XL17-2	玄武岩	14.4	0.04	5.2	0.01	13.86	1.34	3.82	0.17	4.75	0.49	47.33	0.01	0.03	4.52	3.71
11	XL17-4	玄武岩	13.03	0.06	7.01	0.01	13.66	1.57	5.23	0.15	2.29	0.47	45.8	0.09	0.03	3.9	6.64
12	XL17-34	玄武岩	12.93	0.14	11	0.01	11.8	1.36	5.4	0.18	3.68	0.41	42.52	0.01	0.14	3.48	6.63
13	XL17-35	玄武岩	13.7	0.11	7.99	0.01	15.92	1.59	4.68	0.22	3.16	0.47	46.37	<0.01	0.07	3.93	1.85

(AR=1.42～1.9)平均值为 1.50，根据 Wright(1969)的岩石碱度率图解来研究岩石碱度率与 SiO_2 之间的关系，在 AR-SiO_2 图解(图 4-4)中，雪岭基性岩样品投影点大部分落于碱性区域，少数样品投影点落于碱性与过碱性和钙碱性过渡带附近。此外，雪岭基性岩 Harker 图(图 4-5)显示：样品 SiO_2 含量与 MgO、CaO 和 P_2O_5 等含量具有负相关性，在 SiO_2 含量为 44%～48%时，不活泼元素如 Th、Yb 和 Zr 等含量与 SiO_2 含量呈正相关性，MgO 含量与 Ni 含量同样呈正相关性。

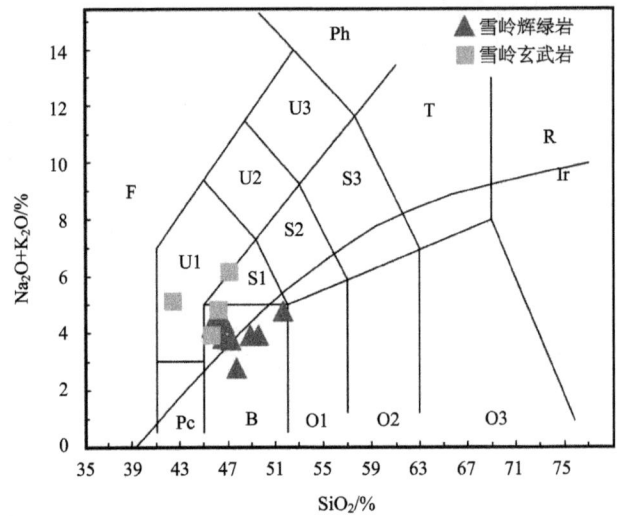

图 4-1　雪岭铜多金属矿床基性岩 TAS 分类图(Lebas，1986)

Pc-苦橄玄武岩；B-玄武岩；O1-玄武安山岩；O2-安山岩；O3-英安岩；R-流纹岩；S1-粗面玄武岩；S2-玄武质粗面安山岩；S3-粗面安山岩；T-粗面岩、粗面英安岩；F-副长石岩；U1-碱玄岩、碧玄岩；U2-响岩质碱玄岩；U3-碱玄质响岩；Ph-响岩；Ir-Irvine 分界线，上方为碱性，下方为亚碱性

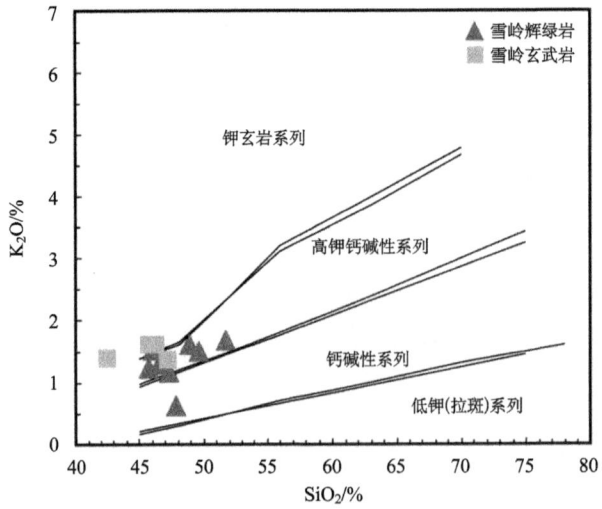

图 4-2　雪岭铜多金属矿床基性岩 $w(SiO_2)$-$w(K_2O)$ 图解(Peccerillo and Taylor，1976)

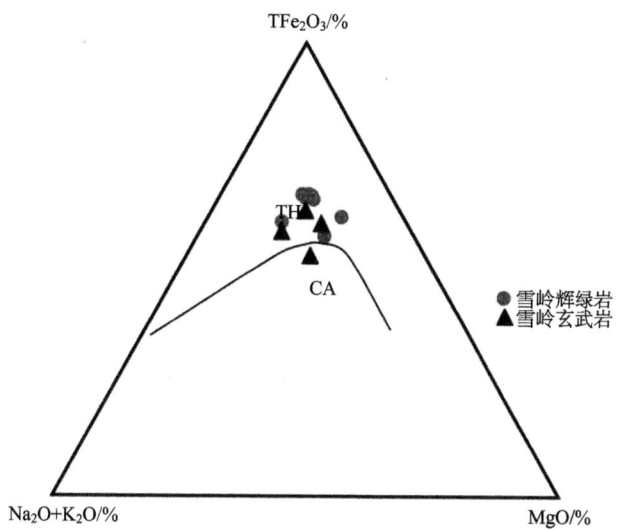

图 4-3 雪岭铜多金属矿床基性岩(Na$_2$O+K$_2$O)-TFe$_2$O$_3$-MgO(AFM)图解(Irvine and Barager,1971)

TH-拉斑玄武岩；CA-钙碱系列

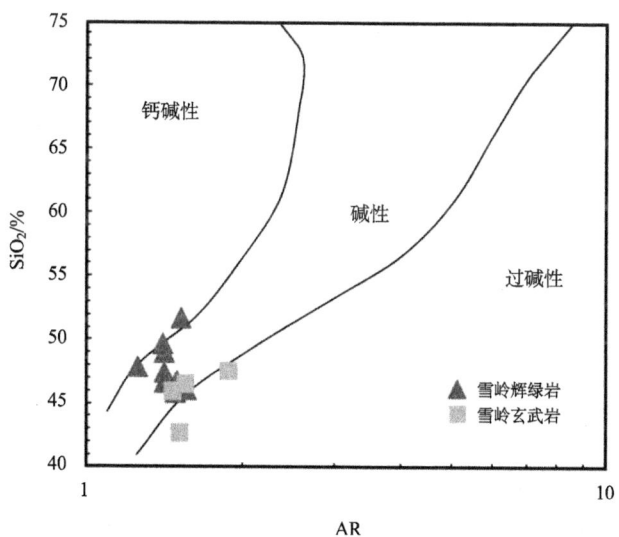

图 4-4 雪岭铜多金属矿床基性岩 AR-SiO$_2$ 图解(Wright,1969)

4.2.2 微量元素特征

根据雪岭矿床基性岩微量元素分析结果(表 4-2)及其微量元素原始地幔蛛网图(图 4-6)可以看出,研究区不同基性岩样品微量元素变化特征一致,其配分曲线图也较为一致,均呈现右倾趋势,富集大离子亲石元素(LILE)Rb、Ba、Th、U

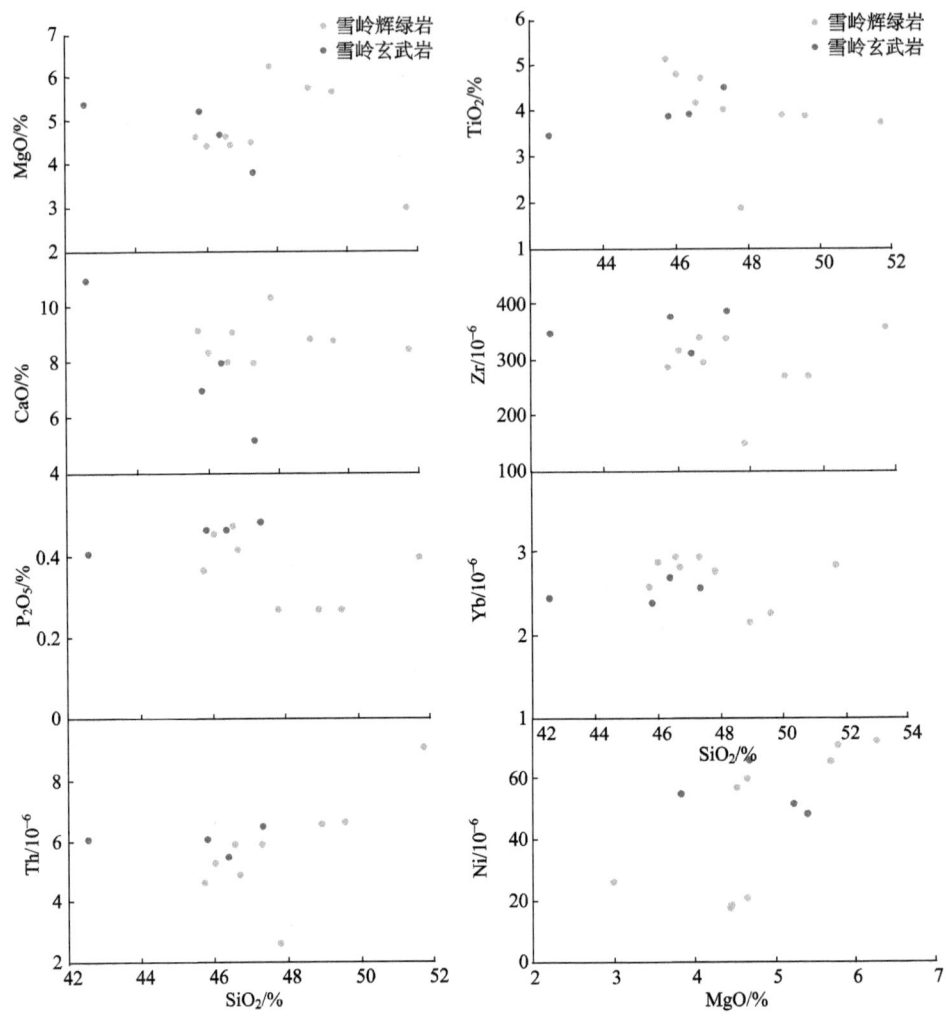

图 4-5 雪岭铜多金属矿床基性岩 Harker 图解

和稀土元素 La、Nd 等，相对亏损高场强元素(HFSE)Nb、Zr、Hf 等元素，K、Sr、P 存在明显的负异常。这些特征在一定程度上指示岩石在形成的过程中有地壳物质参与。K 的负异常说明岩浆源区相对缺少金云母和角闪石(Hawkesworth et al.，1990)。一般来说，Sr 的负异常和斜长石的分离结晶作用有一定的关系，而少数样品具有较高的 LOI，它们表现出明显的 Sr 负异常可能是后期的蚀变所致(曾广乾等，2014)。P 的负异常反映了源区缺乏磷灰石，或者岩浆熔融程度非常低(张招崇等，2004)。

表 4-2 雪岭铜多金属矿床基性岩样品微量元素分析结果

项目	XL17-1	XL17-5	XL17-8	XL17-16	XL17-17	XL17-29	XL17-31	XL17-32	XL17-33	XL17-2	XL17-4	XL17-34	XL17-35
岩性	辉绿岩	辉绿岩	辉绿岩	辉绿岩	辉绿岩	辉绿岩	辉绿岩	辉绿岩	辉绿岩	玄武岩	玄武岩	玄武岩	玄武岩
$Cu/10^{-6}$	109	169.5	113	327	493	211	876	292	281	253	216	166.5	392
$Pb/10^{-6}$	5.4	8	6.3	7	71.1	2.8	6.3	4.3	3.9	7.5	5.6	8.6	4.5
$Zn/10^{-6}$	106	116	109	225	687	120	164	166	150	152	144	121	178
$Sr/10^{-6}$	486	514	510	426	440	307	525	510	536	233	255	1290	497
$Ba/10^{-6}$	369	374	366	1305	1370	261	422	373	402	226	424	1225	788
$Ag/10^{-6}$	0.01	0.03	0.02	0.08	1.16	0.09	0.41	0.05	0.04	<0.01	<0.01	0.07	0.04
$V/10^{-6}$	422	381	421	450	441	409	423	498	438	435	432	406	440
$Cr/10^{-6}$	91	11	87	48	44	89	4	<1	<1	78	82	50	36
$Ni/10^{-6}$	65.4	26.1	70.8	60	56.9	72	17.6	20.9	18.6	55	51.5	48.2	65.7
$Co/10^{-6}$	46	32.7	47.4	45.8	49.3	50.4	49.7	49.4	47.1	42.6	41.1	38.7	48.2
$Ge/10^{-6}$	0.39	0.31	0.24	0.22	0.22	<0.05	<0.05	<0.05	<0.05	0.42	0.3	0.29	0.28
$Be/10^{-6}$	1.32	1.67	1.26	1.63	1.68	0.86	1.79	1.57	1.71	1.71	1.71	1.94	1.93
$Cs/10^{-6}$	1.61	0.41	1.98	1.21	3.12	5.69	0.25	0.4	0.51	0.2	0.27	0.19	0.68
$Li/10^{-6}$	10.5	5.3	11.8	10.9	10.4	15.9	11.1	9.4	9.6	9.8	11	9.5	10.7
$Rb/10^{-6}$	53.1	58.8	60.8	31	32.8	17.2	45.5	32.5	35.1	31.9	43.9	21.9	37.7
$Nb/10^{-6}$	26.2	34.5	26.5	40.8	39.6	17.2	36.4	37.3	37	44.7	40.9	42.1	39.5
$Ta/10^{-6}$	1.71	2.23	1.81	2.51	2.46	0.98	2.34	2.21	2.22	2.76	2.49	9.7	2.5
$U/10^{-6}$	1.39	1.83	1.41	1.34	1.31	0.6	1.2	1.15	1.15	1.64	2.37	1.6	1.4
$Th/10^{-6}$	6.65	9.11	6.58	5.92	5.91	2.64	5.28	4.63	4.89	6.52	6.09	6.09	5.48

续表

项目	XL17-1	XL17-5	XL17-8	XL17-16	XL17-17	XL17-29	XL17-31	XL17-32	XL17-33	XL17-2	XL17-4	XL17-34	XL17-35
Hf/10^{-6}	7	9	7	8.5	8.1	3.8	7.9	6.9	7.4	10.1	9.4	8.9	7.8
Zr/10^{-6}	271	358	271	341	339	151	318	288	296	388	378	349	313
Ga/10^{-6}	23.6	25.8	22.8	26.1	26.7	21	26.2	26.4	27.2	26.7	26.7	24.4	26.6
Zr/Nb	10.34	10.38	10.23	8.36	8.56	8.78	8.74	7.72	8.00	8.68	9.24	8.29	7.92
La/Nb	1.34	1.11	1.48	0.99	1.04	2.45	1.19	1.18	1.22	0.81	0.91	1.10	1.19
Th/Ta	3.89	4.09	3.64	2.36	2.40	2.69	2.26	2.10	2.20	2.36	2.45	0.63	2.19
Ta/Hf	0.24	0.25	0.26	0.30	0.30	0.26	0.30	0.32	0.30	0.27	0.26	1.09	0.32

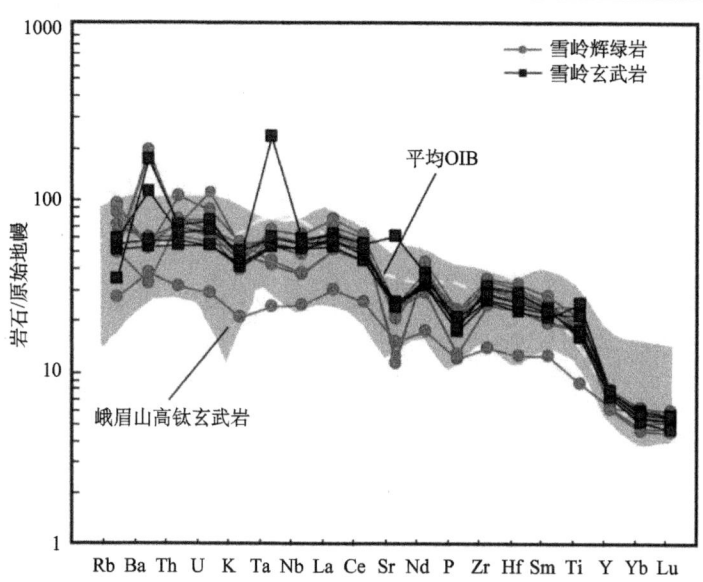

图 4-6 雪岭铜多金属矿床基性岩样品微量元素原始地幔蛛网图

原始地幔数据，平均 OIB 数据引自 Sun 和 McDonough(1989)；峨眉山高钛玄武岩数据引自 Song 等(2001，2004)和 Xu 等(2001)

雪岭基性岩 U 含量较高($0.6\times10^{-6}\sim2.37\times10^{-6}$，均值 1.41×10^{-6})，高于中国大陆地壳 U 平均值 0.91×10^{-6}(Taylor and McLennan,1985)；Th 含量较高($2.64\times10^{-6}\sim9.11\times10^{-6}$，均值 5.83×10^{-6})，与大陆地壳 Th 平均值 5.6×10^{-6} 较为接近；Th/U=2.57～4.98(均值 4.21)。

高场强元素 Zr、Hf 和 Nb 在蚀变和变质作用的过程中具有一定的稳定性，是用来追踪岩石成因及源区性质的示踪剂(覃小峰等，2008)。辉绿岩 Zr 含量在 $151\times10^{-6}\sim358\times10^{-6}$，高于洋中脊玄武岩(MORB)Zr 含量($90\times10^{-6}$,Pearce,1982)，接近于洋岛拉斑玄武岩(OIB)Zr 含量(280×10^{-6}, Sun and McDonough,1989)；Hf 含量为 $3.8\times10^{-6}\sim10.1\times10^{-6}$，介于洋岛拉斑玄武岩和洋中脊玄武岩的含量之间[Hf(OIB)=7.8×10^{-6}，Hf(MORB)=2.4×10^{-6}](Pearce, 1982；Sun and McDonough, 1989)；Nb 含量为 $17.2\times10^{-6}\sim44.7\times10^{-6}$，较为接近于洋岛拉斑玄武岩($48\times10^{-6}$)(Sun and McDonough，1989)。以上特征表明雪岭辉绿岩微量元素特征要高于洋中脊玄武岩而近似于洋岛拉斑玄武岩。

4.2.3 稀土元素特征

根据雪岭矿床基性岩稀土元素分析结果(表 4-3)及稀土元素球粒陨石标准化配分模式图(图 4-7)可以看出，除 1 个样品稀土元素含量为 119.99×10^{-6} 外，其余

表 4-3 雪岭铜多金属矿床基性岩样品稀土元素分析结果

项目	XL17-1	XL17-5	XL17-8	XL17-16	XL17-17	XL17-29	XL17-31	XL17-32	XL17-33	XL17-2	XL17-4	XL17-34	XL17-35
岩性	辉绿岩	辉绿岩	辉绿岩	辉绿岩	辉绿岩	辉绿岩	辉绿岩	辉绿岩	辉绿岩	玄武岩	玄武岩	玄武岩	玄武岩
La/10^{-6}	35.2	48.4	35.5	44.8	44.7	20.4	42.5	36.7	39.7	53.8	43	43.3	39.8
Ce/10^{-6}	78	107.3	78.6	98.5	98.3	44.4	92.4	79	84.9	113	102	98.9	90.8
Pr/10^{-6}	9.84	13.48	9.78	12.23	12.25	5.59	11.83	10.24	11.05	14.53	13.1	12.8	11.63
Nd/10^{-6}	39.3	52.15	38.9	49.3	48.15	22.9	47.1	42.6	43.85	58.15	54.1	50.9	46.7
Sm/10^{-6}	8.35	11	8.51	10.45	10.3	5.4	10.5	9.18	9.78	12.1	11.3	10.25	9.79
Eu/10^{-6}	2.41	2.85	2.29	2.88	2.84	1.75	3.05	2.79	3.07	3.52	3.19	2.98	3
Gd/10^{-6}	7.16	9.31	7.19	9.24	9.31	5.52	9.3	8.87	9.79	10.15	9.22	8.87	8.88
Tb/10^{-6}	1.02	1.34	1	1.34	1.33	0.86	1.36	1.31	1.3	1.38	1.27	1.23	1.27
Dy/10^{-6}	6.03	7.82	5.82	7.68	7.34	5.41	7.6	6.82	7.22	7.35	6.98	6.72	7.03
Ho/10^{-6}	1.11	1.36	1.09	1.4	1.39	1.09	1.38	1.33	1.42	1.33	1.33	1.26	1.33
Er/10^{-6}	2.85	3.56	2.56	3.71	3.52	3.04	3.6	3.26	3.47	3.26	3.16	3.22	3.54
Tm/10^{-6}	0.39	0.49	0.35	0.5	0.48	0.42	0.47	0.45	0.46	0.45	0.4	0.41	0.46
Yb/10^{-6}	2.27	2.86	2.16	2.95	2.96	2.78	2.89	2.6	2.83	2.58	2.4	2.46	2.71
Lu/10^{-6}	0.33	0.43	0.32	0.43	0.39	0.43	0.42	0.38	0.4	0.37	0.37	0.33	0.39
Y/10^{-6}	27.3	34.5	26.8	35.2	35	27.8	34.8	33	33.9	33.1	31.3	31.7	34.3

续表

项目	XL17-1	XL17-5	XL17-8	XL17-16	XL17-17	XL17-29	XL17-31	XL17-32	XL17-33	XL17-2	XL17-4	XL17-34	XL17-35
$\Sigma REE/10^{-6}$	194.26	262.35	194.07	245.41	243.26	119.99	234.4	205.53	219.24	281.97	251.82	243.63	227.33
$LREE/10^{-6}$	173.1	235.18	173.58	218.16	216.54	100.44	207.38	180.51	192.35	255.1	226.69	219.13	201.72
$HREE/10^{-6}$	21.16	27.17	20.49	27.25	26.72	19.55	27.02	25.02	26.89	26.87	25.13	24.5	25.61
LREE/HREE	8.18	8.66	8.47	8.01	8.1	5.14	7.68	7.21	7.15	9.49	9.02	8.94	7.88
$(La/Yb)_N$	11.12	12.14	11.79	10.89	10.83	5.26	10.55	10.12	10.06	14.96	12.85	12.63	10.53
$(La/Sm)_N$	4.22	4.40	4.17	4.29	4.34	3.78	4.05	4.00	4.06	4.45	3.81	4.22	4.07
δEu	0.93	0.84	0.87	0.88	0.87	0.97	0.92	0.93	0.95	0.94	0.93	0.93	0.97
δCe	1.01	1.01	1.02	1.01	1.01	1	0.99	0.98	0.98	0.97	1.04	1.02	1.02

样品稀土元素总量变化不大，$\sum REE$（不包括 Y）在 $194.07\times10^{-6}\sim281.97\times10^{-6}$，LREE/HREE=$5.14\sim9.49$，$(La/Yb)_N$=$5.26\sim14.96$，$(La/Sm)_N$=$3.78\sim4.45$，轻、重稀土元素分馏较明显，显示出轻稀土富集和重稀土亏损。在稀土元素球粒陨石标准化配分模式图中，样品都表现出向右倾斜的趋势，且曲线展布基本一致，反映出其可能来自相同的岩浆源区(李福林等，2011)。一般认为，Eu 异常的发生通常与斜长石的结晶有关，高 δEu 值反映出其与斜长石的堆晶有关，而低 δEu 值则反映出其与斜长石的亏损有关。雪岭基性岩样品的 δEu=$0.84\sim0.97$，均值为 0.92，总体显示出轻微的负异常，表明斜长石的分离结晶作用在岩浆早期演化过程中并不明显，晶出较少。样品中除个别样品具有弱 Ce 负异常($0.97\sim0.99$)以外，其余样品均没有明显的 Ce 异常，表明低温蚀变作用对基性岩的影响较小(Zou et al., 2000)。

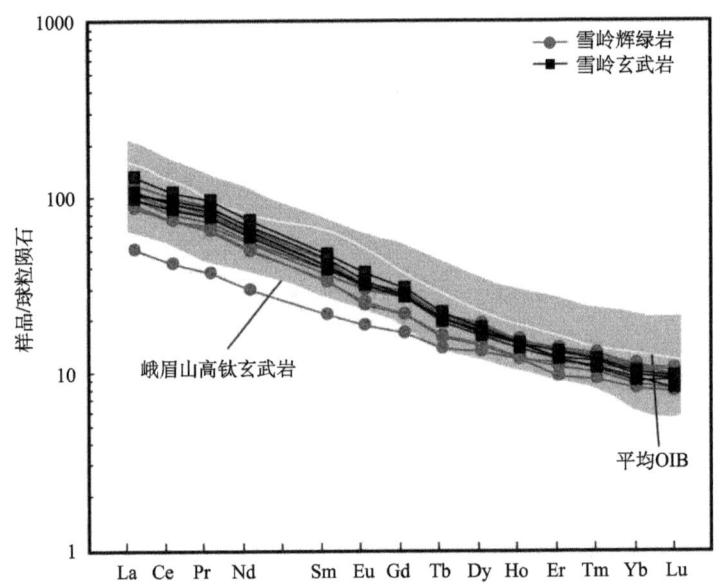

图 4-7 雪岭铜多金属矿床基性岩样品稀土元素球粒陨石标准化配分模式图

球粒陨石数据引自 Taylor 和 McLennan(1985)；平均 OIB 数据引自 Sun 和 McDonough(1989)；峨眉山高钛玄武岩数据引自 Song 等(2001，2004)和 Xu 等(2001)

4.2.4 讨论

根据雪岭矿床基性岩样品主量元素分析数据，采用 CIPW 标准矿物计算有石英的析出，表明雪岭辉绿岩及个别玄武岩为 SiO_2 过饱和型。碱含量较低且 $Na_2O>K_2O$，Na_2O/K_2O 值为 $1.43\sim3.54$，平均值为 2.24；Na_2O+K_2O 含量为 $2.75\%\sim6.09\%$，平均值为 4.29%；Al_2O_3 变化范围在 $12.11\%\sim14.4\%$，与太平洋洋中脊拉

斑玄武岩的 Al_2O_3 平均含量(14.86%)(Melson et al.，1976)和洋岛拉斑玄武岩的 Al_2O_3 平均含量(13.45%)较为接近(Wilson，1989)。固结指数(SI)较低(15.96~28.25)，全铁和 CaO 含量较高，暗示该单元为幔源岩浆分异的产物。分异指数(DI)为 34.11~50.62，平均值为 36.55，数值变化较大。岩体的基性程度较高，与所测样品 SiO_2 含量偏低的特征相吻合。MgO 含量变化范围较大(2.99%~6.26%)，其 $Mg^\#$ 指数 $w(Mg^{2+})/[w(Mg^{2+})+w(TFe^{2+})]$ 为 31.14~44.92，平均值为 37.00，与原生玄武岩浆的 $Mg^\#$ 值(68~75)(Wilson，1989)相比较低，反映出原始岩浆在上升过程中经历了较为明显的结晶分异作用。在 La-La/Sm 图[图 4-8(a)]中可以看出样品点的分布具有明显的分离结晶作用趋势；而在 TiO_2-$Mg^\#$ 图[图 4-8(b)]中可以看出除单个样品以外其余样品均属于高钛玄武岩，并且样品之间的负相关性较为明显，以上均表明雪岭基性岩在成岩过程中经历了高程度的结晶分异演化作用。

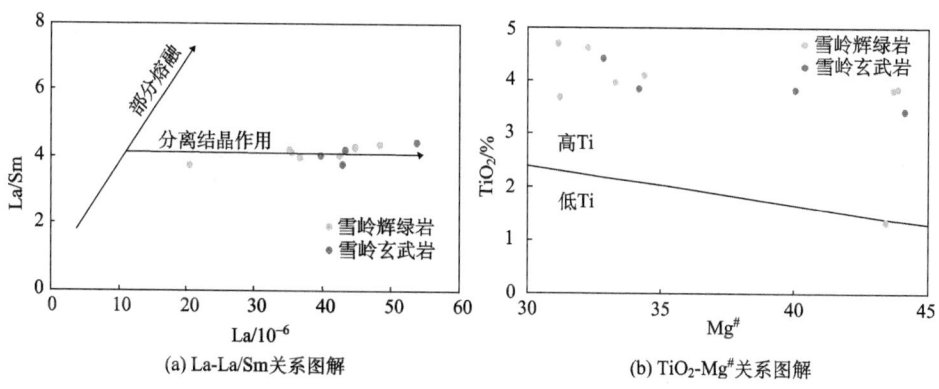

(a) La-La/Sm 关系图解　　　　　　(b) TiO_2-$Mg^\#$ 关系图解

图 4-8　雪岭铜多金属矿床基性岩

峨眉山玄武岩根据高钛基性岩和低钛基性岩的划分标准可分为峨眉山高钛和低钛玄武岩，其元素地球化学特征为高钛玄武岩：TiO_2 含量>2.8%(质量分数，下同)，Ti/Y 值>500。低钛玄武岩：TiO_2 含量<2.8%，Ti/Y 值<500。雪岭矿床基性岩 TiO_2 质量分数除单个样品(XL17-29)含量为 1.88%外，其余均大于 2.8%；Ti/Y 值除单个样品(XL17-29)为 392 外，其余值变化范围在 635~982，均属于高钛玄武岩系列，暗示其母岩浆主要来自石榴子石稳定区的部分熔融(70 km)，为地幔柱边缘或者是消亡地幔部分熔融的产物(徐义刚和钟孙霖，2001)。

雪岭铜多金属矿床基性岩样品的 Harker 图解如图 4-5 所示，可以看出 SiO_2 含量与 MgO、CaO 含量呈负相关性，而 MgO 含量与 Ni 含量之间的正相关性则表明基性岩浆经历了橄榄石和辉石的结晶分异作用，SiO_2 含量与 Zr、Th 和 Yb 等不相容元素含量之间的正相关性也反映出在结晶分异的过程中不相容元素更容易进入熔体之中。此外,基性岩样品的 SiO_2 含量与 TiO_2 和 P_2O_5 含量具有负相关性,并且在原始地幔标准化蛛网图中(图 4-6)呈现出 P 的负异常,均显示出岩浆形成演化过程中经历了明显的磷灰石和钛铁氧化物的结晶分异作用(祝明金等,2018)。这些特征均与峨眉山高钛玄武岩保持一致。

雪岭基性岩的 Sm/Eu-Sr 图[图 4-9(a)]显示出样品投点呈分散状态分布,暗示其经历了一定程度的橄榄石和辉石的分离结晶作用,但是 Sr 呈现出分离结晶程度较低的趋势。Rb 与 Sr 的性质相似,且在 Sm/Eu-Rb 图[图 4-9(b)]中显示出与图 4-9(a)一致的结果,指示岩浆演化过程中虽有斜长石的分离结晶作用,但由于其变化的范围不大,故认为斜长石的结晶量较少。这与岩体微量元素特征及由 δEu 值反映出的斜长石亏损且晶出较少相符合。

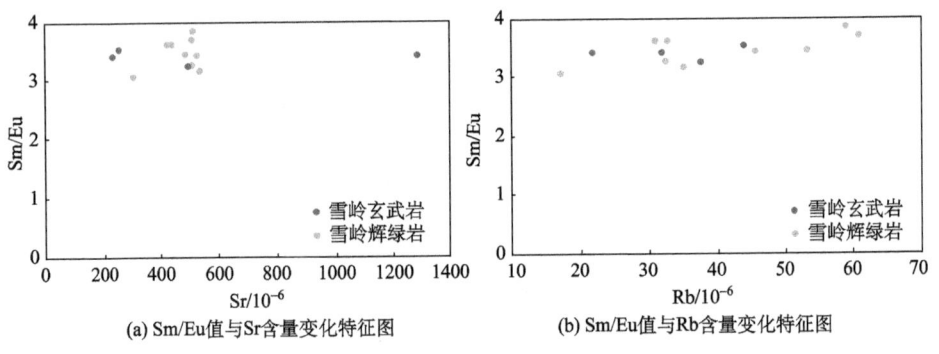

(a) Sm/Eu值与Sr含量变化特征图　　(b) Sm/Eu值与Rb含量变化特征图

图 4-9　雪岭铜多金属矿床基性岩 Sm/Eu 值与 Sr、Rb 含量变化特征图

Th 和 Ta 均属于强不相容元素,它们的比值可用来反映原始岩浆的地球化学特征,而原始地幔的 Th/Ta 值约为 2.3(Wooden et al.,1993),上地壳的 Th/Ta 值约为 10(Condie,1993)。在 Th-Ta 相关图解(图 4-10)中,雪岭基性岩样品投点大多位于原始地幔线附近。根据 Lightfoot 等及 Mahoney 等对俄罗斯 Siberian 大火成岩省研究的结果并结合 Th/Ta 值可以说明雪岭铜多金属矿床基性岩的原始岩浆主要起源于原始地幔,部分熔融程度较低,并且受到地壳物质的轻微混染。

由表 4-4 可以看出,雪岭铜多金属矿床基性岩的 La/Nb、Th/Nb、Th/La、Zr/Nb、Ba/La、Ba/Nb 参数大多在 EM Ⅰ OIB 范围内,但也显示出大陆地壳物质混染的痕迹,与东川辉绿岩、海孜辉绿岩相较而言混染程度还是较低的。以上特征进一步暗示雪岭基性岩可能来源于相对富集的地幔源区。前人研究发现,峨眉山玄武岩地球化学特征与 OIB 相似,并被认为是地幔柱作用的产物。雪岭基性岩的微量和稀土元素标准化图解(图 4-6 和图 4-7)显示其与峨眉山玄武岩和洋岛玄武岩的相似程度很高。

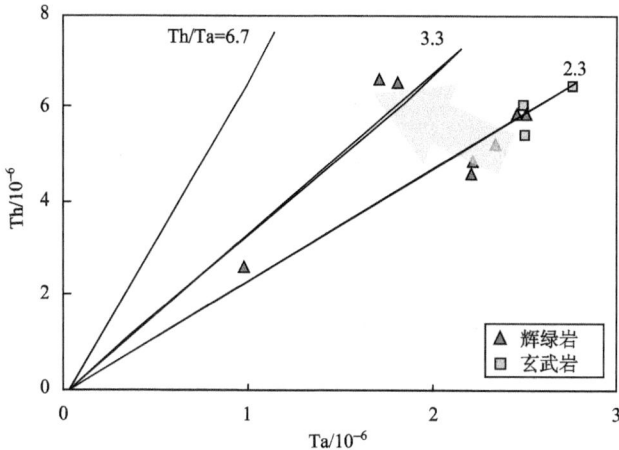

图 4-10 雪岭铜多金属矿床基性岩样品 Th-Ta 图解（Lightfoot et al.，1990）

表 4-4 雪岭辉绿岩的微量元素比值与壳、幔端元值的对比

元素比值	Zr/Nb	La/Nb	Ba/Nb	Th/Nb	Th/La	Ba/La	资料来源
原始地幔	14.80	0.94	9.00	0.12	0.13	9.60	
亏损地幔	30.00	1.07	4.30	0.07	0.07	4.00	
地壳	16.20	2.20	54.00	0.44	0.20	25.00	Weaver(1991)和 Hart 等(1992)
HIMU OIB	27～5.5	0.64～0.82	4.7～6.9	0.07～0.12	0.10～0.16	6.2～9.36	
EM I OIB	3.5～13.1	0.78～1.32	9.1～23.4	0.09～0.13	0.09～0.15	11.3～19.1	
EM II OIB	4.4～7.8	0.79～1.19	6.4～13.4	0.10～0.17	0.11～0.18	7.3～13.5	
东川辉绿岩	5.8～13.2	1.01～2.59	17.71～67.48	0.09～0.16	0.04～0.14	10.9～38.2	王生伟等(2013)
平均值	10	1.5	33.68	0.12	0.09	22.47	
海孜辉绿岩	12.32～21.64	0.99～1.69	3.87～9.73	0.1～0.13	0.07～0.13	2.81～12.64	郭阳等(2014a)
平均值	16.32	1.27	7.33	0.11	0.09	5.89	
雪岭辉绿岩	7.72～10.38	0.81～2.45	5.06～34.60	0.12～0.26	0.12～0.19	4.20～30.65	本书
平均值	8.86	1.15	16.72	0.17	0.14	14.88	

因为两个微量元素不相容程度较为相似且它们的比值不受分离结晶和部分熔融的影响，所以可以利用其比值来反映地幔源区成分的变化(徐义刚和钟孙霖，2001)。岩浆有无被地壳物质混染，主要体现在高场强元素 Nb 和 Ta 等是否存在相对亏损(Xia，2014)，而在微量元素原始地幔标准化蛛网图(图 4-6)中可以看出，雪岭基性岩样品有轻微的 Nb、Ta 负异常，显示原始岩浆可能受到地壳物质的部分混染。另外，Nb 和 U 具有相似的总分配系数，并且在地幔部分熔融中这些元素不会发生明显的分异作用，因此通常用来表明岩浆同化混染作用是否发生及其

发生的程度，并可反映岩浆源区的特征（MacDonald et al.，2001；Baker et al.，1997；Xia，2014）。一般认为未遭受地壳物质混染影响的地幔柱岩浆的 Nb/La 值＞1.0（Xia，2014），而雪岭基性岩的 Nb/La 值除单个样品为 1.02 以外，其余样品相应的数值变化范围为 0.71～0.99，均小于 1.0。雪岭基性岩样品的 Nb/U 值为 17.26～32.43，介于洋中脊玄武岩（49±11）、洋岛玄武岩（52±15）和陆壳（8）之间（Hofmann et al.，1997，2003）。而地幔的 Nb/U 值一般为 30～35，上地壳和地壳的 Nb/U 值一般为 9 和 12（Arth，1976），雪岭基性岩的 Nb/U 值同样处于地幔与地壳相应值之间。以上均表明雪岭基性岩的原始岩浆受到部分地壳物质的混染作用。

在雪岭基性岩 La/Ba-La/Nb 图解（图 4-11）中，大部分样品位于 OIB 区域，少部分样品在 OIB 区域附近，表明它们可能大部分来自软流圈或地幔柱，并混染部分岩石圈成分。由于岩浆分离结晶作用对 LREE/HREE 的分异程度影响较小，常用 Sm/Yb 值与 Ce/Yb 值来表示其熔融深度（McKenzie and O' Nions，1991；肖龙等，2003）。Guo 等（2004）对四川盐源和峨眉山玄武岩同期的基性岩墙进行了相关研究，发现 Sm/Yb 值为 2.3～3.1，与高钛型玄武岩的 Sm/Yb 值（2.5～3.1）非常接近，表明其来源于类似的熔融深度，石榴子石稳定区可能为其原始源区（大于 80km），并且暗示其为地幔柱成因；肖龙等（2003）发现云南宾川的峨眉山高钛玄武岩具有较高的 Ce/Yb 值（27～37），认为其具有较低的熔融程度或者石榴子石为主要的残留相；曾广乾等（2014）发现黔西普安辉绿岩的 Sm/Yb 值为 3.18～3.36，Ce/Yb 值为 26.68～27.57，认为该辉绿岩与高钛型玄武岩具有亲缘性，且为地幔柱成因。雪岭基性岩的 Sm/Yb 值为 3.46～4.71，Ce/Yb 在 28.42～45.51，除单个样品的 Sm/Yb 值与 Ce/Yb 值分别为 1.94 和 15.05 外，其余均接近于高钛型玄武岩

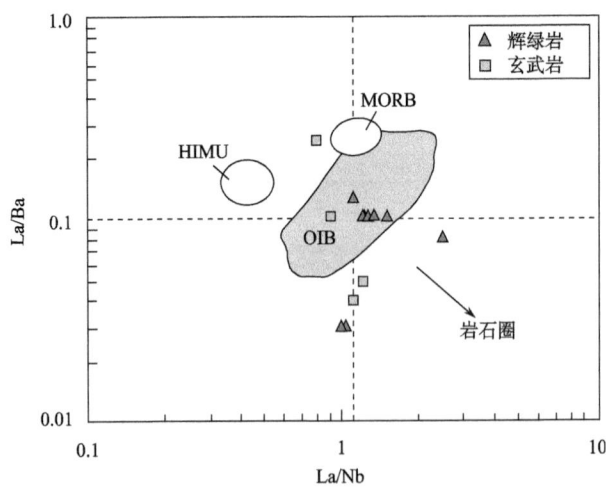

图 4-11　雪岭铜多金属矿床基性岩 La/Ba-La/Nb 图解（Saunders et al.，1992）

HIMU-高 U/Pb 地幔；MORB-洋中脊玄武岩；OIB-洋岛玄武岩

的比值,同样说明了雪岭基性岩可能与峨眉山玄武岩具有一定的亲缘性,且该基性岩为地幔柱成因。

根据基性岩微量元素的分析结果,对其进行大地构造环境判别分析,如图4-12所示。在 Zr/Y-Zr 和 TiO$_2$-Zr 图解中可以看出,雪岭基性岩样品落点均在板内玄武岩区域内;在 2Nb-Zr/4-Y 图解中可以看出,样品落点均在板内碱性玄武岩范围内;在 Ti/100-Zr-Y×3 图解中可以看出,样品落点同样位于板内玄武岩区域中。综合以上分析认为,雪岭基性岩生成于与洋岛玄武岩相类似的板内构造背景,并且与广西大新地区辉绿岩、扬子地台西南缘东川铜矿区辉绿岩和拉拉铜矿区河口群变质玄武岩的产出环境基本一致(周家云等,2011;徐争启等,2012;王生伟等,2013)。

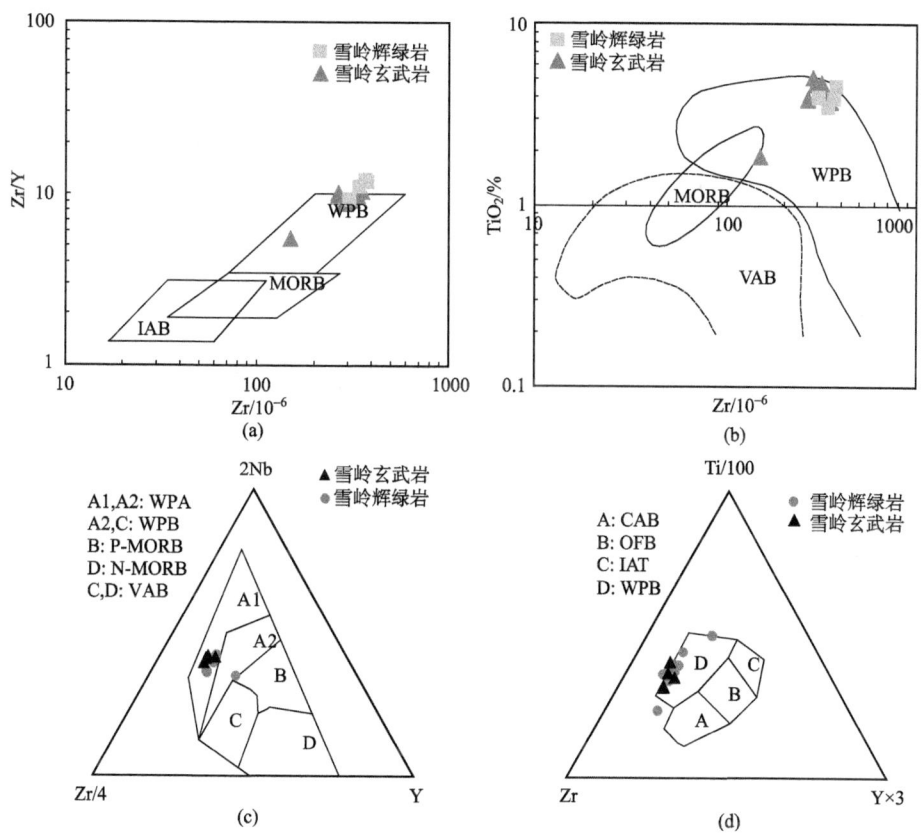

图4-12 雪岭铜多金属矿床基性岩大地构造环境判别图(Pearce and Norry,1979)
WPA-板内碱性玄武岩;WPB-板内玄武岩;MORB-洋中脊玄武岩;IAB-岛弧玄武岩;VAB-火山弧玄武岩;B-P型 MORB;D-N 型 MORB;C+D-火山弧玄武岩;CAB-钙碱性玄武岩;OFB-洋底玄武岩;IAT-岛弧拉斑玄武岩

综合以上元素地球化学特征表明,雪岭基性岩可能源自相对富集的地幔源区,且受到一定程度的地壳物质的混染,其大地构造背景主要为与洋岛玄武岩相似的板内构造环境。而且雪岭基性岩的微量元素、稀土元素特征及其配分模式均与峨眉山高钛玄武岩及洋岛玄武岩十分类似,暗示其具有密切的亲缘性特征。

4.3 年 代 学

4.3.1 测试方法

由天津市三叶虫岩矿技术服务有限公司对雪岭辉绿岩进行锆石挑选和制靶工作。首先对锆石进行挑选,选择没有破裂和形态好的锆石颗粒,将锆石颗粒和锆石标样附着到环氧树脂靶上,并对样品抛光和打磨,使锆石中心位置暴露出一半晶体在表面。随后在东华理工大学扫描电镜实验室对锆石进行透射光、反射光及阴极发光(CL)显微照相。最后挑选出内部颗粒较大、清晰、无裂缝区域的锆石进行 LA-ICP-MS 锆石 U-Pb 定年。

雪岭辉绿岩 LA-ICP-MS 锆石 U-Pb 同位素定年测定在南京大学内生金属矿床成矿机制研究国家重点实验室完成。激光剥蚀系统采用 Newwave UP213 激光器(λ=213nm),ICP-MS 仪器型号为 Agilent 7500a。在实验室以激光束斑直径为30μm、激光脉冲频率为 5 Hz、剥蚀物质载气(He)流量 0.9~1.2 L/min、补偿气体(Ar)流量 1 L/min、离子气体(Ar)流量 1.6 L/min、脉冲能量 10~20 J/cm^2 为标准进行锆石 U-Pb 同位素定年,定年外标采用标准锆石 GEMOC/GJ-1(609 Ma)。在实验过程中,每 15 个样品点测定 2 次标准锆石,采集时间以测样前 40s 作为背景信号,剥蚀时间 90s。锆石 U-Pb 定年完成后,通过即时分析软件 GLITTER 计算 ICP-MS 的分析数据,以获得同位素比值、年龄和误差,普通铅校正方法参考 Andersen(2002),校正后运用软件 ISOPLOT(Version 3.23)对样品锆石 U-Pb 年龄谐和图进行绘制并计算 $^{206}Pb/^{238}U$ 年龄的加权平均值。

4.3.2 锆石特征及测试结果

对一个辉长辉绿岩样品(XL17-31,采样位置为宏明珠宝旁山坡磷矿开采处)的 25 颗锆石颗粒进行了 U-Pb 同位素年龄分析,其同位素比值及年龄见表 4-5。所分析的锆石为透明至半透明,形态不规则,且多数颗粒为自形和半自形柱状,少数为它形粒状,颗粒大小为 50~100μm,长宽比为 1:1~3:1。由锆石阴极发光图像可见较为清晰的生长环带(图 4-13)。

其 25 个测点 U 含量为 (34.831~9751.289)×10^{-6},Th 含量为 (0.666~9473.968)×10^{-6},Th/U 比值为 0.013~2.772。在 $^{207}Pb/^{235}U$-$^{206}Pb/^{238}U$ 年龄谐和图上,大多数测点落在谐和线之上(图 4-14),并给出 3 组年龄区间,第一组年龄区间集中于 765~1967 Ma,第二组年龄区间散布于 317~570 Ma,第三组年龄区间集中分布于 228~270 Ma,其中 3 个点的加权平均年龄为 (242±28)Ma(平均标准权重偏差 MSWD=10.1),表明辉绿岩形成时间应不晚于 242 Ma。

表 4-5 雪岭铜多金属矿床辉绿岩 LA-ICP-MS 锆石分析结果

测点号	Th/10^{-6}	U/10^{-6}	Th/U	同位素比值及误差						年龄及误差/Ma					
				$^{207}Pb/^{206}Pb$	1σ	$^{207}Pb/^{235}U$	1σ	$^{206}Pb/^{238}U$	1σ	$^{207}Pb/^{206}Pb$	1σ	$^{207}Pb/^{235}U$	1σ	$^{206}Pb/^{238}U$	1σ
T18004-1-1	9473.968	9751.289	0.971561	0.05116	0.0011	0.28227	0.00644	0.04003	0.0006	248	51	252	5	253	4
T18004-1-2	185.095	326.9648	0.566101	0.1239	0.00229	6.08036	0.12116	0.35601	0.00506	2013	34	1987	17	1963	24
T18004-1-4-1	7990.691	2882.876	2.771777	0.07823	0.00147	0.46148	0.00953	0.04281	0.00063	1153	38	385	7	270	4
T18004-1-5	322.8556	342.4492	0.942784	0.05643	0.00148	0.56644	0.01527	0.07284	0.00111	469	59	456	10	453	7
T18004-1-6	1028.259	760.8282	1.3515	0.05303	0.00192	0.26289	0.00957	0.03597	0.00061	330	84	237	8	228	4
T18004-1-7	4912.553	2544.684	1.930516	0.05069	0.00118	0.26902	0.00655	0.03851	0.00056	227	55	242	5	244	3
T18004-1-8	110.4149	262.8654	0.420044	0.11316	0.00225	5.22081	0.11262	0.33482	0.00495	1851	37	1856	18	1862	24
T18004-1-9	593.3834	342.2296	1.733875	0.066	0.002	1.1452	0.03544	0.12594	0.00203	806	65	775	17	765	12
T18004-1-10	541.8462	313.1889	1.730094	0.09232	0.002	3.30343	0.07678	0.25965	0.00389	1474	42	1482	18	1488	20
T18004-1-11	149.0214	607.4485	0.245324	0.0871	0.00187	2.79308	0.06467	0.23264	0.00346	1363	42	1354	17	1348	18
T18004-1-12	375.4898	277.8024	1.351643	0.05876	0.00234	0.57217	0.02289	0.07066	0.00131	558	89	459	15	440	8
T18004-1-13	489.9703	351.3508	1.394533	0.12261	0.00265	6.02885	0.14094	0.35674	0.00538	1995	39	1980	20	1967	26
T18005-1-1	3.21513	163.5394	0.01966	0.05825	0.00191	0.72309	0.02377	0.09003	0.00147	539	73	552	14	556	9
T18005-1-2	15.49314	339.0208	0.0457	0.05682	0.00162	0.61978	0.01817	0.07914	0.00127	485	64	490	11	491	8
T18005-1-3	2.700709	130.4627	0.020701	0.06873	0.0064	0.64844	0.05866	0.06843	0.00149	891	199	508	36	427	9
T18005-1-4	10.85579	248.7417	0.043643	0.05779	0.00204	0.65783	0.02341	0.08259	0.00144	522	79	513	14	512	9
T18005-1-5	4.062411	307.0165	0.013232	0.05594	0.00295	0.51765	0.02555	0.06712	0.00124	450	120	424	17	419	7
T18005-1-6	9.879905	346.6205	0.028504	0.05421	0.00139	0.47432	0.0125	0.06347	0.00097	380	59	394	9	397	6

续表

测点号	Th/10^{-6}	U/10^{-6}	Th/U	同位素比值及误差						年龄及误差/Ma					
				$^{207}Pb/^{206}Pb$	1σ	$^{207}Pb/^{235}U$	1σ	$^{206}Pb/^{238}U$	1σ	$^{207}Pb/^{206}Pb$	1σ	$^{207}Pb/^{235}U$	1σ	$^{206}Pb/^{238}U$	1σ
T18005-1-7	172.8378	701.6558	0.246328	0.05548	0.00172	0.50219	0.01584	0.06569	0.00108	432	71	413	11	410	7
T18005-1-8	13.45816	218.5629	0.061576	0.0563	0.00228	0.63382	0.02534	0.08165	0.00144	464	92	498	16	506	9
T18005-1-9	1.354137	44.02996	0.030755	0.0568	0.003	0.5871	0.03024	0.07497	0.00153	484	120	469	19	466	9
T18005-1-10	110.608	833.3521	0.132727	0.0537	0.00191	0.3735	0.01334	0.05047	0.00088	358	82	322	10	317	5
T18005-1-11	0.665721	34.83097	0.019113	0.05007	0.00505	0.6376	0.0625	0.09238	0.00286	198	230	501	39	570	17
T18005-1-12	11.96028	80.68957	0.148226	0.05665	0.00305	0.5995	0.03158	0.07676	0.00157	478	122	477	20	477	9
T18005-1-13	8.374468	150.305	0.055716	0.0543	0.00184	0.51838	0.01754	0.06924	0.00113	384	78	424	12	432	7

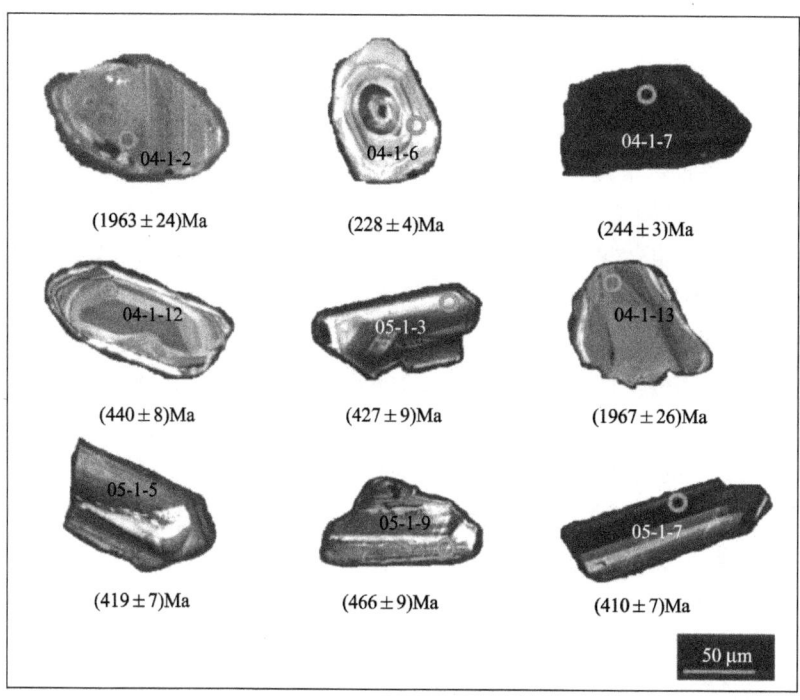

图 4-13 雪岭铜多金属矿床辉绿岩锆石阴极发光图像和测年分析点位

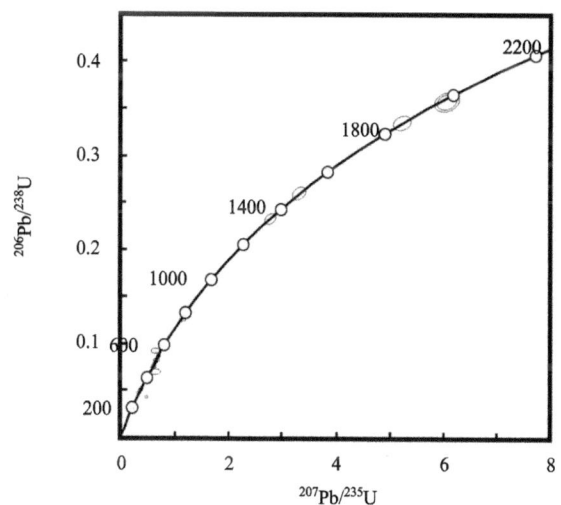

图 4-14 雪岭铜多金属矿床辉绿岩锆石 U-Pb 年龄谐和图

4.3.3 结果讨论

通常认为形成辉绿岩的岩浆属于贫硅硅酸盐体系,并且大部分的锆石是从基性岩浆上侵期间的围岩中捕获的,或者是从辉绿岩的原岩地壳组分中继承的,只有小部分的锆石是由基性岩浆原生结晶的,导致基性岩中锆石的年龄分布范围很广(侯贵廷等,2005)。前文已述及,雪岭辉绿岩所测样品锆石主要分为两种。一种锆石晶体呈自形-半自形透明短柱状,粒度细小(50~80μm),在阴极发光图像下能够看到较为清晰的岩浆锆石震荡环带,$w(Th)/w(U)$ 为 0.97~2.77,这类锆石应该为岩浆锆石,其 $^{206}Pb/^{238}U$ 年龄为 228~270 Ma。另一种锆石晶体磨圆度较差,晶棱不太明显且多数呈长柱状或它形的不规则状,粒度较大(80~100μm),其 $w(Th)/w(U)$ 为 0.013~1.73,该类锆石的 U-Pb 年龄大于围岩地层的沉积时限且较为分散,其 $^{206}Pb/^{238}U$ 年龄分为 765~1967 Ma 和 317~570 Ma 两个区间,故该类锆石可能为继承锆石或者捕获锆石。综合分析认为,年龄较为年轻的一组可以代表雪岭辉绿岩的实际结晶年龄,即其加权平均年龄为 (242 ± 28) Ma。

峨眉山大火成岩省位于扬子地台西南缘(Ali et al.,2004;Fan et al.,2008),是国际学术界认可的唯一由地幔柱成因的大陆溢流玄武岩省大火成岩省(Zhang,2006;史仁灯等,2008;李宏博等,2010),受到国内外学者的广泛关注。前人对其空间分布、活动时限、岩石组合、岩相特征、岩石地球化学、同位素特征、岩浆起源、源区性质、地幔柱动力学和成矿作用的关系等方面已经做了大量的研究,并取得了深刻的认识(肖龙等,2003;宋谢炎等,1998,2002;何斌等,2006;He et al.,2007;Hanski et al.,2010;林建英,1987;王旺章等,1996)。前人在峨眉山玄武岩西南三省——云南、贵州、四川及峨眉山大火成岩省内运用不同的分析方法获得了大量的同位素年龄数据,见表 4-6。可以看出峨眉山大火成岩省喷发时间主要在 260Ma 左右,且岩浆活动时限变化范围很宽(251~264Ma),岩浆活动时间集中在 252~265Ma 和 235~252Ma 两个主峰期(史仁灯等,2008;李宏博等,2010;骆文娟等,2011;刘成英和朱日祥,2009;韩伟等,2009)。而 Huang 和 Opdyke(1998)及 Ali 等(2002)根据古地磁证据,认为峨眉山玄武岩的喷发时限为 257~260Ma。可以看出雪岭辉绿岩的侵位时间与峨眉山玄武岩的喷发期较为相似,应属于同期岩浆活动产物。

表 4-6 云南、贵州、四川三省与峨眉山大火成岩省有关的年龄统计

年龄/Ma	测年对象	测年方法	采样地点	文献出处
251.2~252.8	玄武岩、粗面岩和正长岩	Ar/Ar	云南和四川	Lo 等(2002)
253.6±0.4	玄武岩	Ar/Ar	广西百色	Fan 等(2004)
255.4±0.4	玄武岩	Ar/Ar	广西田阳	Fan 等(2004)
256.2±0.8	玄武岩	Ar/Ar	广西巴马	Fan 等(2004)

续表

年龄/Ma	测年对象	测年方法	采样地点	文献出处
253.7±6.1	玄武岩	SHRIMP	广西百色	Fan 等(2004)
260±3	辉绿岩	SHRIMP	云南富宁	Zhou 等(2006)
258.9±3.4	玄武岩	Ar/Ar	峨眉山玄武岩省	侯增谦等(2006)
255.0±0.62	辉绿岩	LA-ICP-MS	贵州罗甸	韩伟等(2009)
257±9	玄武岩	LA-ICP-MS	广西	Lai 等(2012)
263±10	辉绿岩	LA-ICP-MS	贵州晋安	曾广乾等(2014)
264±3	基性岩墙(斜锆石)	SIMS	云南武定	Fan 等(2017)
256±5	基性岩墙(斜锆石)	SIMS	云南武定	Fan 等(2017)
257.6±2	辉绿岩	LA-ICP-MS	云南富民	李宏博(2012)
256.7±4.3	基性岩墙	LA-ICP-MS	四川冕宁	Li 等(2015)
261.9±2.1	基性岩墙	SHRIMP	黔南	祝明金等(2018)
262±3	辉绿岩脉	SHRIMP	四川盐源	Guo 等(2004)
255.9±5.7	玄武岩	Ar/Ar	云南宾川	Lo 等(2002)
259.3±0.8	辉绿岩	LA-ICP-MS	桂西北玉凤	张晓静和肖加飞(2014)
257.6±2.9	辉绿岩	LA-ICP-MS	桂西北巴马	张晓静和肖加飞(2014)

雪岭辉绿岩捕获锆石或继承锆石的 $^{206}Pb/^{238}U$ 年龄为 765~1967 Ma，与东川古元古代辉绿岩类似。王生伟等(2013)指出在古元古代末期，扬子板块西南缘发生了大范围的陆内裂谷拉张事件，并且与全球性哥伦比亚超级大陆裂解事件同步，这很可能与地幔柱活动有关。经过数据整理收集后发现，东川地区获得的元古宙岩浆活动年龄主要集中在 1.6~1.8Ga(表 4-7)。

表 4-7 云南东川元古代岩浆活动时代统计

年龄/Ma	测年对象	测年方法	采样地点	文献出处
1676±13	辉绿岩	SHRIMP	东川铜矿区	朱华平等(2011)
1690±13	辉绿岩	LA-ICP-MS	东川铜矿区	Zhao 等(2010)
1710±8	辉绿岩	SHRIMP	河口地区	关俊雷等(2011)
1680±13	变质玄武岩	SHRIMP	会理南部	周家云等(2011)
1659±16	辉绿岩	LA-ICP-MS	大红山地区	Zhao 等(2010)
1681±13	凝灰岩	LA-ICP-MS	大红山地区	Zhao 和 Zhao(2011)
1675±8	凝灰岩	SHRIMP	大红山地区	Greentree 和 Li(2008)
1666.55	辉绿岩	U-Pb	大红山地区	Hu 等(1991)
1767±15	辉绿岩	LA-ICP-MS	武定海孜	郭阳等(2014b)
1728±4	辉绿岩	LA-ICP-MS	武定海孜	郭阳等(2014c)
1686±4	变质辉绿岩	LA-ICP-MS	大红山地区	杨红等(2012)
1694±16	辉长岩	LA-ICP-MS	会理南部	王冬兵等(2013)

综合分析认为，东川矿区基性岩浆岩最为发育的时期为昆阳裂谷期，其分布范围大，岩石类型较多。辉绿岩、辉长岩及辉绿辉长岩等侵入岩为该区岩石类型的主体。关俊雷等(2011)对拉拉铁铜矿区及其周边地区的辉绿辉长岩进行研究，发现其与东川矿区基性岩的地球化学特征及生成时代相符，故认为这两个相邻矿区的形成机制和构造背景应该是相似的。Zhao 等(2010)和王生伟等(2013)对东川地区古元古代晚期辉绿岩进行地球化学特征分析，发现其具有陆内裂谷玄武岩的地球化学特征。郭阳等(2014c)对武定地区辉绿岩锆石 U-Pb 年龄的研究结果发现，相比于东川—会东—会理地区的基性侵入岩，武定地区的岩体年龄较老，可能为昆阳裂谷初始拉张的产物。王生伟等(2016)收集了典型地幔柱成因的玄武岩及昆阳裂谷期辉绿岩、河口群和武定地区基性岩浆岩地球化学数据，认为其均与洋岛型玄武岩和峨眉山高钛玄武岩类似，且同为地幔柱活动成因。因此，康滇地区古元古代晚期到中元古代早期应都属于陆内裂谷构造性质，并可能为全球性的哥伦比亚(Columbia)超级大陆裂解事件在该区的响应。

4.4 Sr-Nd-Pb 同位素特征

4.4.1 测试方法

辉绿岩 Sr-Nd-Pb 同位素化学前处理与质谱测定在南京聚谱检测科技有限公司完成。操作流程为：用高压密封溶样弹消解岩石粉末后，阳离子-锶特效联合树脂被一部分消解液经过，随后分离出 Sr、总稀土和 Pb。总稀土组分再经过 Ln 特效树脂，分离出 Nd。蒸干 Sr、Nd、Pb 淋洗液后，用 1.0mL 2%的稀硝酸溶解，作为母液。再取其中 50μL，稀释成 500μL，在 Agilent 7700x 四极杆型 ICP-MS 上测定 Sr、Nd、Pb 的准确含量。再用 2%(质量分数)稀硝酸将 Sr、Nd 母液稀释成 50×10^{-9} 浓度，用 10×10^{-9} Tl 溶液将 Pb 母液释成 40×10^{-9} Pb，最后利用 CETAC Aridus II 膜去溶系统将同位素溶液引入，在 Nu Plasma II MC-ICP-MS 上测定同位素比值。Sr 同位素比值在测定过程中，使用 $n(^{86}Sr)/n(^{88}Sr)=0.1194$ 校正仪器质量分馏。外标为 Sr 同位素国际标准物质 NIST SRM 987，校正仪器漂移。Nd 同位素比值测定过程中，采用 $n(^{146}Nd)/n(^{144}Nd)=0.7219$ 校正仪器质量分馏。外标为 Nd 同位素国际标准物质 JNdi-1，校正仪器漂移。在 Pb 同位素比值测定过程中，采用 $n(^{205}Tl)/n(^{203}Tl)=2.3885$ 校正仪器质量分馏。外标为 Pb 同位素国际标准物质 NIST SRM 981，校正仪器漂移。

4.4.2 Sr-Nd 同位素特征

雪岭矿床基性岩的 Sr、Nd 同位素数据见表 4-8，初始同位素比值采用 242Ma 进行计算。雪岭基性岩的形成时代较分散且较老，所以测得同位素值可能与其初始值误差较大，需要对此进行年龄校正。

表 4-8　雪岭铜多金属矿床基性岩样品 Sr、Nd 同位素组成

样号	样品名称	$^{87}Rb/^{86}Sr$	$^{87}Sr/^{86}Sr$	$^{147}Sm/^{144}Nd$	$^{143}Nd/^{144}Nd$	$(^{87}Sr/^{86}Sr)_i$	$(^{143}Nd/^{144}Nd)_i$	$\varepsilon_{Nd}(t)$	t_{DM}/Ga	t_{DM}^c/Ga
XL17-4	玄武岩	0.498	0.70753	0.126212	0.512553	0.705817	0.512353	0.52	1.04	0.97
XL17-5	辉绿岩	0.331	0.70823	0.127456	0.512483	0.707091	0.512281	−0.89	1.18	1.09
XL17-8	辉绿岩	0.345	0.70819	0.132190	0.512488	0.707004	0.512278	−0.94	1.24	1.09
XL17-17	辉绿岩	0.216	0.70547	0.129259	0.512584	0.704726	0.512379	1.02	1.03	0.93
XL17-32	辉绿岩	0.184	0.70546	0.130213	0.512597	0.704828	0.512391	1.26	1.01	0.91

注：$^{87}Rb/^{86}Sr$ 和 $^{147}Sm/^{144}Nd$ 据同位素稀释法测试的 Rb、Sr、Sm、Nd 含量和 Sr、Nd 同位素组成计算。球粒陨石均一储库(CHUR)组成：$^{87}Rb/^{86}Sr$=0.0827，$^{87}Sr/^{86}Sr$=0.7045，$^{147}Sm/^{144}Nd$=0.1967，$^{143}Nd/^{144}Nd$=0.512638。亏损地幔(DM)取值：$^{147}Sm/^{144}Nd$=0.2136，$^{143}Nd/^{144}Nd$=0.513151。大陆地壳(Crust)取值：$^{147}Sm/^{144}Nd$=0.118。同位素初始比值为 t=242Ma 时的比值。$(^{87}Sr/^{86}Sr)_i$ 和 $(^{143}Nd/^{144}Nd)_i$ 分别代表 Sr 和 Nd 初始同位素比值

经校正后由表 4-8 可以看出，基性岩样品的 $^{87}Rb/^{86}Sr$ 值为 0.184～0.498，$^{87}Sr/^{86}Sr$ 值为 0.70546～0.70823，略高于原始地幔现代值 0.7045(DePaolo and Wasserburg，1976)，$^{147}Sm/^{144}Nd$ 值为 0.1262～0.1322，$^{143}Nd/^{144}Nd$ 值为 0.512483～0.512597，略低于原始地幔现代值 0.512638(Jacobson and Wasserburg，1980)。根据辉绿岩锆石 U-Pb 年龄值计算得到，基性岩 $(^{87}Sr/^{86}Sr)_i$ 值为 0.704726～0.707091，$\varepsilon_{Nd}(t)$ 为−0.94～1.26，一阶段模式年龄 (t_{DM}) 值为 1.01～1.24Ga，二阶段模式年龄 (t_{DM}^c) 值为 0.91～1.09Ga。总体来看，$\varepsilon_{Nd}(t)$ 值以 0 为界线，正数代表岩浆来源于亏损地幔，负数代表源区来源于地壳或者富集地幔(陈道公等，2009；邵济安等，2010)；$(^{87}Sr/^{86}Sr)_i$ 值较低，反映出相对亏损的地幔源区或有亏损地幔源区的加入(金鑫镖等，2017)，这些特征值可判断出雪岭铜多金属矿床基性岩具有来源于地壳与地幔混合的特征。

4.4.3 Pb 同位素特征

雪岭矿床基性岩的 Pb 同位素分析结果见表 4-9，其中 $^{206}Pb/^{204}Pb$ 值变化在 18.228～18.937，均值为 18.610；$^{207}Pb/^{204}Pb$ 变化范围为 15.592～15.668，均值为 15.639；$^{208}Pb/^{204}Pb$ 的变化范围为 38.192～39.143，均值为 38.652。由于雪岭矿床样品的形成年龄不同，所测同位素值和其初始值差异会比较大，需要年龄来进行校正。

表 4-9 雪岭铜多金属矿床矿物和岩石 Pb 同位素组成

序号	样号	样品名称	同位素组成			模式年龄/Ma	特征参数		
			$^{206}Pb/^{204}Pb$	$^{207}Pb/^{204}Pb$	$^{208}Pb/^{204}Pb$		μ	ω	κ
1	XL17-4	玄武岩	18.937	15.645	38.439	−164	9.50	34.24	3.49
2	XL17-5	辉绿岩	18.858	15.649	39.143	−99	9.52	37.38	3.80
3	XL17-8	辉绿岩	18.789	15.638	39.081	−63	9.50	37.40	3.81
4	XL17-17	辉绿岩	18.228	15.668	38.407	381	9.62	38.05	3.83
5	XL17-32	辉绿岩	18.236	15.592	38.192	284	9.47	36.38	3.72
6	XLB-69	白云岩	19.392±0.003	15.736±0.002	38.698±0.005		9.64	33.85	3.40
7	XLB-18	黄铁矿	18.372±0.002	15.653±0.002	38.462±0.005	260	9.57	37.32	3.77
8	XLB-24	黄铁矿	18.313±0.002	15.656±0.002	38.272±0.002	306	9.59	36.89	3.72
9	XLB-25	黄铁矿	18.279±0.002	15.673±0.001	38.416±0.003	350	9.62	37.84	3.81
10	XLB-62	黄铁矿	19.310±0.002	15.771±0.002	38.792±0.004		9.72	34.88	3.47

注：序号 6~10 引自刘文恒等(2014b, 2015)。$\mu=^{238}U/^{204}Pb$；$\omega=^{232}Th/^{204}Pb$；$\kappa=Th/U$；μ、ω、κ，模式年龄参数均由 GeoKit 软件(路远发，2004)计算所得

由表 4-9 可见，1~5 号样品经过年龄校正之后其 Pb 同位素的比值：$^{206}Pb/^{204}Pb$ 变化范围为 18.228~18.937，均值为 18.610；$^{207}Pb/^{204}Pb$ 变化范围为 15.592~15.668，均值为 15.639；$^{208}Pb/^{204}Pb$ 变化范围为 38.192~39.143，均值为 38.652。通过铅同位素组成计算得出的模式年龄可知，样品除了具有正常铅以外还具有异常铅，显示正常铅与异常铅相混合的特征。通过笔者在 2014 年对雪岭矿床所采金属硫化物和围岩样品进行铅同位素(样号 6~10)分析可知，样品铅同位素组成较为稳定，变化的范围较小并且具有 U 和 Th 放射性元素含量较高的特征，模式年龄为 260~381Ma。

通过 Zartman 和 Doe(1981)及李龙等(2005)对"铅构造模型"理论计算得到中国大陆地幔、下地壳及上地壳铅同位素的 μ 值分别为 8.44、5.63、14.98，κ 值分别为 3.60、5.48、3.47。从表 4-9 可以看出：雪岭铜多金属矿床岩矿石样品 μ 值的变化范围为 9.47~9.72，κ 值的变化范围为 3.40~3.83，表明其铅同位素 μ 和 κ 值更接近于地幔的相应值，暗示铅源主要来源于地幔，并在一定程度上被壳源铅混染。

4.4.4 结果讨论

Sr-Nd 同位素初始比值经常用来帮助判别样品源区类型。研究区样品的 $(^{87}Sr/^{86}Sr)_i$ 值变化范围为 0.704726~0.707091，均值为 0.705893，略低于现代大陆硅铝质岩的均值(0.719)，稍高于未受地壳混染的大洋玄武岩的相应值(0.702~

0.707)。岩石 $^{143}Nd/^{144}Nd$ 值较低,变化范围为 0.512483~0.512597,$\varepsilon_{Nd}(t)$ 介于 −0.89~1.26,与被地壳混染的玄武质岩浆 $\varepsilon_{Nd}(t)$ 值(−1.5~1.7)较为相符(Lambert et al.,1989)。在图 4-15 中,单个样品投影点落于具有高 U/Pb 值的地幔(HIMU)演化线上,其他投影点也靠近富集地幔(EM I 和 EM II)区域。此外,$(^{87}Sr/^{86}Sr)_i$ 和 $\varepsilon_{Nd}(t)$ 与 SiO_2 的关系图解(图 4-16)显示出 $(^{87}Sr/^{86}Sr)_i$ 值随 SiO_2 含量增加而增加,$\varepsilon_{Nd}(t)$ 值随 SiO_2 含量的增加而减小,暗示基性岩浆在侵入过程中遭受了一定程度的地壳物质的混染。

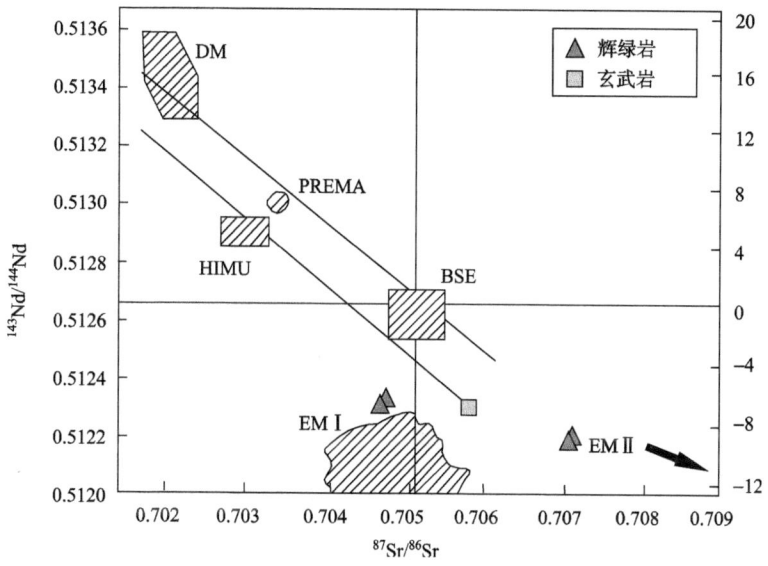

图 4-15 雪岭铜多金属矿床基性岩 $^{143}Nd/^{144}Nd$-$^{87}Sr/^{86}Sr$ 图解(Rollison,1993)

DM-亏损地幔;BSE-全硅酸盐地球;EM I 和 EM II-富集地幔;HIMU-具有高 U/Pb 值的地幔;PREMA-流行地幔

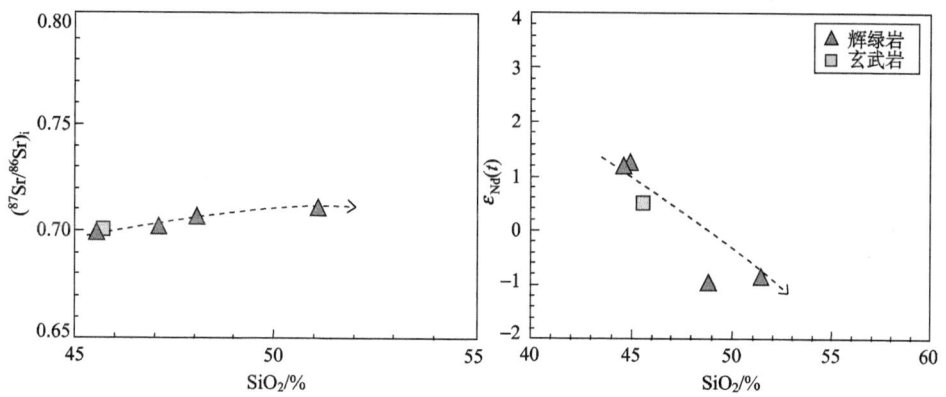

图 4-16 雪岭铜多金属矿床样品 $(^{87}Sr/^{86}Sr)_i$-SiO_2 图解及 $\varepsilon_{Nd}(t)$-SiO_2 图解

由于矿床中成矿物质的来源可以用铅同位素组成特征来示踪，而且除能够指示铅的来源以外，铜、铁、锌等金属元素的来源也可以指示出来。研究区大部分样品铅同位素 $^{206}Pb/^{204}Pb>18.310$，$^{207}Pb/^{204}Pb>15.489$，$^{208}Pb/^{204}Pb>37.811$，说明雪岭矿床铅主要来自放射性铅含量较高的源区（钟宏等，2000）。Gulson 等（1987）认为这类铅与大陆裂谷或大陆边缘环境下形成的铅源有关，这与雪岭矿床所处的大陆裂谷环境是相符的。对雪岭基性岩进行 Pb 同位素综合分析，如图 4-17 和图 4-18 所示。可以看出：样品 Pb 同位素落点在地幔演化曲线与上地壳演化曲线之间，主要集中在造山带演化曲线附近，显示出 Pb 主要来自壳幔混合。总体认为，该

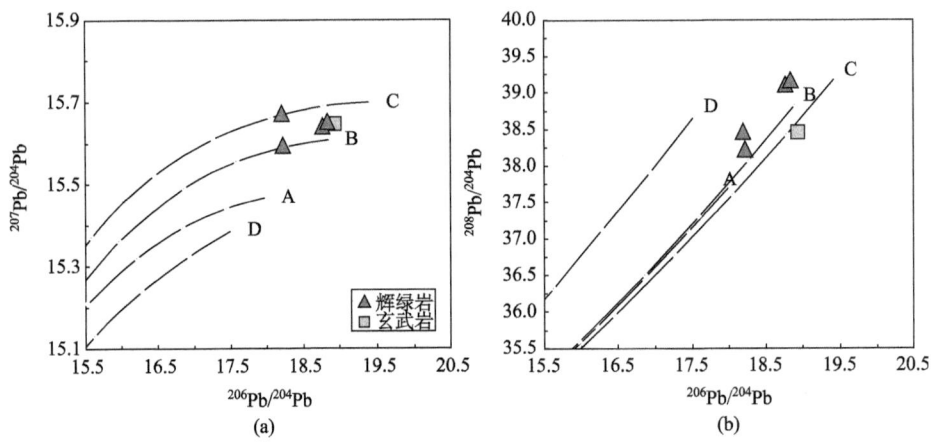

图 4-17　雪岭铜多金属矿床基性岩 Pb 同位素图解（Zartman and Doe，1981）
A-地幔；B-造山带；C-上地壳；D-下地壳

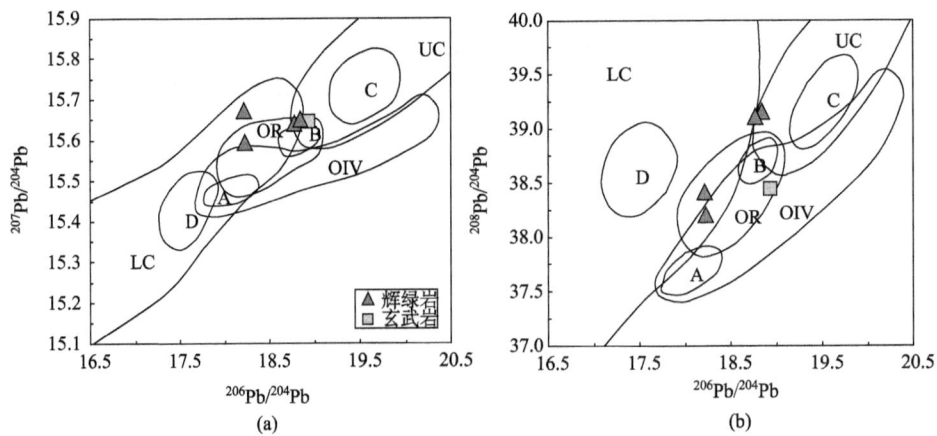

图 4-18　雪岭铜多金属矿床基性岩 Pb 同位素组成构造环境判别图解（Zartman and Doe，1981）
LC-下地壳；UC-上地壳；OIV-洋岛火山岩；OR-造山带；A，B，C 和 D 分别为各区域中样品的相对集中区

矿床铅来源较为复杂，显示出壳幔混合铅的特征，并能进一步说明雪岭矿床形成于扬子陆块西缘大陆裂谷环境。

由雪岭矿床基性岩 Pb 同位素特征参数(表 4-10)可以看出：样品 Pb 同位素特征值 V_1 为 57.11～96.20，均值为 77.90；特征值 V_2 为 51.04～85.21，均值为 66.50。雪岭矿床基性岩样品 Pb 同位素特征值 V_1-V_2 图解如图 4-19 所示，可以看出：各样品落点显示出较好的线性正相关关系，说明各样品之间具有一定的亲缘性，而且各落点均位于华南区域内。华南区域岩石 Pb 同位素组成具有富 U、Th、Pb 的特点，与雪岭铜多金属矿床所处的扬子板块西缘康滇地轴云南段北端的地质构造背景相符(朱炳泉，1993；刘文恒等，2014b)。

表 4-10 雪岭铜多金属矿床矿物和岩石 Pb 同位素特征参数

序号	样号	样品名称	特征参数					
			$^{206}Pb/^{207}Pb$	V_1	V_2	$\Delta\alpha$	$\Delta\beta$	$\Delta\gamma$
1	XL17-4	玄武岩	1.2104	81.20	85.21	110.25	21.34	36.33
2	XL17-5	辉绿岩	1.2050	96.20	73.53	105.61	21.60	55.32
3	XL17-8	辉绿岩	1.2015	92.90	70.55	101.55	20.84	53.64
4	XL17-17	辉绿岩	1.1634	62.11	51.04	68.65	22.83	35.49
5	XL17-32	辉绿岩	1.1696	57.11	52.15	69.15	17.88	29.68

注：铅同位素特征参数 $\Delta\alpha$、$\Delta\beta$ 和 $\Delta\gamma$ 表示岩体 Pb 与同一时代地幔值的相对偏差；特征参数均由 GeoKit 软件(路远发，2004)计算所得

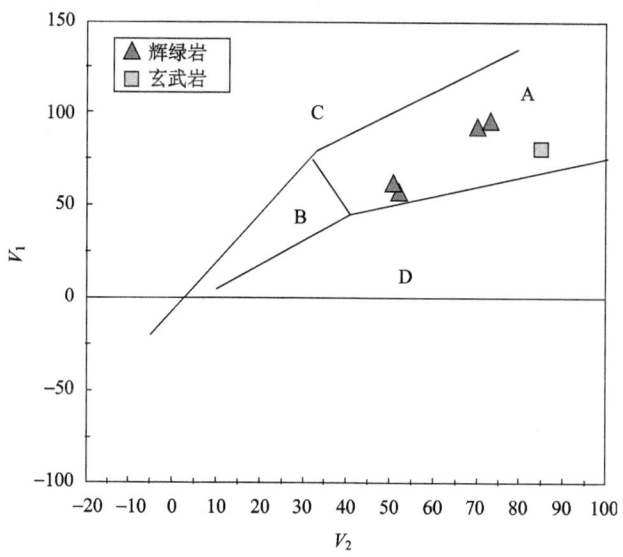

图 4-19 雪岭铜多金属矿床样品 Pb 同位素特征值 V_1-V_2 图解(朱炳泉，2001)

A-华南；B-扬子；C-华北；D-北疆

从 Pb 同位素成因分类图解(图 4-20)可以看出：雪岭矿床基性岩样品大部分落点在上地壳与地幔混合的俯冲带铅(岩浆作用)区域内，少部分的样品点落在上地壳区域内，暗示雪岭矿床样品中的铅主要来自上地壳与地幔混合铅，并且成矿与岩浆作用有较为密切的关系。该结果与之前讨论的样品 Pb 同位素图解和构造环境判别图解结论是一致的。

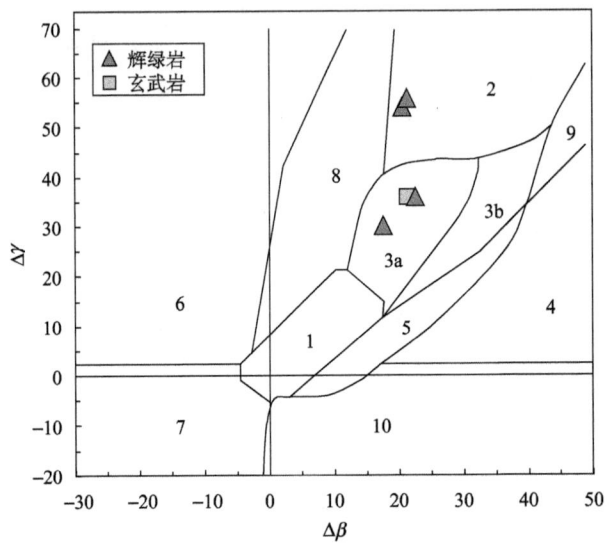

图 4-20 雪岭铜多金属矿床样品 Pb 同位素 $\Delta\beta$-$\Delta\gamma$ 成因分类图解(朱炳泉等，1998)
1-地幔源铅；2-上地壳铅；3-上地壳与地幔混合的俯冲带铅(3a-岩浆作用，3b-沉积作用)；4-化学沉积型铅；5-海底热水作用铅；6-中深变质作用铅；7-深变质下地壳铅；8-造山带铅；9-古老页岩上地壳铅；10-退变质铅

根据各样品的模式年龄(表 4-9)可以看出：具有正常铅特征的样品模式年龄为 260~381 Ma，属于二叠纪—泥盆纪。它与雪岭矿床西南方向的峨眉山玄武岩喷溢时代相近(宋谢炎等，2002)。综合上述分析认为，雪岭铜多金属矿床辉绿岩和峨眉山玄武岩可能是同期同源岩浆活动的产物。

4.5 综合分析

4.5.1 雪岭辉绿岩侵位时代

前人对峨眉山玄武岩开展了大量的研究，徐义刚和钟孙霖(2001)、张招崇等(2001，2004)、卢记仁(1996)、姜常义等(2007)、朱士飞等(2008)学者大多认为峨眉山玄武岩和地幔柱作用具有一定关系，Dmitriev 和 Bogatikov(1996)则认为是由于大陆边缘地壳扩张从而导致扬子板块西缘产生了峨眉山玄武岩。由于地幔柱理论的发展，峨眉山玄武岩又与地幔柱作用有关，使扬子板块西缘成了地质学研究的热点地区之一。

运用 LA-ICP-MS 定年手段对具有特征性的辉绿岩样品进行测年，锆石 U-Pb 年龄具体数据(表 4-5)表明成岩年龄大致可以分为 228~270Ma、317~570Ma、765~1967Ma 三个区间。前人已论述后两组锆石可能是继承或者捕获锆石，而其中最年轻的一组锆石的加权平均年龄[(242±28)Ma]基本可以代表雪岭辉绿岩的结晶年龄。此外雪岭辉绿岩的地球化学性质表明其属于钙碱性-碱性岩系列(图 4-4)，而钙碱性岩浆的形成同地幔柱作用有一定的相关性，与之前已经报道的峨眉山大火成岩省内和玄武岩相比具有相似元素和同位素地球化学特征的侵入岩有着大致相同的形成年龄。综合分析认为，雪岭辉绿岩应该是峨眉山玄武质岩浆活动的部分产物。同时，这也与野外观察到的辉绿岩脉侵位于下二叠统地层的地质事实相一致。

4.5.2 地球化学特征

峨眉山玄武岩普遍具有高碱，Rb、Sr、K、U、Th 等元素含量较高，Cr 和 Ni 元素含量较低(覃小峰等，2008)，且不相容元素富集，有不同程度的 LREE 富集，无特殊情况下无明显的 Eu 异常(焦骞骞，2012)等元素地球化学特征。TiO_2 含量高且质量分数变化较为明显(1%~5%)，MgO 质量分数变化范围也较大(4%~25%)(张招崇等，2001；韩伟等，2009)；通常铁含量也较高(TFe 含量>10%)，显示出源自深源和地幔柱源的特点，这是因为地幔柱源要比一般的 MORB 源的相对铁含量更高(张招崇等，2004；Scarrow and Cox，1995)。除全碱含量偏低以外，雪岭矿床的辉绿岩地球化学特征均与峨眉山玄武岩的成分特点十分接近。此外，在微量元素原始地幔标准化图解(图 4-6)和稀土元素球粒陨石标准化配分曲线(图 4-7)上可以看出，雪岭辉绿岩与峨眉山玄武岩配分曲线基本一致，暗示辉绿岩和峨眉山玄武岩应来自相似的源区，可能为同一原始岩浆所分异出来的产物，具有密切的成因关系。峨眉山玄武岩的强不相容元素 Th、Ta、Hf 的比值一般表现为 Ta/Hf>0.1，Th/Ta 为 1.6~4(汪云亮等，2001)；此外一些不活泼元素的比值特征也十分明显(Zr/Nb 为 9.3~10.2，Nb/La 为 0.6~0.9)(宋谢炎和戚华文，2008)。雪岭矿区辉绿岩样品 Ta/Hf 为 0.24~0.32，Th/Ta 为 2.10~4.09，Zr/Nb 为 7.72~10.38，Nb/La 为 0.71~1.02，除了 Nb/La 和 Zr/Nb 受到地壳混染或者结晶分异等影响有少量的偏差以外，其他参数特征均与峨眉山玄武岩的特征相一致。而雪岭辉绿岩所显示的 Ti 的轻微正异常和 Zr 的较弱负异常等特征，也与峨眉山大火成岩省内相关的侵入岩体相一致。

结合之前所述，雪岭矿床辉绿岩应该是晚二叠世至早三叠世时期峨眉山地幔柱岩浆活动的同源异相产物。晚二叠世至早三叠世时期，大量的基性岩浆受地幔柱活动和大陆裂谷运动影响喷溢于现今云贵川等大多数地区，而雪岭矿床由于地处岩浆喷溢的边缘地带，岩浆活动不强烈，且地表覆盖有较厚的海相沉积地层，因此岩浆未冲破沉积盖层从而最终形成了辉绿岩脉(刘文恒等，2013)。

4.5.3 岩浆源区性质及岩石成因

雪岭基性岩样品 Harker 图解(图 4-5)显示出 SiO_2 含量与 MgO、CaO 含量呈负相关性，MgO 含量与 Ni 含量呈正相关性，均说明基性岩浆经历了橄榄石和辉石的结晶分异作用。SiO_2 含量与 Zr、Th 和 Yb 等不相容元素含量之间的正相关性也能说明在结晶分异的过程中不相容元素更容易进入熔体之中，表明其所受到的结晶分异作用影响较弱。此外，SiO_2 含量与 TiO_2 和 P_2O_5 含量具有负相关性，并且在原始地幔标准化蛛网图中(图 4-6)基性岩样品呈现出 P 的负异常特征，这与峨眉山高钛玄武岩是一致的，即岩浆形成演化过程中经历了明显的磷灰石和钛铁氧化物的结晶分异作用(祝明金等，2018)。另外，雪岭辉绿岩呈现出高钛性质，而前人研究大多认为高钛玄武岩来源于地幔柱在石榴子石稳定区域的低程度部分熔融(Xu et al.，2001，2004；Song et al.，2001，2008；Xiao et al.，2004；Qi et al.，2010)。

雪岭辉绿岩微量元素和稀土元素含量可以看出其具有洋岛玄武岩的特征，而且部分微量元素含量比值(La/Nb、Th/Nb、Th/La、Zr/Nb、Ba/La、Ba/Nb) 参数大多在 EM I OIB 范围内，并与富集地幔端元 EM I OIB 区间相似(表 4-4)。虽然表现出部分大陆地壳物质混染的迹象，但雪岭辉绿岩与东川矿区辉绿岩、海孜辉绿岩相比较而言其混染程度还是较低的。以上元素特征均能够显示出雪岭基性岩可能来自于相对富集的地幔源区。据前人研究发现，峨眉山玄武岩和洋岛玄武岩具有相似的地球化学特征，因此均被认为是地幔柱作用的产物。在 Nb/Yb-Th/Yb [图 4-21(a)]中可以看到，样品数据点均投在岩浆地幔边部，说明有部分地壳物质混染的痕迹；在 Nb/Yb-TiO_2/Yb 图解[图 4-21(b)]中可以看出辉绿岩的岩浆具有 OIB 地球化学性质。

雪岭辉绿岩地球化学元素数据(表 4-1~表 4-3)表明，本区辉绿岩的 REE 和 HFSE 含量高于原始地幔，其稀土配分曲线为 LREE 富集型(图 4-7)，$(La/Sm)_N$ 为 3.78~4.45，大于 1，Zr/Nb 为 7.22~10.38，岩石的 REE 和 HFSE 含量、参数的变化幅度大，暗示其母岩为交代过渡地幔部分熔融的产物，同时也暗示岩浆在演化过程中有结晶分异作用或者岩浆在上升过程中存在着混染作用。

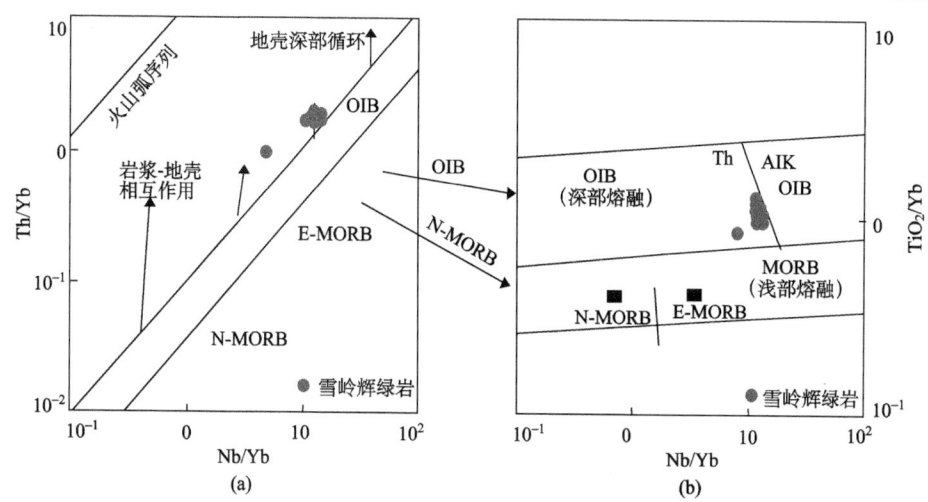

图 4-21 雪岭铜多金属矿床辉绿岩 Th/Yb-Nb/Yb 和 TiO$_2$/Yb-Nb/Yb 图解(Pearce,2008)

N-MORB 指正常型洋中脊玄武岩；E-MORB 指富集型洋中脊玄武岩；AIK 指碱性的

雪岭辉绿岩的 Sr-Nd-Pb 同位素值经常被用来判别岩体源区类型,从表 4-7 和表 4-8 可以看出：样品初始(^{87}Sr/^{86}Sr)$_i$ 值变化范围为 0.704726～0.707091,均值为 0.705893,稍低于现代大陆硅铝质岩的均值(0.719),稍高于未受地壳混染的大洋玄武岩(0.702～0.707)。岩石 ^{143}Nd/^{144}Nd 值较低,变化范围为 0.512483～0.512597, εNd(t)介于–0.89～1.26,与受地壳混染的玄武质岩浆 εNd(t)值(–1.5～1.7)较为相符(Lambert et al.,1989)。^{206}Pb/^{204}Pb 值为 18.228～19.392,^{207}Pb/^{204}Pb 值为 15.592～15.771,^{208}Pb/^{204}Pb 值为 38.192～39.143,显示了铅主要来自放射性铅含量较高的源区,与雪岭矿床所处的大陆裂谷环境相符。

在 (^{87}Sr/^{86}Sr)$_i$-εNd(t)图解(图 4-22)中可以看出,岩体样品均投在峨眉山玄武岩区域,暗示其可能与峨眉山玄武岩同源。此外样品点距离亏损地幔较远,一部分落在 OIB 区域内,并且往 EM II 偏移,结合其相对亏损 Nb、Ta、Zr、Hf 等元素来看,原始岩浆很可能形成于富集地幔源区。在 Sm/Yb-La/Yb 图解(图 4-23)中可以看出雪岭辉绿岩样品位于石榴子石地幔橄榄岩部分熔融边缘附近,反映其可能来源于石榴子石地幔橄榄岩的部分熔融。峨眉山玄武岩喷发时在东部边缘区域形成高钛玄武岩,由于地幔柱喷发时边缘地区受温度较低影响,导致岩石圈的地幔相较其他非边缘地区较厚(Xu et al.,2001),地幔柱的岩浆在整个上升的过程中能够和周围的岩石圈地幔充分发生反应(祝明金等,2018)。综合以上分析,雪岭辉绿岩岩浆可能形成于受地幔柱作用影响的富集石榴子石地幔源区的部分熔融。

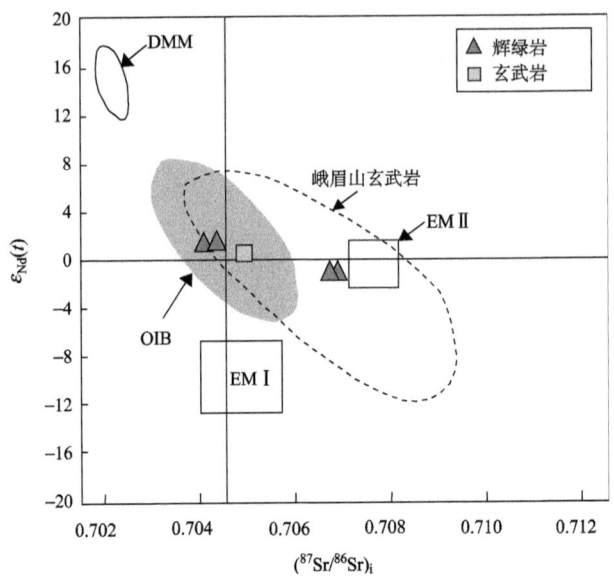

图 4-22 雪岭铜多金属矿床基性岩 Sr-Nd 同位素初始比值(祝明金等,2018)

DMM 指亏损型地幔

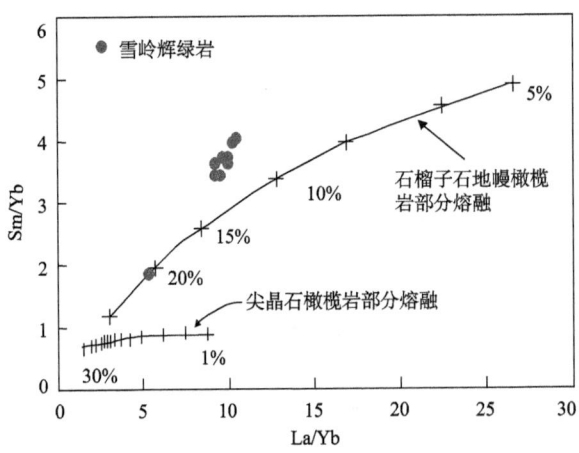

图 4-23 雪岭铜多金属矿床辉绿岩 Sm/Yb-La/Yb 图解(王研,2011)

在大地构造环境判别图解(图 4-12)中,雪岭基性岩落点均在板内玄武岩范围内。在 Th/Hf-Ta/Hf 和 Th/Zr-Nb/Zr 图解(图 4-24)中,雪岭基性岩样品均落入板内拉张环境。此外除个别样品落于地幔热柱玄武岩区域以外,其余样品均靠近陆内裂谷及陆缘裂谷拉斑玄武岩区与陆内裂谷碱性玄武岩区的界线附近。由于地壳混染作用会使 Zr、Hf 等元素的含量升高,结合前文所论述的岩浆结晶分异作用的研究成果,综合分析认为雪岭辉绿岩的原始岩浆可能会更接近地幔热柱玄武岩区。

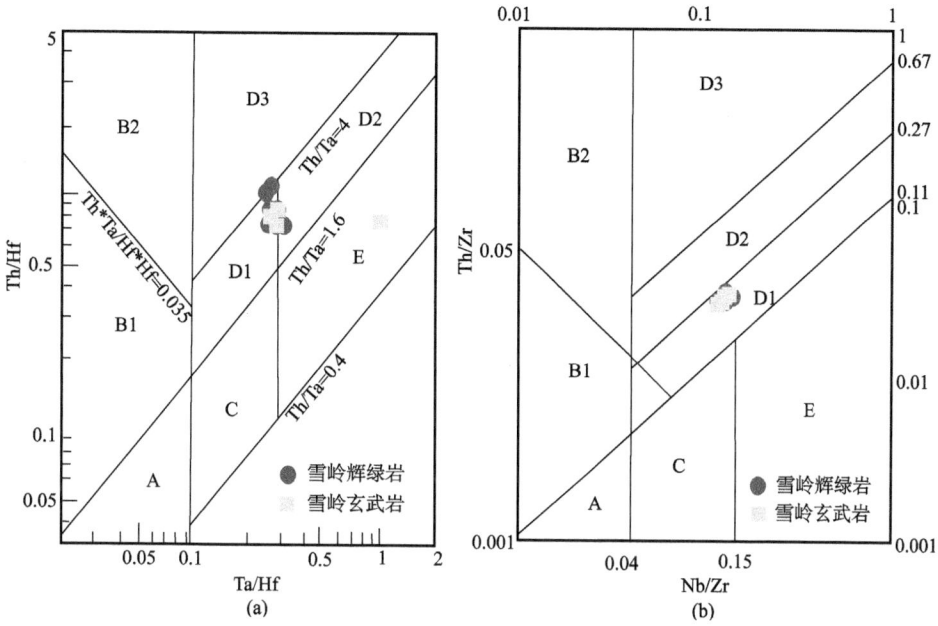

图 4-24 雪岭铜多金属矿床基性岩构造环境判别图解(汪云亮等，2001；王劲松等，2012)
A-板块发散边缘 N-MORB 区；B-板块汇聚边缘(B1-大洋岛弧玄武岩区；B2-陆缘岛弧及陆缘火山弧玄武岩区)；C-大洋板内洋岛、海山玄武岩区及 T-MORB、E-MORB 区；D-大陆板内[D1-陆内裂谷及陆缘裂谷拉斑玄武岩区；D2-陆内裂谷碱性玄武岩区；D3-大陆拉张带(或初始裂谷)玄武岩区]；E-地幔热柱玄武岩区

4.5.4 雪岭辉绿岩与峨眉山玄武岩亲缘性讨论

前文关于岩体元素地球化学特征的研究表明，雪岭辉绿岩大地构造背景主要为板内玄武岩，并与洋岛玄武岩构造背景相似，雪岭辉绿岩可能源自相对富集的地幔源区，并且受到一定范围的地壳物质混染，尤其是受下地壳物质的混染，而该元素地球化学特征与峨眉山玄武岩相类似。此外，雪岭辉绿岩样品中可代表岩体侵位时限的锆石加权平均年龄为(242 ± 28)Ma，与研究区西南方向的峨眉山玄武岩喷溢时代相近。Sr-Nd 同位素特征方面，雪岭辉绿岩与峨眉山玄武岩的同位素特征类似，并且雪岭基性岩样品点均落入峨眉山玄武岩区域中(图 4-22)，暗示两个岩体之间的同源性。综合以上分析认为，雪岭辉绿岩应与峨眉山玄武岩具有一定的亲缘性，为晚二叠世地幔柱运动时与峨眉山玄武岩同源异相的岩浆活动产物。

第5章 雪岭矿区滥泥坪式铜矿地质特征

5.1 邻区滥泥坪矿区地质特征

滥泥坪铜矿区位于康滇南北向地轴东部,东川矿区南缘,与雪岭矿区紧密相连(图5-1)。其所含铜矿主要沿不整合面以上陡山沱组中的砂砾岩和碳质岩产出,分布在滥泥坪矿区的黑矿尖子、蓑衣坡和上老龙矿段。此外,在东川矿区的汤丹、牛奶厂、石将军、九龙一带也分布有滥泥坪式铜矿。

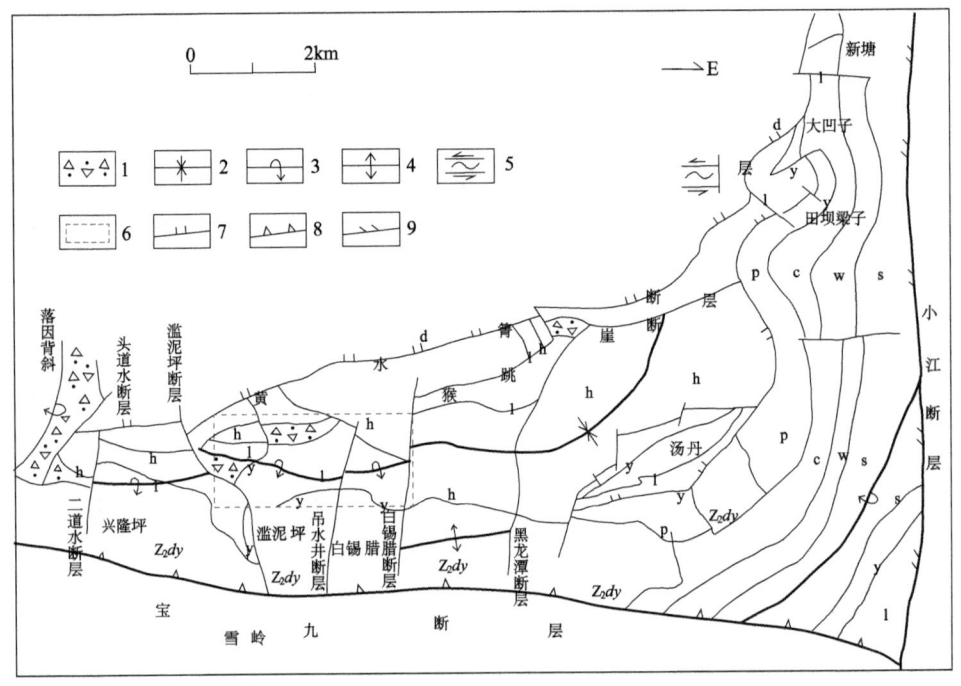

图 5-1 滥泥坪矿区区域地质图(刘卫明等,2011)

1-因民组角砾岩;2-向斜;3-倒转背斜;4-背斜;5-力学图示;6-滥泥坪矿区;7-张性断层;8-压性断层;9-压扭性断层;Z_2dy-灯影组;d-大营盘组;h-黑山组;l-落雪组;y-因民组;p-平顶山组;c-菜园湾组;w-望厂组;s-洒海沟组

1. 地层

滥泥坪矿区主要出露震旦系灯影组和陡山沱组(图 5-1),并与下伏的昆阳群呈强烈的角度不整合接触关系。

灯影组出露的地层主要为灯影组第一段(Z_2dy^1)，岩性主要为条带状白云岩，并见少量白云岩呈块状、鲕状产出，在与下部陡山沱组接触部位可见少量的黄铁矿、黄铜矿呈细粒状、浸染状产出。

陡山沱组(Z_2d)为滥泥坪矿区主要含矿地层，其岩性为一套砂泥质白云岩、碳泥质白云岩、硅质白云岩和底砾岩建造，其中碳泥质白云岩和底砾岩为滥泥坪式铜矿的主要含矿层。

昆阳群为滥泥坪矿区的基底，主要为落雪组(Pt_2l)和因民组(Pt_2y)。落雪组主要为厚层状泥砂质白云岩、硅质白云岩与条带状白云岩，并含叠层石，厚度大于250m。在东川汤丹等地的落雪组中可见有铜矿化沿落雪组下部产出，为东川式铜矿，但在滥泥坪矿区东川式铜矿产出不连续。因民组主要为紫红色-灰色中厚层凝灰质、砂泥质白云岩夹薄层紫色钙砂质板岩，局部夹薄层状黄绿色火山凝灰岩条带，常具有粒序及成分色调构成的韵律层，厚度大于100m。因民组中赋存有稀矿山式铁铜矿床，该类型矿床在滥泥坪矿区因民组中也有分布。

2. 构造

滥泥坪矿区构造发育，区内褶皱主要为白锡腊倒转背斜，其轴向NE75°，两翼均向北西向倾斜，南翼倒转。核部为因民组火山角砾岩、细碧岩、沉凝灰岩及辉长岩侵入体，两翼为落雪组白云岩。

区内断裂主要为近南北向的落因断裂带及顺褶皱的强挤压逆断裂。矿区的北东端和南西端分别被落因断裂带中的白锡腊断裂和吊水井断裂所切割。

3. 岩浆岩

区内岩浆活动强烈，活动时期长，侵入岩以晋宁晚期为主，主要为由碱性闪长岩、辉长岩和辉长辉绿岩组成的碱性杂岩枝(床)。火山岩以因民期为主，主要有凝灰岩和火山角砾岩等。

5.2 雪岭矿区隐伏陡山沱组地层分布与构造

5.2.1 区域地质-构造分析

雪岭矿区处于东川矿区南缘，与滥泥坪矿区紧密相连。如前所叙，雪岭矿区中北部一带灯影组中多处出露铜多金属脉状矿化，并沿断裂带产出，滥泥坪矿区一条南延坑道已掘进至雪岭矿区中北部附近，在灯影组中下段发现有稠密浸染状含铜黄铁矿体。基于雪岭矿区浅部铜多金属矿化地质事实，上震旦统和下寒武统自身成矿物质及硫含量低,说明浅部成矿物质主要为深部来源。从地质构造上分析,雪岭矿区中北部至滥泥坪矿区一带,在晚震旦世陡山沱期原始沉积海盆地中,均处于一次级局限性潟湖滞流盆地,为富硫的沉积环境,且位于富铜的昆阳群古陆南缘,因此雪岭矿区中北部与滥泥坪矿区成矿环境相似,深部同样有可能在震旦系中形成滥泥坪式层状铜矿。落因断裂带南延断裂和根据野外地质调查推断的宝九断裂均在雪岭矿区中北部一带通过,构造运动有利于促使深部陡山沱组含铜层活化改造富集成矿。

在雪岭矿区中北部实施的钻孔均显示该区与滥泥坪矿区一带属于一个构造隆起区。受宝九逆断层影响,深部地层向南俯冲,抬升隆起至钻孔可见范围内。此外滥泥坪矿区地表钻探勘查情况显示(图 5-2),其见矿钻孔南部并未封边,预示滥泥坪矿区南部仍有很大可能存在铜矿体。综合以上分析,通过浅部铜多金属矿化线索和衍生成矿信息,可以追溯和反演深部地质成矿信息,推定雪岭矿区与滥泥坪矿区相邻的中北部区域深部可能存在滥泥坪式铜矿。

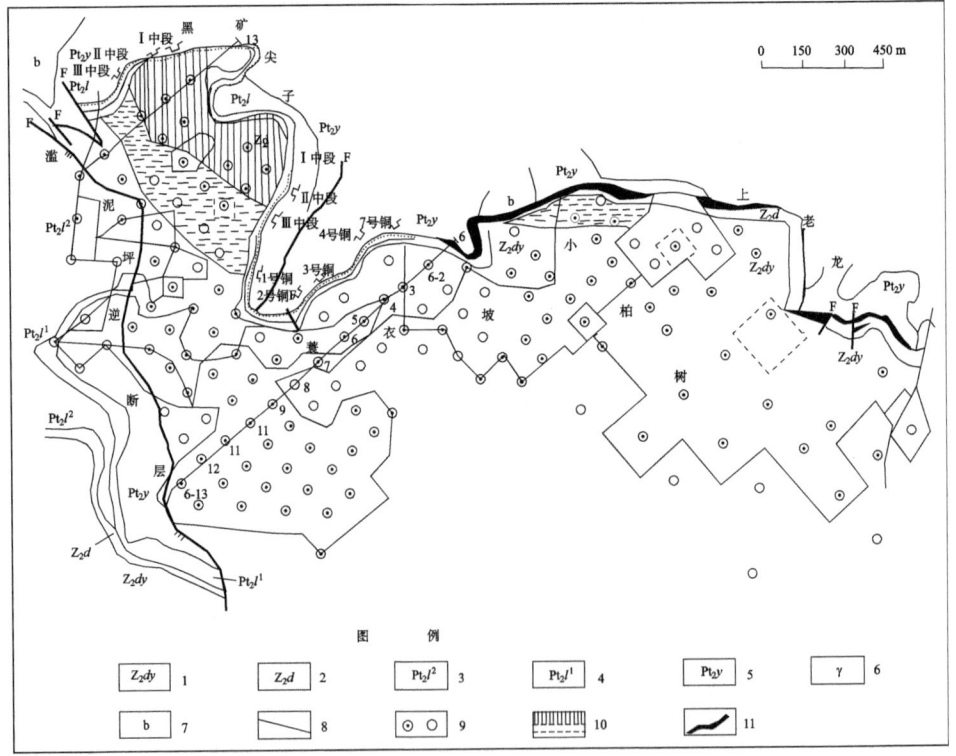

图 5-2 东川滥泥坪矿区见矿孔(实心)与非见矿孔(空心)分布图(龚琳等,1996)

1-上震旦统灯影组白云岩;2-上震旦统陡山沱组泥质白云岩;3-落雪组白云岩段;4-落雪组泥质白云岩段;5-因民组紫色板岩、白云质砂岩、白云岩;6-辉长岩;7-角砾岩;8-断层;9-见矿和未见矿钻孔;10-已开采和正开采区;11-矿体露头

5.2.2 物探磁法测量

为了更好地研究和探寻深部地层岩性及含矿性,并厘清矿区浅部脉状矿化下延情况及东川矿区南部边界深大断裂——宝九断裂在本区的位置和地质特征,故在雪岭矿区中北部范围内以磁法和电法相结合进行物探研究,物探范围如图 5-3 所示。其方法选择是依据灯影组和陡山沱组白云岩、碳泥质白云岩中铜矿体为低阻,昆阳群因民组基性火山岩-沉积岩系中铜-铁矿体为低阻-高磁的地球物理特征而设定的。物探磁法为高精度磁测,工作仪器为 GSM-19T 高精度磁法仪。

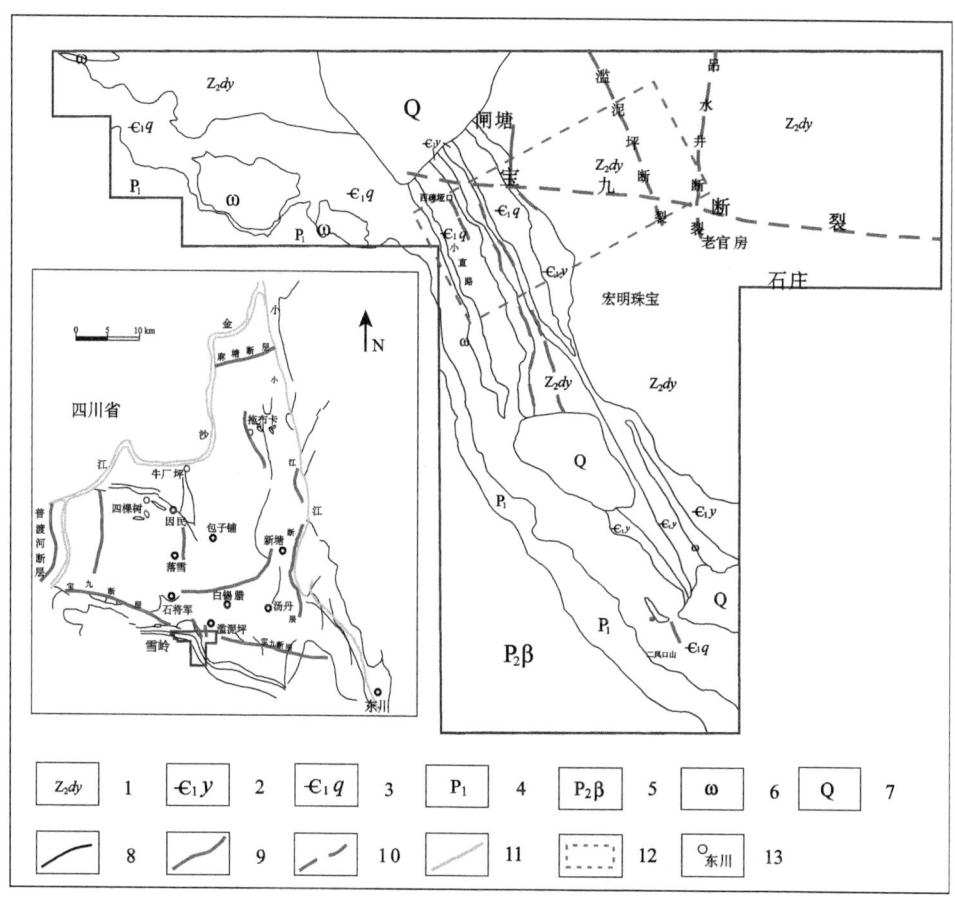

图 5-3 雪岭矿区物探范围指示图

1-上震旦统灯影组;2-下寒武统渔户村组;3-下寒武统筇竹寺组;4-下二叠统;5-上二叠统峨眉山玄武岩;6-海西期辉绿岩;7-第四系;8-地层线;9-断层;10-隐伏断层;11-河流;12-物探范围;13-市区

物探磁法工作在矿区北部发现并圈定了一处地层磁异常,该异常向上延拓100m时,可见一个明显的带状负磁异常(图5-4),上延到400m后异常仍然清晰可见(图5-5),说明该异常为深大规模地质体所致。结合区域地质背景分析,该

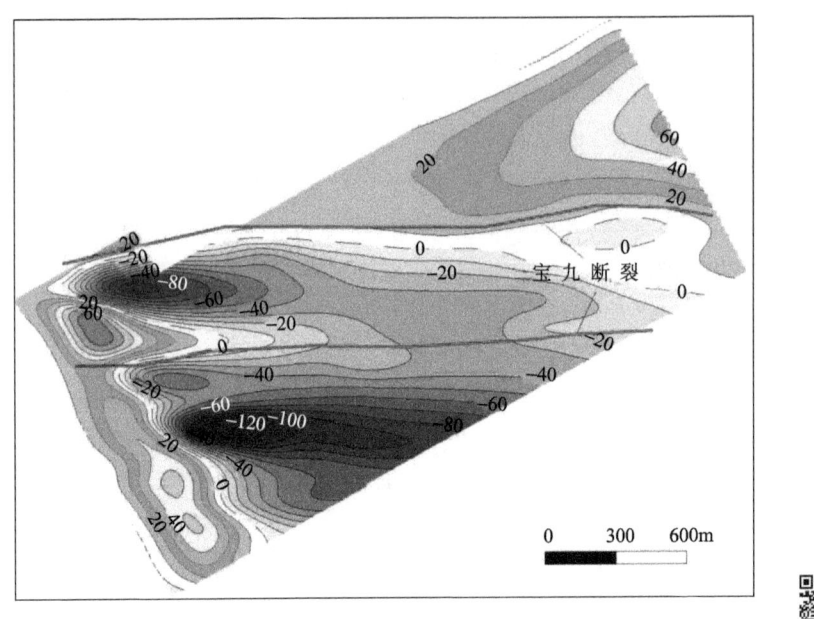

图 5-4 雪岭矿区物探磁法异常向上延拓 100m 示意图

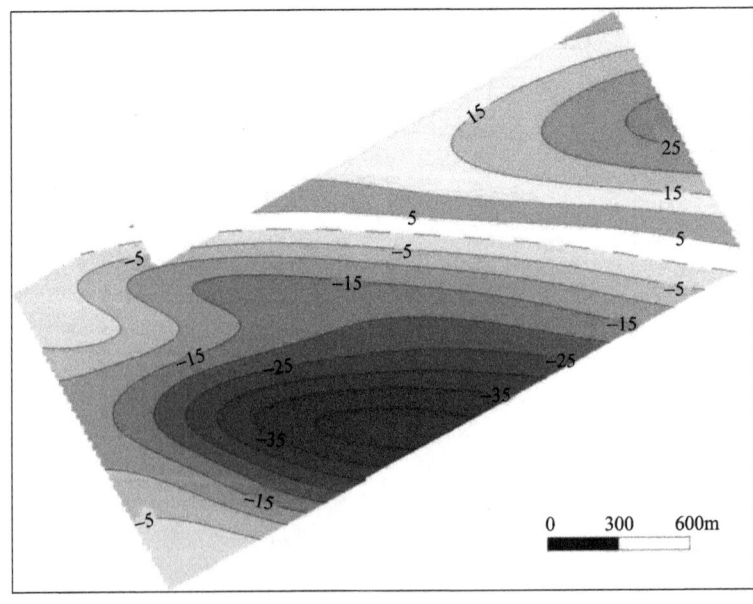

图 5-5 雪岭矿区物探磁法异常向上延拓 400m 示意图

深大规模地质体应该为东川断块沿宝九深大断裂向南俯冲,导致深部地层抬升隆起并产生褶皱,强烈的挤压令昆阳群南翼发生倒转,形成倒转背斜,使得雪岭矿区在可探可采的深度范围内具有探寻昆阳群中古老铜铁矿床的地质条件。

5.2.3 物探电法测量

物探电法包括大功率瞬变电磁法(TEM)和高频电磁测深(EH-4),工作仪器分别为西安强源物探研究所研制的 EMRS-3 型电磁勘探仪和 Stratagem EH-4 测量系统。对物探电法收集到的异常数据进行整理分析,结合区域地质特征和地层岩性特点,其数据异常所指示的地质信息对于找矿勘探具有重要的意义。物探电法除确定了测区西部存在由中部浅表到中深部的铜多金属脉状矿化外,还推测出西部小直路一带西倾的基性岩体之下、灯影组顶部应该存在有可采的铜铅锌矿体。特别是高频电磁测深 EH-4 在矿区物探勘探线 24 线东北部一带(位于滥泥坪断裂和宝九断裂交汇处附近),发现了一条陡立东倾的低阻带和两层深度在 900~1200 m 近水平的低阻层(图 5-6)。而 TEM 同样在相应位置深度处发现低阻高响应异常(图 5-7)。结

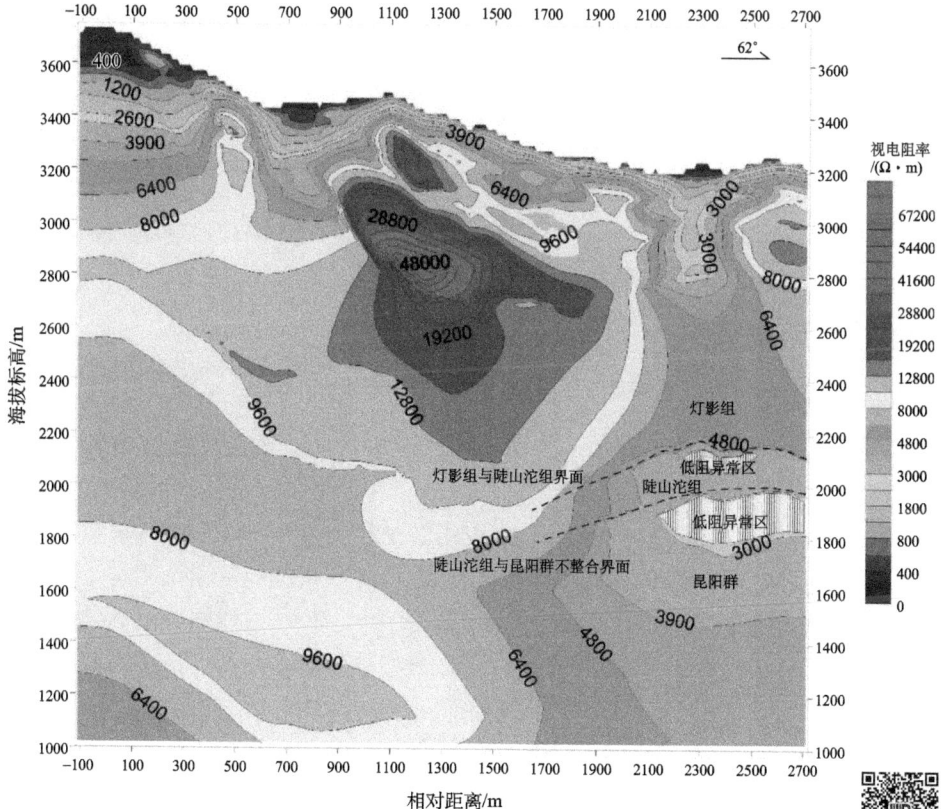

图 5-6 雪岭矿区物探 24 线 EH-4 连续电导率测量视电阻率拟断面图

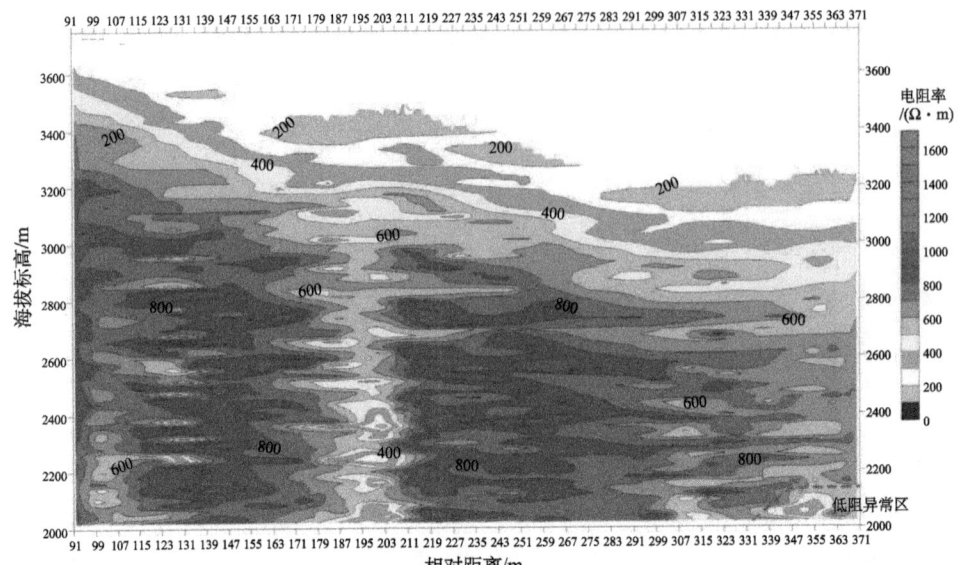

图 5-7 雪岭矿区物探 24 线 TEM 异常断面图

合区内地层、构造分布规律可以推测出：①陡立低阻带应该为滥泥坪断裂；②水平低阻带上层为震旦系陡山沱组（含碳地层＋铜矿层），下层为元古宇昆阳群含铜（铁）矿地层。

物探磁测在相同位置也发现深部地层磁异常，而深部昆阳群因民组火山岩中具有磁铁矿，可以诱发磁异常。物探电法和磁法所发现的深部地层电磁异常，为区内在深部寻找陡山沱组中的滥泥坪式铜矿和不整合面以下昆阳群中铜铁矿床奠定了基础，提供了空间三维靶区。

5.2.4 隐伏含矿层与构造推定

根据物探电法和磁法所发现的深部地层异常，结合本区地质背景和成矿机制，可以推定雪岭矿区震旦系灯影组白云岩地层以下应该存在含滥泥坪式铜矿的陡山沱组，而且从异常图示来看，陡山沱组较平缓。由图 5-6 和图 5-7 可见，陡山沱组在地下深度为 1000m 左右，根据在滥泥坪矿区实测的陡山沱组与下伏昆阳群之间不整合面的产状为倾向南南西向，倾角 10°～30°，故随着逐渐向北，陡山沱组深度有变浅的趋势，因此雪岭矿区可以在可探可采的范围内探寻到深部陡山沱组中的滥泥坪式铜矿及不整合面以下昆阳群中的铜铁矿床。

同时，物探异常有助于厘清矿区深部隐伏构造的分布和性质。由于东川断块南部边界断裂——宝九断裂在早震旦世强烈运动后进入休眠期，表面为震旦系灯影组白云岩所覆盖，踪迹不明。笔者在野外地质调查中发现矿区北部闸塘一带沟内岩石呈近东西向发育节理裂隙,且见团斑状、脉状、似层状粗晶白云石发育,并在西碑垭口见走向 280°的断层破碎带,推测宝九断裂从矿区北部西碑垭口—闸塘—赵家坟一带通过。物探磁法探测在矿区北部发现的磁异常,在向上延拓 100~400m 时呈现出明显的带状异常(图 5-4,图 5-5),说明该异常为深大规模地质体所致。根据浅表构造地质特征和区域地质背景,推定该带状异常可反映宝九断裂在雪岭矿区深部通过的位置和产状。异常显示该断裂在区内为近东西向走向,由一组叠瓦状逆断层构成。受宝九逆断层影响,深部昆阳群抬升隆起,使深部矿产开发成为可能;同时断裂构造活动促进深部成矿物质活化迁移,为雪岭矿区创造了良好的成矿环境。

5.2.5 钻孔工程

根据雪岭矿区地质特征和物探圈定的异常区,在矿区范围内设计了一系列钻孔,以验证浅部铜多金属裂隙脉状矿体的深部延伸情况和下伏陡山沱组的展布及含矿性,并进一步探索不整合面以下昆阳群中的铜铁矿床。至 2014 年 2 月,10 个钻孔已实施完毕。钻孔验证显示浅部铜多金属裂隙脉状矿体沿落因断裂带南延断裂往下矿化不连续,矿体规模有限,但矿化强度往北向东川滥泥坪矿区及深部有增强趋势。此外在雪岭矿区中部—北部实施的 4 个深钻均揭露到深部陡山沱组并在其中发现铜矿体,并进一步穿过陡山沱组底部的不整合面进入昆阳群因民组中终孔(图 5-8)。

1. DZK3-1

DZK3-1 钻孔位于矿区北部,为垂直孔。该钻孔于震旦系灯影组白云岩中开钻,于 605.6m 进入陡山沱组,岩性为黑色碳泥质白云岩夹深灰色泥质粉砂岩,且见少量硅质岩和泥质白云岩,其中于黑色碳泥质岩和深灰色泥质粉砂岩裂隙中可见稀疏浸染状微细粒黄铁矿颗粒,并于 721.25~728.9m 见少量铜矿化,呈星点状、浸染状沿浅红色细晶白云岩和石英脉产出,于 776.2~779.5m 偶见黄铜矿呈星点状产出于碳泥质白云岩中,并伴有较多石英脉穿插。持续钻进后,于 861.3m 开始见因民组紫红色长石石英砂岩夹火山角砾岩,证实已穿过陡山沱组与下伏昆阳群之间的不整合面,抵达因民组,并在因民组中偶见细粒浸染状的黄铜矿和黄铁矿颗粒。该孔终孔于 969.5m。

2. DZK3-2

DZK3-2 钻孔位于矿区东部偏北部,为垂直孔。该孔同样开孔于震旦系灯影组白云岩中,于 494m 进入陡山沱组黑色碳泥质白云岩,见少量泥质粉砂岩和白

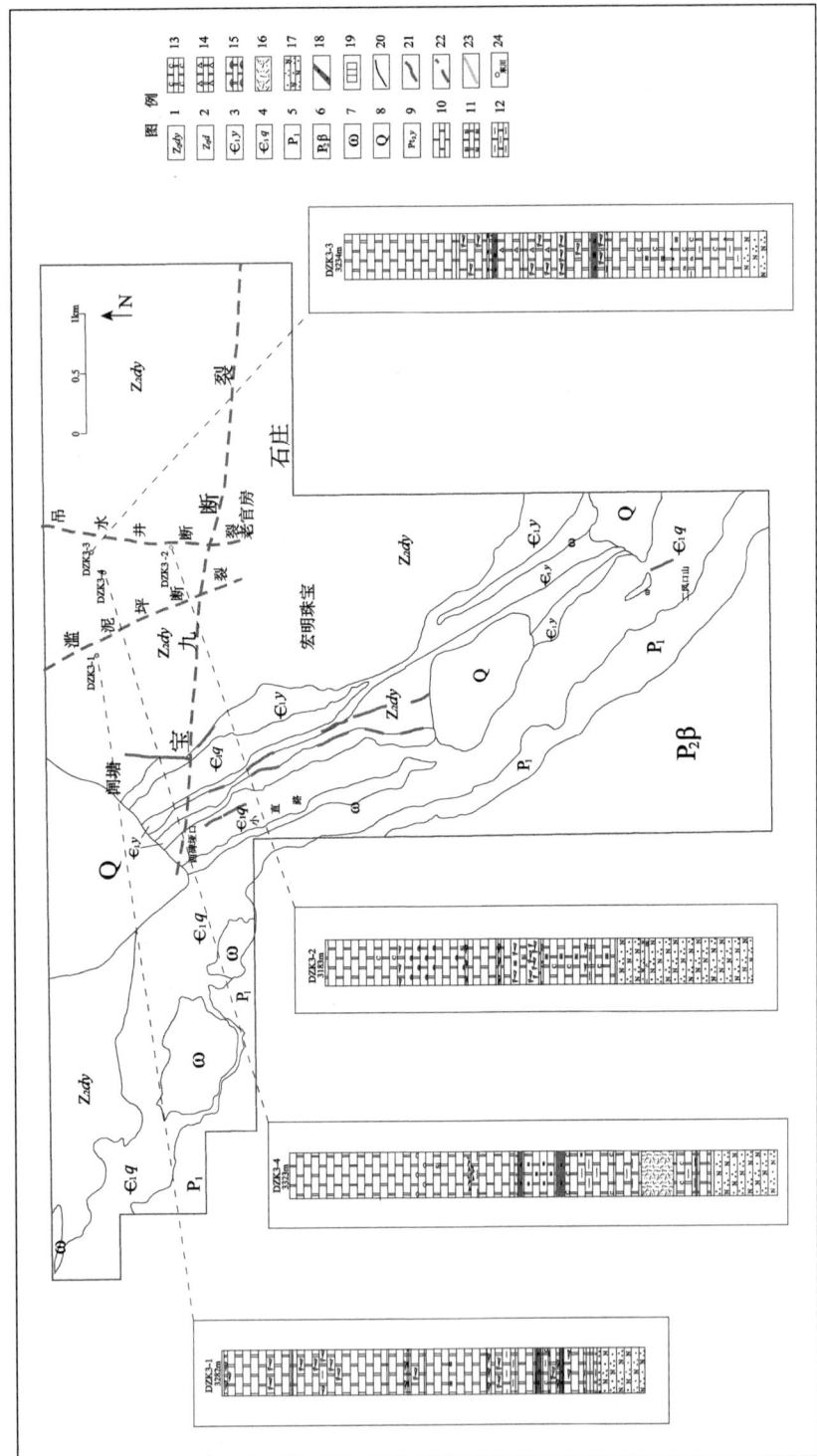

图 5-8 雪岭矿区钻孔分布及揭露情况图

1-灯影组；2-陡山沱组；3-渔户村组；4-筇竹寺组；5-下二叠统；6-峨眉山玄武岩；7-海西期辉绿岩；8-第四系；9-昆阳群因民组；10-白云岩；11-硅质白云岩；12-泥质白云岩；13-碳质白云岩；14-含角砾白云岩；15-鲕状白云岩；16-凝灰岩；17-长石石英砂岩；18-铜多金属矿体；19-黄铁矿；20-地层线；21-断层；22-隐伏断层；23-河流；24-市区

云岩,并偶见细粒黄铁矿颗粒沿岩石裂隙面分布。该孔于742m进入因民组,岩性为紫红色长石石英砂岩夹少量火山角砾岩,证实已穿过不整合面,并于因民组中见细粒黄铜矿和黄铁矿呈浸染状分布。该孔终孔深度为978.56m。

3. DZK3-3

DZK3-3钻孔位于矿区东北部,同样为垂直孔。该孔于灯影组白云岩中开孔,于331.4m进入陡山沱组黑色碳泥质岩层。该孔于341.7~347.5m见灰白色-深灰色破碎状白云岩,其中见黄铜矿沿岩石裂隙面和层理面呈浸染状、团块状产出,部分粒度较细,大部分结晶较好,此外还可见黄铁矿与黄铜矿共同产出(图版Ⅱ-6)。该段岩石中有数条石英细脉穿插,其中可见斑铜矿呈浸染状分布(图版Ⅱ-7)。该孔于566.5~577.4m见黑色碳泥质岩,沿岩石裂隙面可见细粒黄铜矿和黄铁矿呈星点状、团块状、浸染状分布,并偶见石英脉、方解石脉(图版Ⅱ-8)。该孔于912m进入因民组,岩性为紫红色长石石英砂岩,终孔深度为968m。

4. DZK3-4

DZK3-4钻孔位于矿区东北部,为垂直孔。该孔与DZK3-3钻孔同处一条勘探线,相距约200m。DZK3-4钻孔于灯影组白云岩中开孔,于518m见灰黑色细晶碳质白云岩,进入陡山沱组,并于530.0~533.9m见灰白色-暗灰色细至中晶白云岩,其中见黄铜矿化呈浸染状、星点状产出;于540.4~541.0m在深灰色细至中晶白云岩中见黄铜矿化呈浸染状产出;于617.9~632.4m在黑色碳泥质白云岩中见浸染状黄铁矿,偶见团块状黄铜矿化;于936.1~937.8m在黑色碳质白云岩中偶见浸染状黄铜矿化。在地层深部,黄铁矿化始终较为常见,其中以灰黑色-黑色碳质白云岩居多。该孔于809.4~883.9m见青灰色层纹状钙质凝灰质泥岩,并见少量铁铜矿化,不排除为昆阳群因民组的可能性。该孔于969.9m进入紫红色长石石英砂岩,终孔深度为1119.9m。

从4个钻孔的柱状对比图(图5-9)可以看出,处于同一勘探线见矿较好的DZK3-3和DZK3-4钻孔显示其揭露的陡山沱组厚度最大,其余两个钻孔揭露的陡山沱组厚度次之,而出露长石石英砂岩地层的深度则沿DZK3-3和DZK3-4钻孔向周围延伸方向逐渐变浅。结合雪岭矿区区域地质图上钻孔所处的位置,可以推断出:矿区经过晋宁期的挤压褶皱和澄江期的强烈剥蚀之后,于陡山沱期发生大规模海侵。海侵发生时,DZK3-3和DZK3-4钻孔所处位置较为低洼,可能位于盆地中心附近,而其余2个钻孔所处位置则位于盆地边缘,因此DZK3-3和DZK3-4钻孔所处位置的陡山沱组厚度较大。在陡山沱期海侵时,基底昆阳群古老铜矿床经过风化剥蚀及近距离搬运在低洼处沉淀富集成矿,因此海盆地中心为较好的聚矿场所和赋矿中心,所含铜多金属矿的规模和品位均高于盆地其他位置,这与矿区 4 个钻孔所揭露的陡山沱组赋矿特征是相符的。

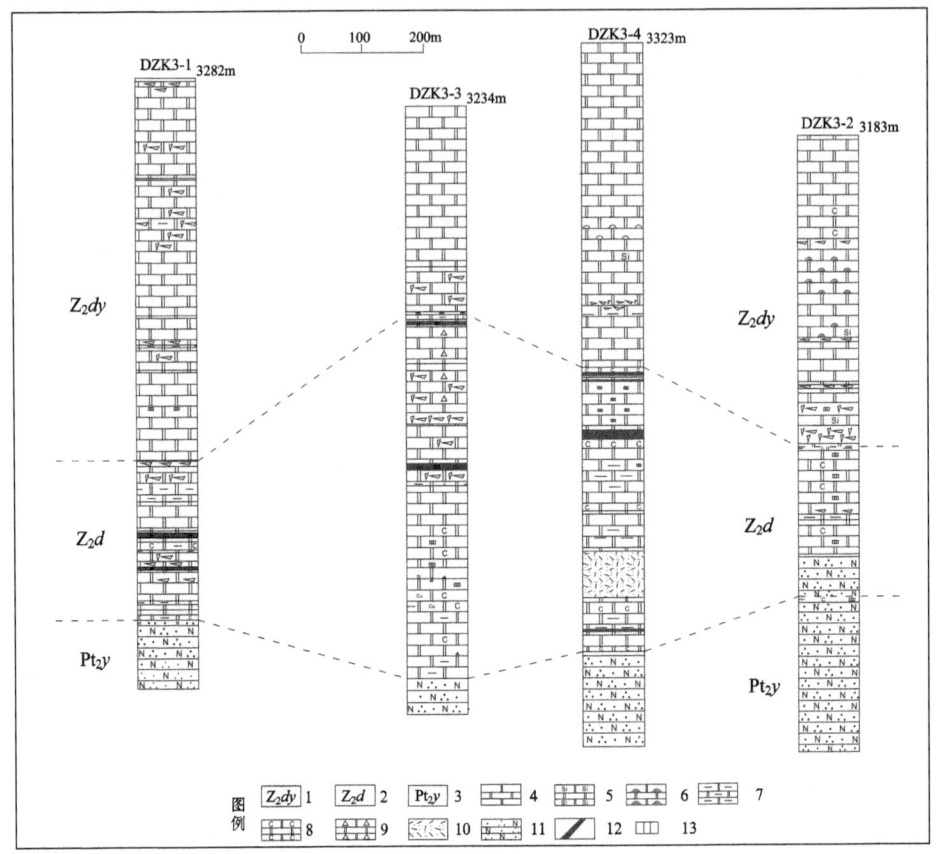

图 5-9 雪岭铜多金属矿区 DZK3-1、DZK3-2、DZK3-3、DZK3-4 钻孔柱状对比图
1-上震旦统灯影组;2-上震旦统陡山沱组;3-昆阳群因民组;4-白云岩;5-硅化白云岩;6-鲕状白云岩;7-泥质白云岩;8-碳质白云岩;9-含角砾白云岩;10-钙质凝灰质泥岩;11-长石石英砂岩;12-铜矿化体;13-黄铁矿

5.2.6　Surpac 三维制图

Surpac 软件来自 GEOCOM 国际矿业软件公司,公司为总部设在温哥华的全球最大的矿业软件公司。世界前十强的矿业公司都在使用 GEOCOM 公司的软件,如 BHP Billiton(必和必拓)、WMC Resources Ltd(西部矿业资源公司)、Placer Dome(普雷斯特)、Anglo American Corp(英美矿业)等。Surpac 软件为一套在矿业领域具有国际先进水平的大型数字化矿山工程软件,可以广泛应用于资源评估、矿山开采、地质测量、生产计划管理等方面,能极大地改进从地质工程师、测量

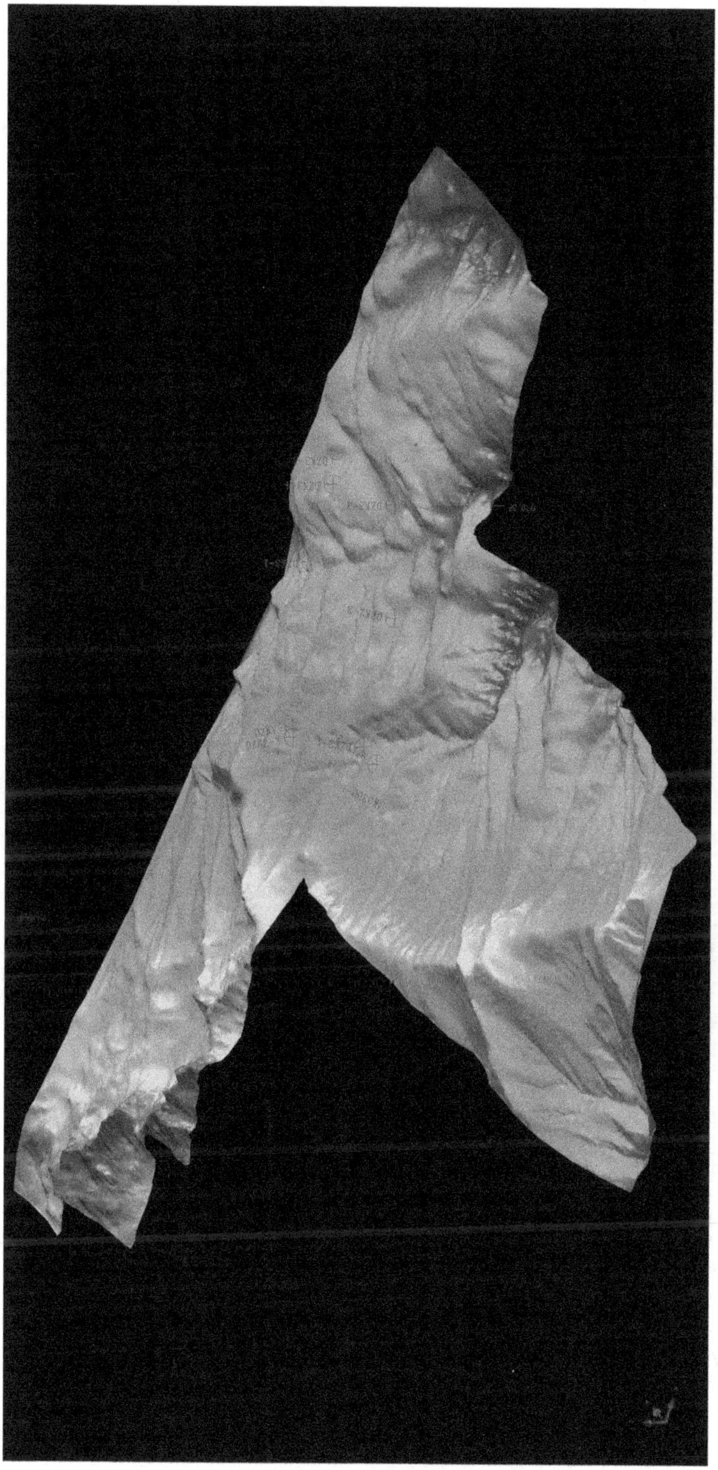

第 5 章 雪岭矿区滥泥坪式铜矿地质特征

图 5-10 雪岭铜多金属矿区三维地形图

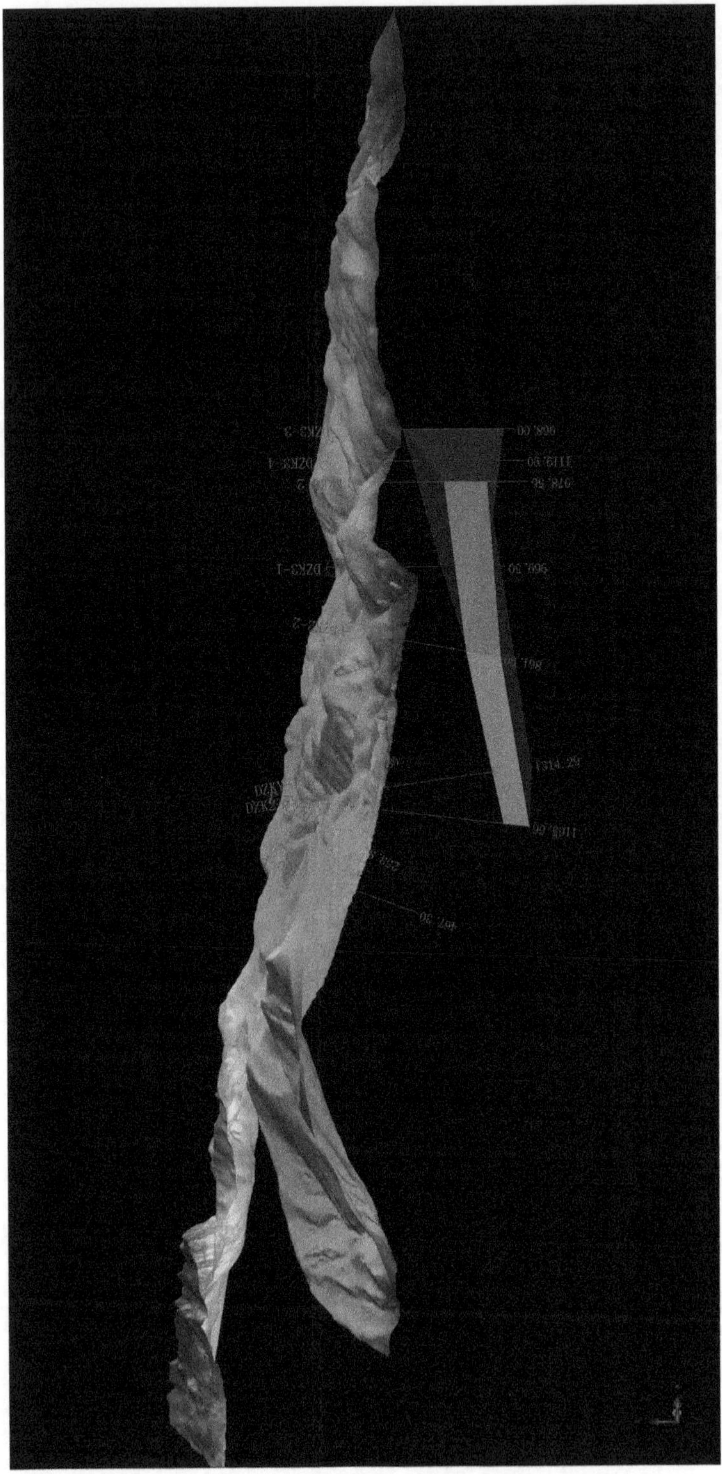

图 5-11 雪岭矿区深部陡山沱组地层展布特征

工程师、采矿工程师到矿山生产管理过程中的技术交流，有效地保障矿山企业的顺利运营，实现矿山生产和管理的数字化、信息化（周智勇等，2004；丁威和陈广平，2006；冯超东等，2007）。

通过 Surpac 软件对雪岭铜多金属矿区区域图和钻探工程进行三维矢量化，如图 5-10 所示。可以看出矿区东北部海拔较低，为矿区主要赋矿区域，主要出露灯影组，其次是渔户村组；矿区西南部、西部海拔较高，主要出露二叠系和峨眉山玄武岩，未见明显矿化。

钻探工程主要位于雪岭矿区东北部和北部，根据各钻孔揭露到的深部陡山沱组信息，同样用 Surpac 软件将其表现出来（图 5-11），可以看出雪岭矿区深部陡山沱组由东北部向西南方向逐渐变深，大体上与灯影组倾向方向保持一致。DZK3-3 和 DZK3-4 钻孔所揭露的陡山沱组厚度最大，均高于 DZK3-1 钻孔和 DZK3-2 钻孔所揭露的陡山沱组厚度，暗示陡山沱期海侵沉积时 DZK3-3 和 DZK3-4 钻孔所处位置可能更靠近海盆地中心，成矿环境更为有利。

因此，雪岭铜多金属矿区震旦系灯影组以下为陡山沱组，且多个钻孔均在其中揭露到铜矿体。考虑到雪岭矿区北部相邻的滥泥坪矿区陡山沱组中赋存滥泥坪式铜矿床，故雪岭矿区深部陡山沱组中同样具有赋存一定规模的铜矿床的地质条件。

5.3 雪岭矿区陡山沱组岩相古地理

雪岭矿区位于扬子大陆西缘的滇东地区，该区进入震旦纪以后，由于受后造山裂谷拉伸作用的影响，其沉积古地理格局具明显特征。受晋宁运动影响扬子大陆西缘褶皱成陆，进入震旦纪澄江期时，滇东南大部分沦为海域，成为裂陷海盆地。以紫红色陆相为主的堆积主要集中在滇东区，西侧康滇高地及东北部的川黔古陆为主要剥蚀区。东川断块南缘受同沉积生长断裂——宝九断裂的影响，其断裂带两侧澄江期沉积岩分布有差异，澄江组紫红色长石石英砂岩主要分布在宝九断裂以南区域，以北则有沉积缺失。

澄江期之后全球进入寒冷气候，晚震旦世南沱期时滇东地区可能属于大陆冰盖区，其强烈的冰川刨蚀作用使滇东地区进一步被夷平，并在适宜的地形堆积了南沱组冰川砾岩和冰期紫色砾岩。

南沱冰期以后气候变暖，冰川融化，从晚震旦世陡山沱期开始本区接受广泛海侵，形成大规模陆表海沉积。陡山沱期滇东地区基本大部分沉入海底，仅留滑姑—落雪古陆和牛头山古陆，滇中古陆也已成丘陵地貌，范围大为缩小（图 5-12）。雪岭及东川矿区沉积物以白云岩为主，形成了一个范围广阔的碳酸盐岩台地相沉积区。本区钻探工程揭露深部陡山沱组岩性以白云岩为主,其深部白云岩中见陆源颗粒,多为碎屑、球粒和藻屑,显示陡山沱早期时沉积环境较为动荡,有陆源物质参与沉积,部分来自基底昆阳群老地层的风化剥蚀,属潮间带—潮上带上部环境;浅部白云岩中可见微晶致密白云岩分布,反映陡山沱晚期时相对宁静的沉积环境,此时海水动力减弱,环境更趋于闭塞,藻类发育,沉积环境还原性增强,属潮下带沉积。此外,在陡山沱组中还可见硅质白云岩、碳泥质白云岩等深水沉积物,并在其中可见铜多金属矿化。

陡山沱期之后的晚震旦世灯影期,海水海侵范围进一步扩大,随着沉积深度与沉积相的不同,岩性以致密白云岩、硅质白云岩、条带状白云岩等为主。灯影组、陡山沱组及之后的下寒武统地层共同构成了雪岭矿区的沉积盖层。

矿区钻探工程均显示由南向北灯影组生物碎屑逐渐减少,燧石硅质增多,泥砂质成分增加,硫化物也明显增多,反映出灯影组的岩性岩相有规律的变化,说明沉积海盆地水深越来越浅,越来越靠近北部古陆。南边灯影组厚度增加,与灯影期沉积中心在南部晓关村一带相一致,而矿区北部九龙—白沙包地区的灯影组厚度为280~450m(徐自斌等,2008),均少于本区南部钻孔所揭示的灯影组厚度,也说明了灯影组南厚北薄的地质特征。故越往矿区北部,陡山沱组赋存深度应逐渐变浅,而矿区北部与滥泥坪矿区在陡山沱期沉积环境相似,均为一次级局限性潟湖滞流盆地,都具有赋存滥泥坪式铜矿的成矿条件。

5.4 陡山沱组铜矿地质特征

5.4.1 矿体特征

由已揭露雪岭矿区陡山沱组含矿地层的钻孔来看,矿区深部陡山沱组含有两层铜矿体(图5-13)。第一层矿体紧挨灯影组和陡山沱组的地层界线,赋存于深灰色破碎状白云岩及石英脉中,部分受辉绿岩脉所控制,真厚度约为5.3m,铜矿物以黄铜矿和斑铜矿为主,并见有黄铁矿,铜品位约为0.8%(图版II-6,图版II-7);第二层矿体位于下部黑色碳泥质岩中,真厚度约为8.7m,金属矿物以黄铜矿和黄铁矿为主,铜品位约为0.5%(图版II-8)。以上铜矿体均呈层状、似层状产出,具有沉积及热液叠加改造特征。由于钻孔工程有限,矿体规模和储量信息有限。雪岭矿区与滥泥坪矿区紧密相邻,且均处于东川断块南缘,成矿背景相似,只是因为雪岭矿区处更南部,表面被陡山沱期之后的沉积盖层所覆盖的范围和规模强于滥泥坪矿区,以致浅表矿化信息隐踪不明。但根据钻孔见矿信息和区域构造背景,可以推断出雪岭矿区灯影组盖层以下钻孔可探的深度范围内存在赋存滥泥坪式铜矿的陡山沱组。

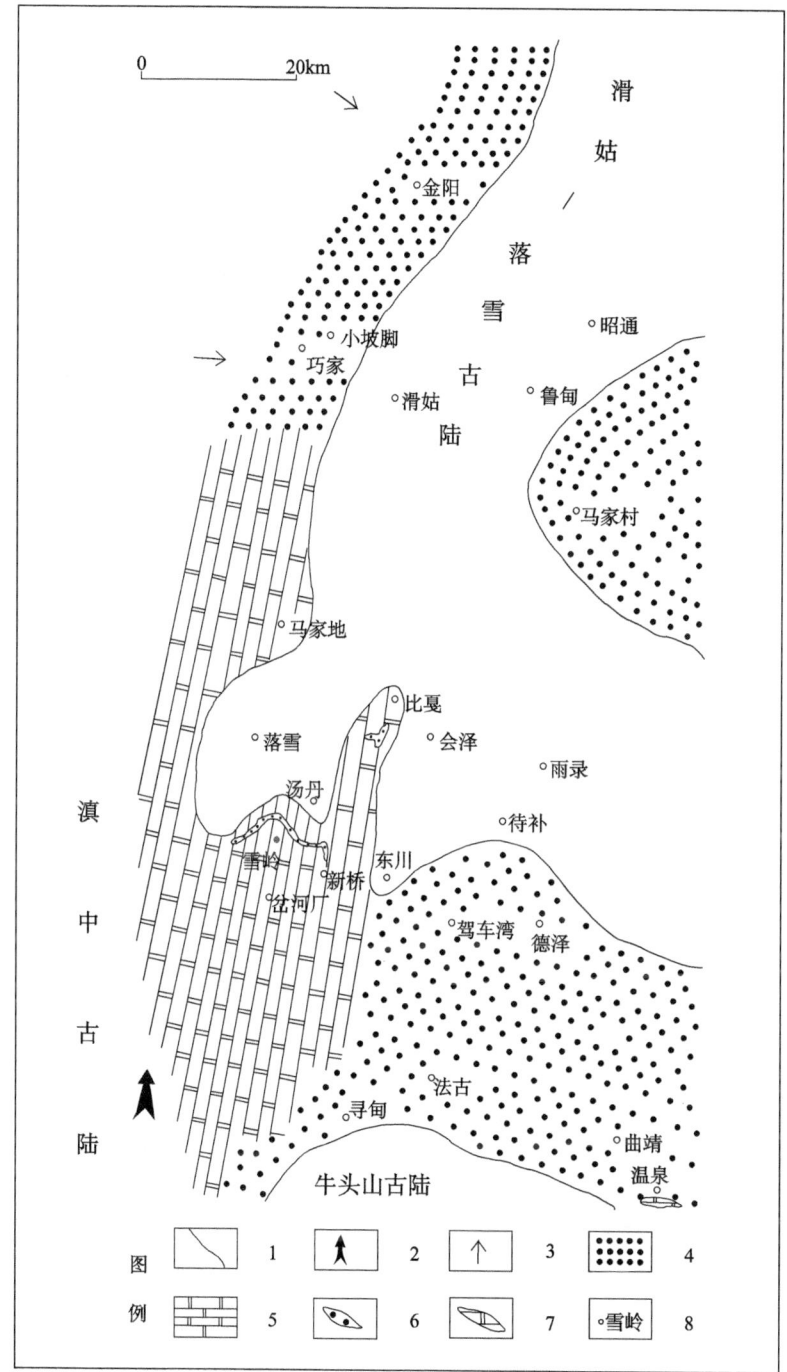

图 5-12 滇东地区陡山沱期岩相古地理图(季春生和何智德,1982)

1-海陆界限;2-主要海侵方向;3-次要海侵方向;4-碎屑岩相;5-白云岩相;6-陡山沱碎屑岩分布区;7-陡山沱白云岩分布区;8-地点

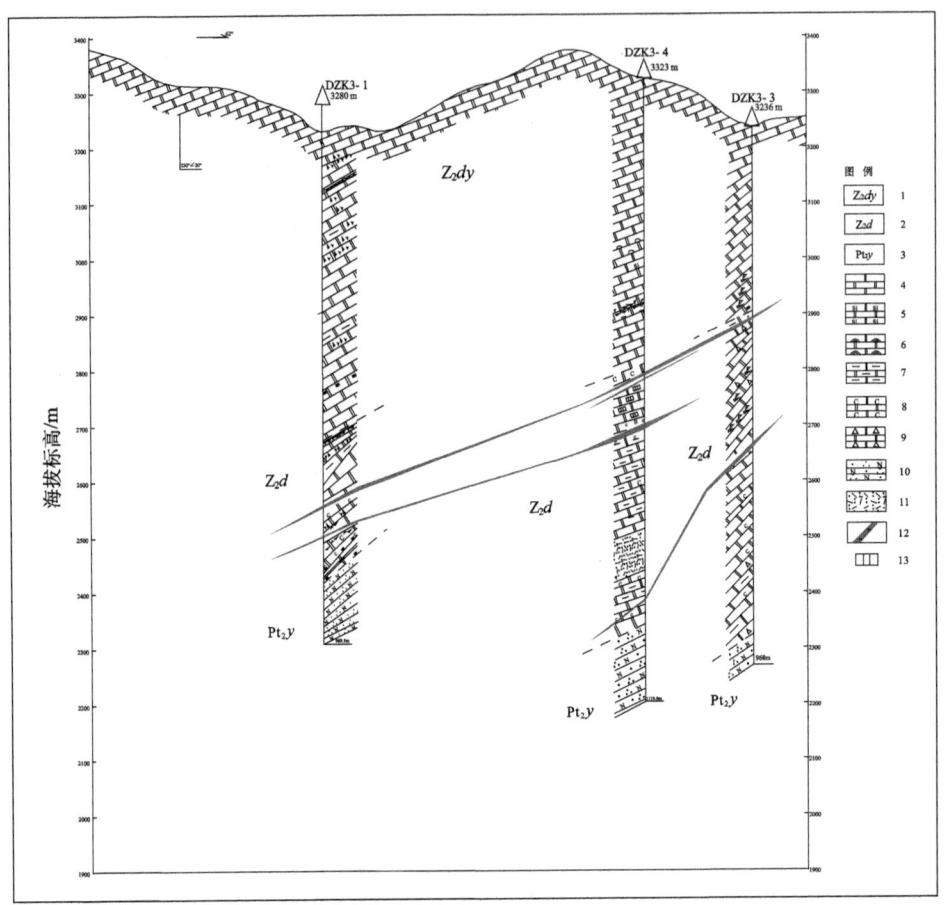

图 5-13 雪岭矿区 0 号勘探线剖面图

1-灯影组；2-陡山沱组；3-因民组；4-白云岩；5-硅质白云岩；6-鲕状白云岩；7-泥质白云岩；8-碳质白云岩；9-含角砾白云岩；10-长石石英砂岩；11-凝灰岩；12-铜矿化体；13-黄铁矿

根据已有对滥泥坪式铜矿的研究成果(钱荣耀和廖邦奇，1974；段嘉瑞等，1994；龚琳等，1996；徐自斌等，2008；刘卫明等，2012)可以看出，滥泥坪矿区范围内赋存于陡山沱组中的滥泥坪式铜矿累计铜金属量约 28 万 t，属中型铜矿床，其铜矿按照矿物组成和矿体形态等特征可以分为 I 号和 II 号矿体(图 5-14 和图 5-15)。

I 号矿体主要赋存于基底角砾岩、石英岩及泥质石英砂岩(Z_2d^1)中，紧挨不整合面产出，矿体产状与不整合面产状基本一致。矿体厚度小，产出不连续，一般为扁豆体，平均品位 1.20%，主要赋存在滥泥坪矿区蓑衣坡矿段，在黑矿尖子矿段连续性较差。

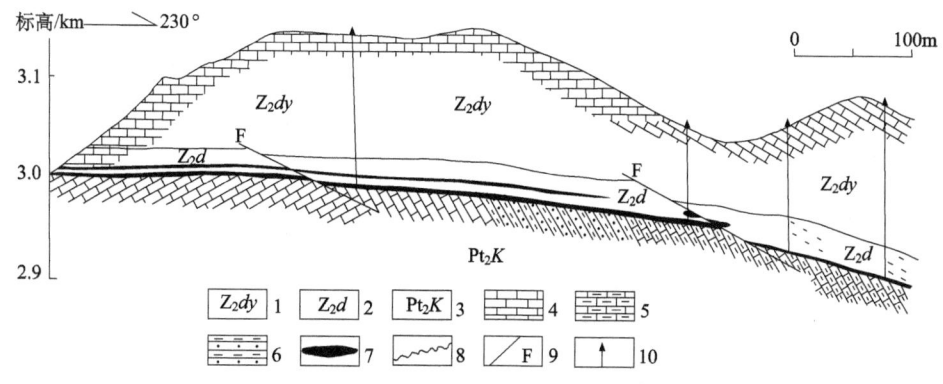

图 5-14 滥泥坪铜矿 6 号勘探线剖面图（龚琳等，1996）

1-灯影组；2-陡山沱组；3-昆阳群；4-白云岩；5-泥质白云岩；6-板岩；7-矿体；8-不整合面；9-断层；10-钻孔

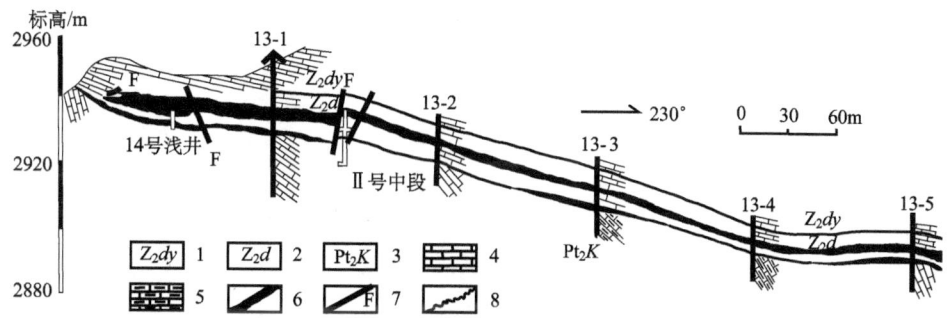

图 5-15 滥泥坪铜矿 13 号勘探线剖面图（龚琳等，1996）

1-灯影组；2-陡山沱组；3-昆阳群；4-白云岩；5-泥质白云岩；6-矿体；7-断层；8-不整合线

Ⅱ号矿体主要赋存于灰色薄层及块状白云岩（Z_2d^2）和黑色碳泥质白云岩（Z_2d^3）中，位于Ⅰ号矿体上部，与之平行产出。矿体与地层产状基本一致，为较连续的层状、似层状矿体。矿体明显受后期断裂构造改造作用，平均品位 1.19%，主要赋存在黑矿尖子矿段，其次是蓑衣坡矿段。

总体来看，Ⅰ号矿体规模远大于Ⅱ号矿体。在储量方面，Ⅰ号矿体约占滥泥坪矿区总储量的 85%，而Ⅱ号矿体仅占 15%（龚琳等，1996）。在分布方面，Ⅰ号和Ⅱ号矿体在区内存在此消彼长的关系，即两个矿体中某个矿体厚大而连续时，另一个矿体就变得薄小而断续。如黑矿尖子矿段赋存的Ⅱ号矿体产出连续，品位高且较厚实，但下方的Ⅰ号矿体断续且矿体较贫。位于黑矿尖子东南方的蓑衣坡矿段，则Ⅰ号矿体品位变富，矿体规模增大且连续，而Ⅱ号矿体贫化近乎尖灭。矿体的消长关系与含矿层的变化较一致，表明矿体的产出与含矿层的岩性有较密切的依附关系。

5.4.2 矿石特征

1. 矿物特征

雪岭矿区陡山沱组含铜矿物以黄铜矿为主，其次为斑铜矿，此外常见有部分黄铁矿，氧化矿物主要为孔雀石、蓝铜矿和褐铁矿，脉石矿物主要为白云石，其次是碳泥质和石英。矿体从下到上，矿物呈现富铜贫铁—铜铁—铁的变化过程，反映纵向分带上铜铁随时间变化产出的趋势。滥泥坪式铜矿Ⅰ号矿体以氧化矿为主，氧化率在50%以上，反映以化学沉积为主，机械沉积为辅。围岩为角砾岩、泥质石英砂岩，故孔隙率大，容易被地下水循环渗透。Ⅱ号矿体以硫化矿为主，氧化较弱，氧化率一般小于10%，反映其纯属化学沉积。围岩为灰色白云岩及黑色碳泥质白云岩，故孔隙率小，不利于地下水的渗透。Ⅰ号和Ⅱ号矿体矿物类型的不同，反映出位于昆阳群古老铜矿床隆起区边缘半封闭海湾或水盆地中铜铁矿以化学沉积为主，机械沉积为辅，而离隆起区稍远的低洼水中铜铁则完全以化学沉积析出。对矿石和围岩进行光谱分析，结果显示矿石和围岩中普遍含有 Ag、Ge、Ga、Pb、Zn、As、Sb、Ni、Co、V、Ti、Mo 等元素，其中 Ag 主要赋存在斑铜矿和黝铜矿中，并以黝铜矿中含量更高，Ge 主要赋存在黄铁矿和黝铜矿中。通过 X 射线衍射分析，矿体中并未存在独立的 Ag、Ge 矿物，故可以认为 Ag、Ge 元素以类质同象的形式存在于其他铜铁矿物的晶格中（龚琳等，1996）。

对矿区灯影组铜多金属矿体和陡山沱组中滥泥坪式铜矿及昆阳群古铜矿进行微量元素分析，分析结果见表 5-1。

表 5-1 雪岭矿区灯影组矿体与滥泥坪矿区陡山沱组铜矿和昆阳群古铜矿微量元素对比

矿床	矿体	主金属	主要微量元素/%								
			Ag	Ge	Co	Ga	Pb	Ni	V	Ti	Zn
灯影组铜多金属矿体		Cu、Pb、Zn	0.0195	—	0.0003	—	0.34	0.001	0.0007	0.02	0.85
陡山沱组滥泥坪式铜矿	Ⅰ号矿体	Cu	0.005	0.0002	0.001	0.001	0.01	0.01	0.004	0.6	0.01
	Ⅱ号矿体	Cu	0.005	0.0004	0.003	0.001	0.05	0.01	0.004	0.9	0.05
昆阳群古铜矿		Cu	0.004	0.0003	0.002	0.002	0.03	0.06	0.005	0.7	0.03

注：陡山沱组铜矿体和昆阳群古铜矿数据引自龚琳等 (1996)

由表 5-1 可以看出，滥泥坪矿区陡山沱组铜矿与昆阳群古铜矿所含元素种类和含量具有密切的相关性，而灯影组铜多金属矿则显著富集 Ag、Pb、Zn 等元素，明显亏损 Co、Ni、V、Ti 等元素。根据第 4 章的分析结论，矿区沉积地层均较上地壳富集Ag、Pb等成矿元素，故灯影组铜多金属矿体的成矿物质除部分来自深部陡山沱组铜矿床以外，其余部分来自沉积地层围岩，因此显示出富集Ag、Pb、Zn元素的特征。陡山沱组铜矿成矿物质则主要来源于昆阳群古铜矿。

2. 矿石矿物结构构造

雪岭矿区深部陡山沱组铜矿石可见黄铜矿、黄铁矿、斑铜矿等多呈细脉状、浸染状、星点状分布于深灰色白云岩、碳泥质岩和石英脉中，部分沿裂隙面、节理面及辉绿岩脉分布。显微镜下可见金属矿物多呈不规则粒状集合体、交代溶蚀等结构。雪岭及滥泥坪矿区陡山沱组铜矿床矿石结构和构造如下。

矿物结构：矿物中黄铜矿、斑铜矿和黝铜矿常呈共生边缘结构，黄铜矿呈中粗粒并具复片双晶结构，且黄铜矿呈细小片状在斑铜矿颗粒中显固溶体不混溶结构特点。次生的辉铜矿和铜蓝沿黄铜矿和斑铜矿的边缘交代显次生边缘结构，也说明辉铜矿和铜蓝的形成时间晚于黄铜矿和斑铜矿。此外黄铜矿、斑铜矿和黝铜矿在细粒浸染状矿石中多呈细粒镶嵌结构，并且后期形成的黄铜矿交代包裹早期形成的黄铁矿颗粒，具交代溶蚀结构。

矿石构造：滥泥坪式铜矿物主要呈细粒、细粒浸染状和脉状、网脉状产出，其次呈斑点状、散点状及薄层状。Ⅰ号矿体容矿岩石主要为基底角砾岩和泥质石英砂岩，黄铜矿、斑铜矿多呈细粒浸染状产出，而斑铜矿、辉铜矿、孔雀石和蓝铜矿则呈散点状分布。Ⅱ号矿体容矿岩石主要为黑色碳泥质白云岩和灰色薄层状、块状白云岩，铜矿物多呈密集微细粒状、细粒浸染状和脉状、网脉状产出。

5.4.3 矿床后期改造作用

滥泥坪式铜矿形成后期遭受了一定程度的改造作用，其中矿区构造断裂运动对矿床的改造作用尤为明显。本区钻孔中明显可见部分矿体受后期断裂构造影响，其初始形态遭到改变，热液沿断裂面和节理面形成脉状矿体穿插原矿层，且层状矿体经过后期叠加改造作用后均有利于形成富厚矿体。矿床受后期断裂构造的改造作用主要表现为以下几方面。

(1) 围岩和沉积矿层在构造运动改造过程中均发生一定程度的蚀变，常见的蚀变类型有碳酸盐化、硅化、绢云母化、碳化等。

碳酸盐化：主要表现为白云石发生重结晶及沿裂隙充填的白云岩脉，在构造断裂发育处尤为突出。白云岩脉中常伴随有石英、绢云母，以及呈浸染状、脉状分布的黄铜矿、斑铜矿。

硅化：主要表现为石英脉沿裂隙充填，其中多含铜矿化，以黄铜矿、斑铜矿为主。

绢云母化：在白云石石英矿脉中可见呈细小鳞片状的绢云母与铜矿物伴生。

碳化：主要表现为黑色碳泥质白云岩中的微细粒碳泥质变为沿细层理或白云石间隙分布的薄片或细线，多见于断裂构造发育处。

(2) 受后期断裂改造作用的铜矿体多呈脉状、网脉状沿白云石石英脉产出，或沿层间裂隙充填产出，其矿体变富，表明构造运动促使铜质活化迁移至构造有利位置沉淀富集，形成富厚的裂隙铜矿体。甚至在滥泥坪矿区陡山沱组底部局部可见铜矿脉穿插不整合面，部分延伸至昆阳群中，说明构造运动对矿床的改造过程中可能有来自深部昆阳群古铜矿床的铜质参与。

(3) 矿体产出严格受断裂控制，如滥泥坪矿区中产于灰黑色碳泥质白云岩和灰色薄层块状白云岩中的铜矿体严格受滥泥坪逆断层下盘控制，在远离滥泥坪逆断层的蓑衣坡和上老龙矿段铜矿体变薄甚至尖灭，而产于基底角砾岩和泥质石英砂岩中的铜矿体则连续产出(龚琳等，1996)。

第6章　雪岭矿区矿床地球化学

6.1　浅部灯影组铜多金属脉状矿化

6.1.1　岩矿石地球化学

1. 常量元素特征

从雪岭矿区浅部主要矿石、赋矿岩石及围岩的岩石地球化学分析数据(表6-1)可以看出,本区白云岩中均含有一定量的SiO_2,主要以石英形式存在。尤其是矿化白云岩的SiO_2含量较高,其中灯影组铜矿化硅质白云岩的SiO_2含量(87.84%~93.97%)要远高于硫铁矿化白云岩(5.31%~14.90%),说明矿化,特别是铜矿化与硅化密切相关。本区白云岩和矿化白云岩的MnO含量为0.013%~0.105%,低于普通的硅质岩(李毅,2007)。

矿区渔户村组和灯影组白云岩样品基本CaO含量>MgO含量,CaO/MgO值范围为1.25~1.47,平均值为1.33,与标准白云岩相似,均属于纯白云岩(龚琳等,1996)。含矿白云岩CaO/MgO值为0.56~7.93,范围较大,说明白云岩矿化过程中钙镁流失程度不一,残余CaO/MgO值与矿化前白云岩相差较大。

此外矿区灯影组白云岩与中国东部白云岩相比,其SiO_2、Al_2O_3、K_2O和TiO_2含量偏低,而Fe_2O_3和MgO含量则偏高;与世界碳酸盐岩相比,SiO_2、Al_2O_3、K_2O、TiO_2和MnO含量偏低,而Fe_2O_3、MgO和Na_2O含量偏高。Fe_2O_3含量高与矿区所处地区铁高背景值有关。

矿区灯影组白云岩与渔户村组白云岩相比,其SiO_2、Fe_2O_3、FeO、Al_2O_3、CaO、K_2O、TiO_2含量偏高,而MgO、Na_2O含量则偏低,反映了本区晚震旦世灯影期至早寒武世渔户村期沉积环境由潟湖潮坪(半闭塞台地)相沉积转化为开阔台地相沉积,岩性由硅质白云岩、条带状白云岩转化为白云岩夹磷块岩。

2. 微量元素特征

通过对矿石、容矿岩石和围岩等的微量元素地球化学特征进行研究,可以较为准确地反映成矿过程中成矿流体性质、成矿物质来源、矿床成因、矿体剥蚀深度等有关信息,常用来研究矿床的成因、物质来源等(Zhao and Zhou, 1997),故本节对雪岭铜多金属矿区部分样品进行微量元素测试研究,其分析结果见表6-2。

表 6-1 雪岭铜多金属矿区岩矿石主量元素成分

样号	岩矿名称	地层	检测结果/%												
			SiO_2	Fe_2O_3	FeO	Al_2O_3	CaO	MgO	K_2O	Na_2O	P_2O_5	TiO_2	MnO	烧失量	H_2O^+	H_2O^-	FeS_2
XLB-3	白云岩	渔户村组	1.22	0.135	0.108	0.088	29.41	23.41	0.0052	0.111	0.028	0.0071	0.026	45.48	0.623	0.145	
XLB-12	矿化硅质白云岩	渔户村组	84.31	1.36	0.529	0.885	1.77	0.223	0.028	0.049	0.567	0.040	0.052	5.74	1.60	0.308	
XLB-27	白云岩	灯影组	1.16	0.174	0.127	0.175	28.18	22.41	0.0094	0.090	0.371	0.012	0.013	46.58	0.628	0.181	
XLB-44	白云岩	灯影组	2.60	0.780	0.379	0.433	30.22	20.54	0.023	0.140	0.028	0.029	0.105	43.71	0.277	0.190	
XLB-69	白云岩	灯影组	7.03	0.512	0.126	0.238	27.29	20.24	0.013	0.099	0.016	0.011	0.044	43.52	0.339	0.221	
XLB-28	矿化硅质白云岩	灯影组	93.97	0.351	0.628	0.337	0.124	0.051	0.013	0.036	0.040	0.010	0.053	1.20	0.348	0.101	
XLB-48	矿化硅质白云岩	灯影组	89.96	1.12	0.212	1.59	0.857	0.183	0.073	0.081	0.187	0.040	0.062	2.67	1.08	0.402	
XLB-8-1	重晶石化含铁锰铜硅质岩	灯影组	88.21	2.12	1.270	1.11	0.155	0.177	0.050	0.058	0.040	0.042	0.056	3.77	0.887	0.281	
XLB-5	孔雀石化硅质白云岩	灯影组	89.27	0.350	0.278	0.385	0.264	0.186	0.022	0.086	0.028	0.029	0.052	2.13	1.00	0.226	
XLB-14	矿化硅质白云岩	灯影组	87.84	0.958	0.219	0.432	0.157	0.060	0.022	0.031	0.024	0.0087	0.041	2.84	1.72	0.673	
XLB-18	硫铁矿化白云岩	灯影组	5.311	30.10	5.2200	0.409	0.228	0.2593	0.032	0.126	0.247	0.025	0.028	0.32	6.131	0.667	50.18
XLB-25	硫铁矿化白云岩	灯影组	14.902	21.27	5.4200	0.955	0.249	0.447	0.051	0.109	0.148	0.059	0.053	2.86	5.431	1.109	46.12
	中国东部白云岩		7.85	0.38	0.33	0.97	30.40	16.60	0.350	0.090	0.033	0.051	0.066	41.8(CO_2)	0.72		
	世界碳酸盐岩		5.14	0.54(T)		4.72	42.29	7.79	0.325	0.054	0.092	0.067	0.142				

注：T 表示全铁。样品由核工业二三〇研究所分析测试中心进行检测。测试仪器为荷兰 PANalytical B.V.公司 AxiosMAX 型 X 射线荧光光谱仪，分析采用 XRF 方法，分析精度高于 1%，检测温度为 25℃，湿度为 65%。测试人：柳金良，刘朝。中国东部白云岩数据引自鄢明才和迟清华(1997)；世界碳酸盐岩数据引自 Turekian 和 Wedepohl(1961)

第 6 章 雪岭矿区矿床地球化学

表 6-2 雪岭铜多金属矿区岩矿石微量元素成分

样号	岩性	地层	S/10^{-6}	Cu/10^{-6}	Pb/10^{-6}	Zn/10^{-6}	Sr/10^{-6}	Ba/10^{-6}	Ag/10^{-6}	Se/10^{-6}	Ti/10^{-6}	V/10^{-6}	Ni/10^{-6}	Co/10^{-6}	Fe/10^{-6}	Na/10^{-6}	Mn/10^{-6}	S/Se	Sr/Ba	Ti/V	Co/Ni
XLB-6	碳质钙质板岩	筇竹寺组	8400	181	40.17	125.36	104	803	0.69	0.31		72.7	27.23	9.03				26908	0.13		0.33
XLB-33	碳质钙质板岩	筇竹寺组	3990	561	8.83	72.24	61.3	664	3.57	0.09		74.9	28.27	12.23				43347	0.09		0.43
XLB-30	粉砂岩	筇竹寺组	720	59	7.68	62.55	85.4	697	0.11	0.16		85.9	28.78	8.65				4412	0.12		0.30
XLB-3	白云岩	渔户村组	320	145	7.52	31.73	33.5	119	0.89	0.07	42.3	1.55	1.75	0.239	1780	822	200	4571	0.28	27.28	0.14
XLB-12	矿化硅质白云岩	渔户村组	12300	28000	38.79	1100	184	9053	223	0.10	237.8	22.7	37.78	35.43	13625	366	403	124250	0.02	10.49	0.94
XLB-27	白云岩	灯影组	360	259	10.42	28.37	29.4	167	0.47	0.05	69.7	3.26	2.79	0.478	2211	669	100	6738	0.18	21.36	0.17
XLB-44	白云岩	灯影组	420	717	12.46	44.56	38.9	189	0.19	0.05	172.8	3.63	6.37	1.44	8400	1037	812	9282	0.21	47.56	0.23
XLB-69	白云岩	灯影组	890	1127	198.40	154.62	77.2	312	34.9	0.06	68.8	4.20	3.01	0.57	4566	737	339	13741	0.25	16.38	0.19
XLB-28	矿化硅质白云岩	灯影组	7840	320	1540	24800	4.3	116	4.31	1.57	60.2	2.00	4.25	0.60	7337	267	406	5003	0.04	30.10	0.14
XLB-48	矿化硅质白云岩	灯影组	4240	17669	2490	1050	36.7	748	553	0.10	238.0	14.3	5.36	4.26	9452	602	476	40987	0.05	16.69	0.79
XLB-8-1	重晶石化含铁锰铜质岩	灯影组	12600	19100	79.70	338.36	10.1	282	11.05	0.11	252.4	11.5	8.13	1.73	24704	433	433	110911	0.04	21.88	0.21
XLB-5	孔雀石化硅质白云岩	灯影组	1480	10097	18700	30100	9.1	218	119	1.15	175.4	2.62	11.63	1.3	4615	636	400	1292	0.04	66.96	0.11

续表

样号	岩性	地层	S/10⁻⁶	Cu/10⁻⁶	Pb/10⁻⁶	Zn/10⁻⁶	Sr/10⁻⁶	Ba/10⁻⁶	Ag/10⁻⁶	Se/10⁻⁶	Ti/10⁻⁶	V/10⁻⁶	Ni/10⁻⁶	Co/10⁻⁶	Fe/10⁻⁶	Na/10⁻⁶	Mn/10⁻⁶	S/Se	Sr/Ba	Ti/V	Co/Ni
XLB-14	矿化硅质白云岩	灯影组	9050	57875	457.03	2830	6.09	689	657.9	0.06	51.9	3.04	0.805	0.708	8400	233	316	158059	0.01	17.04	0.88
XLB-18	硫铁矿化白云岩	灯影组	268200	426	244.7	53.94	4.7	151	11.1	2.09	151.8	7.70	18.70	5.5	485104	935	219	128075	0.03	19.71	0.29
XLB-25	硫铁矿化白云岩	灯影组	272500	365	426.95	40.32	5.1	117	8.87	2.39	351.4	6.85	34.67	5.47	405974	806	412	114017	0.04	51.33	0.16
XLB-21	断层角砾岩	灯影组	9310	173	53.52	650.29	133	393	2.95	0.26			223.5	27.81				35799	0.34		
	中国东部白云岩		190	3.70	8.50	15	120	81	0.05	0.05	305	11	4.2	1.30	3800				1.48	27.73	0.31
	世界碳酸盐岩		1200	4.00	9.00	20	610	10	0.0n	0.08	400	20	20.0	0.10	15000				61.00	20.00	0.01

注: 样品由核工业二三〇研究所分析测试中心进行检测,微量元素测试采用ICP-MS方法,测试仪器为美国PE公司NexION 300X型等离子质谱仪,分析精度高于3%,检测温度为25℃,湿度为65%。测试人: 柳金良,刘朝。中国东部白云岩数据和世界碳酸盐岩数据引用同表6-1。n 表示任何数,说明数值在设备检测线以下

矿区渔户村组与灯影组白云岩和矿化白云岩样品均较世界碳酸盐岩和中国东部白云岩富集 Pb、Zn、Ag、Co、Ba 等元素，亏损 S、Sr、Ti、V、Ni 等元素，且 Cu、Pb、Zn、Ag、Co、Ba 等元素向断裂带、裂隙及辉绿岩脉接触带中明显富集。一方面，说明本区渔户村组和灯影组白云岩具有 Cu、Pb、Zn、Ag 等金属元素高背景值，可能对矿化提供了部分成矿物质；另一方面，反映出断裂构造运动和基性岩浆活动对铜多金属矿化具有重要的促进作用。此外，矿区矿化白云岩基本均较白云岩富集 S、Cu、Pb、Zn、Ag、Ba、Se、Ti、V、Ni、Co 等元素，而亏损 Sr 元素，说明矿化作用使成矿及相关元素得到一定的富集。

矿区各样品 Co、Ni 元素含量变化较大，沿断裂产出的断层角砾岩 Ni 含量最高（$C_{Ni}=223.5\times10^{-6}$），Co 含量也较高（$C_{Co}=27.81\times10^{-6}$）；渔户村组含矿硅质岩 Ni 含量次之（$C_{Ni}=37.78\times10^{-6}$），Co 含量最高（$C_{Co}=35.43\times10^{-6}$）；而灯影组含矿岩石中硫铁矿化白云岩的 Co、Ni 含量（$C_{Co}=5.47\times10^{-6}\sim5.50\times10^{-6}$，$C_{Ni}=18.70\times10^{-6}\sim34.67\times10^{-6}$）总体上要高于含铜硅质岩（$C_{Co}=0.60\times10^{-6}\sim4.26\times10^{-6}$，$C_{Ni}=0.805\times10^{-6}\sim11.63\times10^{-6}$）。Co、Ni 作为深部来源元素，说明矿区成矿物质部分来源于深部。

矿区除筇竹寺组外，Ti、V 含量普遍偏低，且含量变化较大，总体上灯影组容矿岩石所含 Ti、V 元素含量要高于非容矿岩石，渔户村组也类似。矿区 Ti、V 的相对亏损说明其形成温度不高。

岩矿样品微量元素含量比值对研究成矿环境及探索成矿物质来源具有一定的指示作用。前人研究指出在相对封闭的环境中，由于水岩反应较弱，母体碳酸盐岩的矿物成分对微量元素的影响较重要，一般具有较高 Sr 含量（$10000\times10^{-6}\sim80000\times10^{-6}$）的海相文石可形成 Sr 含量为 $600\times10^{-6}\sim5000\times10^{-6}$ 的白云岩，海相高镁方解石和低镁方解石（Sr 含量为 $2000\times10^{-6}\sim10000\times10^{-6}$）可形成 Sr 含量为 $300\times10^{-6}\sim2000\times10^{-6}$ 的白云岩（赵卫卫和王宝清，2011），而具有很低 Sr 含量的低镁方解石母体将形成很低 Sr 含量的白云石（Warren，2000）。雪岭矿区白云岩和矿化白云岩的 Sr 含量除个别较高以外，大部分均远低于世界碳酸盐岩和中国东部白云岩（表 6-2），故本区灯影组和渔户村组白云岩化的母体可能是低镁方解石，或是由于现代淡水的淋滤作用导致白云岩 Sr 贫化。由于矿区样品 Ba 含量较高，其 Sr/Ba 值很低。筇竹寺组碳质钙质板岩和粉砂岩 Sr/Ba 值为 $0.09\sim0.13$；渔户村组白云岩 Sr/Ba 值（0.28）大于含矿白云岩相应值（0.02）；灯影组白云岩 Sr/Ba 值为 $0.18\sim0.25$，远大于含矿白云岩相应值（$0.01\sim0.05$）。该值均远低于世界碳酸盐岩和中国东部白云岩，也进一步说明本区白云石化过程中有淡水参与（张长俊，1989）。

3. 稀土元素地球化学

稀土元素的地球化学行为十分相近,它们的运动和组合规律是一定的地质与物化条件的反映,稀土元素及其配分模式被誉为成矿过程中反映成矿物质来源、流体热液化学及水岩相互作用的灵敏指示剂之一,已广泛应用于金属矿产资源方面的研究(Henderson,1984;王中刚等,1989;Lottermoser,1992;Whitney and Olmsted,1998;Bi and Hu,1998;Zhan et al.,1999;Pang,1999;杨学明等,1999;Huang et al.,2000;Chen et al.,2000;Lai et al.,2001;Yuan et al.,2002;Xu et al.,2003)。成矿流体在运移演化过程中如果发生同化围岩矿物的水岩反应,则其形成矿物的稀土元素配分模式必然会携带部分围岩稀土元素配分的特征。本节对雪岭矿区部分矿石、容矿岩石和围岩进行稀土元素测试分析,并进一步对其进行稀土元素配分模式的对比研究。

矿区样品稀土元素含量表见表 6-3,并经球粒陨石(Taylor and McLennan,1985)标准化后建立 REE 配分模式图(图 6-1)。

(1) 筇竹寺组碳质钙质板岩和粉砂岩的稀土元素总量(ΣREE)介于 113.87×10^{-6}～153.27×10^{-6},均值为 129.44×10^{-6},其稀土元素总量较高,仅低于断层角砾岩。轻重稀土比值(LREE/HREE)介于 5.92～6.73,均值为 6.41,轻重稀土比值远大于 1,为轻稀土强烈富集型,且轻稀土的分馏程度比重稀土高。反映曲线斜率的 $(La/Yb)_N$ 介于 5.80～7.30,曲线略为右倾,较平缓。δEu 值为 0.60～0.80,均值为 0.67,显示负异常,可见明显铕谷。δCe 值为 0.81～0.83,均值为 0.82,显示较弱的负异常,可见铈谷。

(2) 渔户村组白云岩稀土元素总量(ΣREE)为 2.89×10^{-6},总量很低。轻重稀土元素比值(LREE/HREE)为 9.24,轻稀土强烈富集且分馏程度比重稀土高。$(La/Yb)_N$ 值为 16.46,曲线右倾明显。δEu 值为 0.37,具强烈负异常。δCe 值为 0.96,显示很弱的负异常,可见铈谷。该地层含矿硅质岩显示与围岩白云岩完全不同的稀土元素特征,其稀土元素总量(ΣREE)为 23.37×10^{-6},轻重稀土比值(LREE/HREE)为 5.70,$(La/Yb)_N$ 值为 13.35,均与白云岩有较大差异。且其 δEu 值为 1.09,具弱的正异常,可见明显铕谷。δCe 值为 0.64,具明显负异常。渔户村组含矿硅质岩稀土元素特征显示其成矿与围岩白云岩关系不大。

(3) 灯影组白云岩稀土元素总量(ΣREE)介于 8.87×10^{-6}～11.53×10^{-6},均值为 10.20×10^{-6},低于筇竹寺组碳质钙质板岩、粉砂岩,但高于渔户村组白云岩。轻重稀土元素比值(LREE/HREE)介于 3.86～9.43,均值为 6.70,显示轻稀土强烈富集。$(La/Yb)_N$ 值为 7.70～17.49,变化较大,但曲线均为右倾,只是右倾斜率不一。δEu 值介于 0.54～0.65,均值为 0.59,具强烈负异常,可见明显铕谷。δCe 值介于 0.61～

表 6-3 雪岭矿区岩矿石稀土元素成分

样号	岩性	地层	La/10⁻⁶	Ce/10⁻⁶	Pr/10⁻⁶	Nd/10⁻⁶	Sm/10⁻⁶	Eu/10⁻⁶	Gd/10⁻⁶	Tb/10⁻⁶	Dy/10⁻⁶	Ho/10⁻⁶
XLB-6	碳质钙质板岩	筇竹寺组	24.2	43.0	5.80	20.1	4.86	1.21	4.15	0.74	3.87	0.83
XLB-33	碳质钙质板岩	筇竹寺组	27.0	46.3	6.21	20.0	4.72	0.92	4.45	0.79	4.14	0.85
XLB-30	粉砂岩	筇竹寺组	32.8	57.2	7.75	26.4	5.86	1.17	5.53	1.05	5.80	1.25
XLB-3	白云岩	渔户村组	0.91	1.27	0.04	0.29	0.090	0.011	0.086	0.016	0.074	0.015
XLB-12	矿化硅质白云岩	渔户村组	5.12	6.65	1.07	4.78	1.69	0.58	1.49	0.190	0.92	0.160
XLB-27	白云岩	灯影组	2.14	2.42	0.34	1.59	0.46	0.098	0.55	0.089	0.51	0.112
XLB-44	白云岩	灯影组	2.79	3.68	0.39	1.51	0.43	0.072	0.36	0.075	0.34	0.070
XLB-69	白云岩	灯影组	3.46	4.01	0.51	1.93	0.42	0.088	0.39	0.064	0.28	0.052
XLB-28	矿化硅质白云岩	灯影组	0.93	1.29	0.07	0.32	0.11	0.023	0.12	0.020	0.10	0.013
XLB-48	矿化硅质白云岩	灯影组	4.77	7.84	1.14	4.25	1.12	0.23	1.00	0.161	0.78	0.155
XLB-8-1	重晶石化含铁锰铜硅质岩	灯影组	1.29	2.15	0.25	1.09	0.39	0.068	0.31	0.047	0.25	0.049
XLB-5	孔雀石化矿化质白云岩	灯影组	0.96	1.43	0.07	0.34	0.13	0.019	0.08	0.015	0.090	0.016
XLB-14	矿化硅质白云岩	灯影组	0.90	1.02	0.02	0.17	0.10	0.044	0.07	0.009	0.055	0.008
XLB-18	硫铁矿化白云岩	灯影组	1.86	2.77	0.33	1.30	0.36	0.061	0.32	0.057	0.27	0.050
XLB-25	硫铁矿化白云岩	灯影组	7.83	5.64	0.78	2.42	0.43	0.070	0.36	0.070	0.36	0.086
XLB-21	断层角砾岩	灯影组	113.6	96.8	23.7	87.0	20.8	3.98	20.6	3.30	16.4	3.50

续表

样号	Er/10⁻⁶	Tm/10⁻⁶	Yb/10⁻⁶	Lu/10⁻⁶	Y/10⁻⁶	ΣREE/10⁻⁶	LREE/10⁻⁶	HREE/10⁻⁶	LREE/HREE	(La/Yb)$_N$	δEu	δCe
XLB-6	2.22	0.33	2.24	0.36	20.8	113.87	99.15	14.72	6.73	7.30	0.80	0.83
XLB-33	2.48	0.38	2.53	0.36	22.4	121.17	105.18	15.99	6.58	7.22	0.60	0.81
XLB-30	3.57	0.56	3.81	0.57	33.1	153.27	131.13	22.14	5.92	5.80	0.62	0.82
XLB-3	0.046	0.004	0.037	0.005	0.48	2.89	2.61	0.28	9.24	16.46	0.37	0.96
XLB-12	0.400	0.040	0.259	0.036	6.73	23.37	19.88	3.49	5.70	13.35	1.09	0.64
XLB-27	0.303	0.039	0.19	0.031	4.13	8.87	7.05	1.82	3.86	7.70	0.59	0.61
XLB-44	0.206	0.021	0.20	0.031	2.19	10.20	8.89	1.31	6.81	9.23	0.54	0.73
XLB-69	0.148	0.021	0.13	0.014	2.18	11.53	10.43	1.11	9.43	17.49	0.65	0.64
XLB-28	0.037	0.007	0.035	0.005	0.46	3.08	2.75	0.33	8.28	17.87	0.62	0.89
XLB-48	0.380	0.054	0.331	0.054	4.30	22.24	19.33	2.91	6.65	9.74	0.64	0.77
XLB-8-1	0.151	0.021	0.18	0.032	1.35	6.27	5.23	1.04	5.03	4.82	0.58	0.85
XLB-5	0.039	0.006	0.048	0.009	0.48	3.26	2.95	0.31	9.60	13.53	0.52	0.95
XLB-14	0.014	0.006	0.034	0.003	0.28	2.45	2.25	0.20	11.26	17.98	1.55	0.82
XLB-18	0.116	0.013	0.091	0.009	1.17	7.61	6.68	0.93	7.20	13.82	0.53	0.78
XLB-25	0.231	0.039	0.296	0.040	2.59	18.66	17.18	1.48	11.61	17.89	0.53	0.44
XLB-21	9.480	1.320	7.680	1.10	111.9	409.34	345.90	63.44	5.45	9.99	0.58	0.42

注：样品由核工业二三〇研究所分析测试中心进行检测，稀土元素测试采用ICP-MS方法，测试仪器为美国PE公司NexION 300X型等离子质谱仪，分析精度高于3%，检测温度为25℃，湿度为65%。测试人：柳金良，刘朝

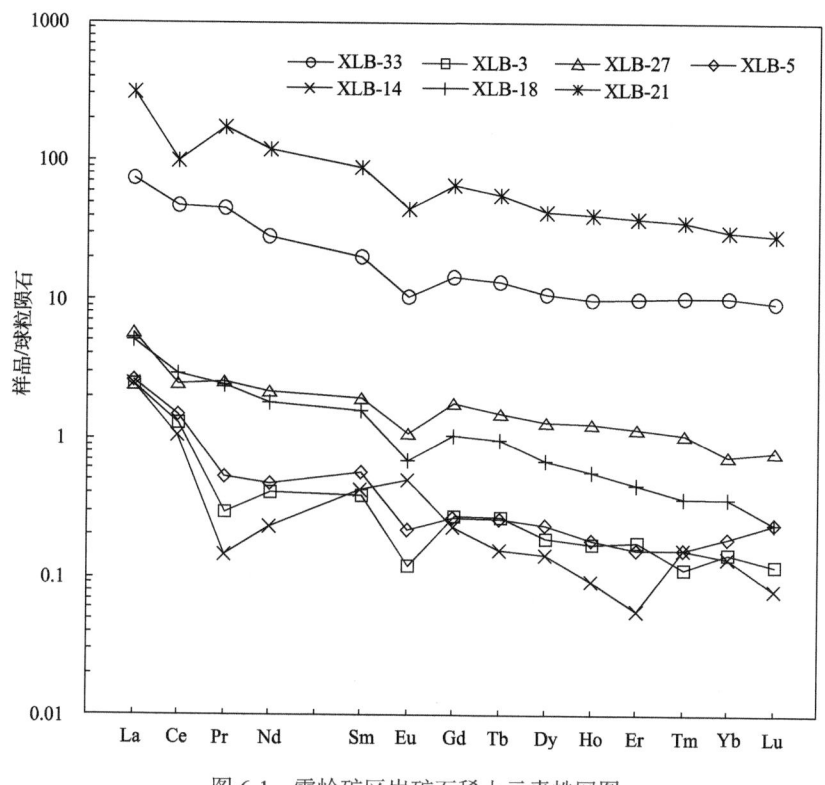

图 6-1 雪岭矿区岩矿石稀土元素蛛网图

球粒陨石数据引自 Taylor 和 McLennan(1985)，样品名称见表 6-3

0.73，均值为 0.66，具负异常，可见铈谷。灯影组含矿岩石稀土元素总量(ΣREE)介于 $2.45×10^{-6}$~$22.24×10^{-6}$，均值为 $9.08×10^{-6}$，均较低。轻重稀土元素比值(LREE/HREE)介于 5.03~11.61，均值为 8.52，均为轻稀土元素强烈富集，只是轻稀土的分馏程度不一致。$(La/Yb)_N$ 值介于 4.82~17.98，均值为 13.67，曲线均具不同倾角的右倾。δEu 值除一个样品 δEu 为 1.55，具明显正异常以外，其余为 0.52~0.64，均值为 0.57，具强烈负异常，并可见明显铕谷。δCe 值介于 0.44~0.95，均值为 0.78，显负异常。

(4) 断层角砾岩产自灯影组的构造断裂带中，其稀土元素总量(ΣREE)为 $409.34×10^{-6}$，远高于其他测试样品。轻重稀土元素比值(LREE/HREE)为 5.45，轻稀土元素强烈富集。$(La/Yb)_N$ 值为 9.99，稀土元素蛛网图具明显右倾。δEu 值为 0.58，显强烈负异常，并可见明显铕谷，可能与大气水流的低温溶蚀作用对 Eu 的迁移贫化效应有关(胡忠贵等，2009)。δCe 值为 0.42，显强烈负异常，见明显铈谷。

综合以上分析可以看出，除渔户村组和灯影组各一个含矿硅质岩以外，其余样品稀土元素特征均具有一定的相似性。特别是灯影组白云岩、含矿岩石和断层角砾岩稀土元素配分模式相似，均右倾，并具明显的铕负异常和铈负异常，表明各岩性之间具一定的亲缘性。

雪岭矿区浅部铜多金属矿化主要沿落因断裂带南延断裂及其次级断裂和辉绿岩脉产出，矿化严格受断裂带控制。成矿物质应主要来源于深部地层，沿断裂带活化运移至浅部灯影组白云岩中，由于物理化学条件的改变而析出，沉淀富集成矿。表 6-1 和表 6-2 均显示灯影组和渔户村组围岩具 Pb、Zn、Ag 等部分成矿元素高背景值，可以对矿化提供部分成矿物质，故围岩与含矿岩系稀土元素特征相似，显示两者之间具一定的亲缘性和继承性。断层角砾岩沿断裂带分布，而断裂带是成矿物质运移的通道，故断层角砾岩与含矿岩系之间也具一定的亲缘性。

4. 电子探针

电子探针作为研究固体无机材料微区化学成分的精密仪器，具有分析速度快、不损坏样品的特点，广泛应用于地质测年(Suzuki and Adachi，1991a，1991b；Montel et al.，1996；Rhede et al.，1996；周剑雄和陈克樵，1996；周剑雄和杨明明，1996；Cocherie et al.，1998；Braun et al.，1998；Williams et al.，1999；张文兰等，2003)、矿物中微量元素定性定量(李德忍，1992)、工艺矿物学等地质领域。

对雪岭矿区灯影组铜多金属脉状矿化中金属矿物进行电子探针分析，结果见表 6-4。

(1)矿区浅部灯影组矿化带方铅矿中一般含有少量的 Cu、Zn，其 Cu 含量最高可达 0.15%，Zn 含量最高可达 5.896%。

(2)矿区闪锌矿所含 Cu 含量明显高于方铅矿，其 Cu 含量最高可达 0.557%。闪锌矿也含有一定量的 Pb，其含量最高可达 0.064%。

(3)所分析的矿区铜多金属脉状矿化中金属矿物含 Ag 最多的为黝铜矿，含量可达 1.073%。且该黝铜矿含 As 达 12.129%，应为砷黝铜矿。此外，部分方铅矿、黄铜矿、黄铁矿也含有一定量的 Ag。

(4)矿区黄铜矿、黄铁矿均含有一定量的 Co、Ni、Se。虽然源区相同的矿物在不同的生长环境下，由于温度、压力、酸碱度等因素的差异而导致部分元素含量有所不同，但黄铜矿、黄铁矿中 Co、Ni、Se 含量及相应的 Co/Ni 值、S/Se 值对于研究矿物的矿质来源,进而探讨矿床成因仍然具有一定的指示作用(徐国风和邵洁涟，1980；郑理珍，1981；王亚芬，1981；刘英俊等，1984；童潜明，1986；吴健民等，1998)。当 Co/Ni>1 时，指示矿质可能来源于岩浆或火山-喷流热液；当 Co/Ni<1 时，则说明矿质可能来源于古陆剥蚀区，并在沉积过程中形成。当 S/Se>50000 时，矿质可能为沉积成因；当 S/Se<20000 时，矿质则可能为火山-岩

表 6-4 雪岭矿区灯影组铜多金属脉状矿体金属矿物电子探针分析结果

样号	矿物	Cu/%	Fe/%	Ag/%	Pb/%	Zn/%	Ge/%	Co/%	Ni/%	S/%	Se/%	Sb/%	As/%	合计/%	Co/Ni	S/Se
28-2	闪锌矿	0.067	0.2	<0.001	0.034	63.93	<0.001	<0.001	<0.001	32.176	0.013			96.424		
28-3	方铅矿	0.068	0.829	<0.001	79.072	5.896	0.042	<0.001	0.036	11.542	0.428			97.913		
43-1	方铅矿	0.019	0.053	<0.001	86.662	0.766	<0.001	0.03	0.022	13.284	0.092			100.93		
43-2	闪锌矿	0.111	0.166	<0.001	0.064	63.22	0.005	0.039	0.011	32.073	0.052			95.741		
7-3	黝铜矿	39.74	2.135	1.073	<0.001	5.54	<0.001	<0.001	<0.001	25.886	<0.001	12.567	12.129	99.067		
23-1	闪锌矿	0.557	0.608	<0.001	0.031	64.47	0.076	0.015	<0.001	32.278	0.043			98.082		
23-2	方铅矿	0.069	0.065	<0.001	64.792	1.36	0.021	<0.001	0.014	10.212	<0.001			76.533		
23-3	方铅矿	0.15	0.083	0.024	85.228	0.033	<0.001	<0.001	<0.001	12.866	0.088			98.472		
26-1	黄铜矿	32.32	31.345	<0.001	<0.001	0.095	0.021	0.105	<0.001	34.411	<0.001			98.296	>1	>50000
26-2	黄铜矿	33.84	29.574	0.047	0.048	0.04	0.056	0.128	<0.001	34.328	0.032			98.096	>1	1073
26-3	黄铁矿	0.003	45.095	<0.001	0.03	<0.001	0.044	0.2	<0.001	51.794	0.021			97.187	>1	2466
26-4	黄铁矿	0.105	44.175	<0.001	<0.001	0.062	<0.001	0.163	<0.001	52.057	<0.001			96.562	>1	>50000
28-1	黄铁矿	0.011	45.405	0.01	<0.001	0.231	0.054	0.226	<0.001	51.306	<0.001			97.243	>1	>50000
8-1	黄铁矿	0.063	45.174	0.008	<0.001	0.064	<0.001	0.167	<0.001	51.547	<0.001			97.023	>1	>50000
8-3	黄铁矿	0.006	45.172	0.003	<0.001	<0.001	<0.001	0.244	<0.001	51.073	0.02			96.518	>1	2554
24-1	黄铁矿	<0.001	45.123	<0.001	0.02	0.043	<0.001	0.224	<0.001	53.028	<0.001			98.393	>1	>50000
24-2	黄铁矿	<0.001	45.776	<0.001	<0.001	<0.001	0.073	0.184	<0.001	52.605	<0.001			98.628	>1	>50000
50-1	黄铁矿	0.033	45.505	<0.001	<0.001	<0.001	<0.001	0.103	<0.001	52.439	0.029			98.182	>1	1808
50-2	黄铁矿	0.033	45.766	0.031	0.003	0.003	<0.001	0.165	<0.001	53.676	0.029			99.703	>1	1851
70-2	黄铁矿	0.028	44.586	0.008	0.014	<0.001	<0.001	0.13	0.002	51.122	0.027			95.917	65	1893
70-3	黄铁矿	0.018	45.678	0.036	0.024	<0.001	<0.001	0.22	0.005	50.94	<0.001			96.921	44	>50000

注: 样品由中南大学材料科学与工程学院电子探针重点实验室进行检测,测试仪器为日本电子 JXA-8230,分析极限值 0.001%,检测温度为 20℃,湿度为 30%

浆成因。从分析结果来看，黄铜矿、黄铁矿的 Co/Ni 值均大于 1，说明矿区浅部矿化成矿物质应主要来源于深部，矿质的富集与热液作用密切相关。其 S/Se 值部分大于 50000，也有部分小于 20000，说明 S、Se 分离程度不一致。S 部分来自海水或沉积地层，与沉积作用有关；部分来自深部，与火山-岩浆作用有关。综合来看，矿区浅部矿化成矿物质与下伏深部的铜矿床及热液作用有关，而 S 除部分来源于深部以外，海相沉积岩也提供了部分硫源。

6.1.2 同位素地球化学

同位素地球化学是研究自然界中化学元素在活化、迁移、分散和聚集的物理化学过程中的同位素丰度的变化规律，这些规律有助于研究矿床成因，尤其对指示成矿物质来源具有显著效果（张旭等，2012），是近年来对于矿床研究比较有效的方法之一。

为了研究雪岭铜多金属矿区成矿物质的来源，在矿区内系统采集各类岩矿样品。首先选取样品新鲜部分，然后进行破碎、粗选，再经蒸馏水冲洗、烘干，最后在双目显微镜下挑选目标单矿物，粒度保持在 40～80 目(0.45～0.20mm)，纯度在 99%以上。全岩样品选择新鲜未受风化作用的围岩。将本次样品送至核工业北京地质研究院分析测试研究中心进行 S、Pb、H、O 等稳定同位素的测试分析工作。

硫同位素样品的制备和测试过程如下：将硫化物样品以 Cu_2O 作氧化剂在高温真空条件下反应，将 S 氧化成 SO_2。真空条件下用冷冻法收集 SO_2 气体，然后在室温 20℃、相对湿度 40%的条件下，用 Delta V plus 同位素质谱仪进行硫同位素测试，分析精度优于±0.2‰，相对标准为 CDT，记为 $\delta^{34}S_{V-CDT}$。

铅同位素样品的制备和测试过程如下：首先称取适量(0.1～0.2g)的样品加入低压密闭溶样罐(PFA)中，加入纯化的 $HF+HNO_3+HClO_4$ 酸溶液溶解 24h，待样品完全溶解后，蒸干，加入 6mol/L 的 HCl 转为氯化物，蒸干，再依次加入 0.5mol/L 的 HBr 和 6mol/L 的 HCl 对铅进行分离，最后在室温 20℃、相对湿度 40%的条件下，用 IsoProbe-T 热电离质谱仪进行铅的同位素组成测定，分析误差以 2σ 计。

氢、氧同位素样品的测试过程如下：矿物的氧同位素组成分析采用 BrF_5 法；包裹体水的氢同位素组成测定采用爆裂法取水、锌法制氢，爆裂温度为 550℃。测试仪器为德国 Finnigan 公司的 MAT 253 型稳定同位素质谱仪。氢、氧同位素组成分析精度分别为±2‰和±0.2‰，分析结果均以 SMOW 为标准。

1. 硫同位素组成

硫同位素主要用于追溯成矿物质来源(尹观和倪师军，2009)。它是一种很好的示踪剂,可以根据矿物的硫同位素组成判断矿物的原始形成条件(沈渭洲,1987)。在对矿床进行成矿物质来源的研究过程中,硫的来源与成矿时地球化学特征均具重要意义,因为在一个以金属硫化物为主要矿物的矿床中,硫不仅仅起到了吸附和搬运迁移成矿物质的作用,而且和成矿物质结合、沉淀形成多种金属硫化物。雪岭铜多金属矿区浅部地层中原生矿物以黄铁矿、黝铜矿、辉铜矿为主,黄铜矿、方铅矿、闪锌矿等少见,氧化矿物主要为褐铁矿、孔雀石、蓝铜矿等。本节在矿区浅部地层挑选黄铁矿单矿物样品进行硫同位素组成分析,分析结果见表6-5。

表6-5 雪岭铜多金属矿区浅部地层金属硫化物硫同位素组成

项目	XLB-18	XLB-24	XLB-25	XLB-62
矿物名称	黄铁矿	黄铁矿	黄铁矿	黄铁矿
地层	灯影组	灯影组	灯影组	灯影组
产样点	Ⅱ号铁矿带	Ⅳ号铁矿带	矿区东部灯影组铁矿带	PD3350 北岔坑口
$\delta^{34}S_{V\text{-}CDT}$/‰	18.3	27.4	9.9	−37.5
产状	硫铁矿体脉状矿	硫铁矿体脉状矿	硫铁矿体脉状矿	裂隙矿体脉状矿

注:由核工业北京地质研究院分析测试研究中心测定,测试仪器为 Delta V plus 同位素质谱仪

一般来说,确定矿源的总硫同位素组成能更好地示踪成矿物质来源(杨勇等,2010),但在金属硫化物矿物组合简单时,硫化物的 $\delta^{34}S$ 的平均值可以代表成矿热液的总硫同位素组成(Ohmoto and Rye,1979)。雪岭矿区灯影组所含金属硫化物中,以黄铁矿占大部分,故黄铁矿的硫同位素组成平均值能反映矿区灯影组成矿热液的硫同位素组成特征。

成矿流体在运移过程中沉淀下来的金属硫化物中的硫同位素组成不仅取决于成矿流体的总硫同位素组成,而且更取决于导致这些金属硫化物沉淀时的物理-化学条件,包括温度、压力、氧逸度、硫逸度及酸碱度等因素的变化(沈渭洲,1987)。矿区灯影组三件来自硫铁矿化带的黄铁矿富集 ^{34}S,其 $\delta^{34}S_{V\text{-}CDT}$ 值介于 9.9‰~27.4‰,极差为17.5‰,均值为18.5‰。一件来自断裂脉状矿体的黄铁矿 $\delta^{34}S_{V\text{-}CDT}$ 值为−37.5‰。

前人指出:地幔硫 $\delta^{34}S_{V\text{-}CDT}$ 值接近于 0,地壳硫以 $\delta^{34}S_{V\text{-}CDT}$ 值变化范围宽、区域分布离散为特点,而混合硫则根据混合物质的数量和性质来定。如果混合物质中混入了海水或海相硫酸盐硫,则混合硫以富 ^{34}S 为特征;如果混入生物成因硫,则混合硫以富 ^{32}S 为特征(尹观和倪师军,2009)。雪岭铜多金属矿区三件来自硫铁矿化带的黄铁矿样品硫同位素组成均为较大的正值,富集重硫,应为混合

硫来源，有海相硫酸盐的参与。前人研究滇东北灯影组中的沉积重晶石 $\delta^{34}S_{V\text{-}CDT}$ 为 30.35‰(柳贺昌和林文达，1999)，故本区海相硫酸盐(如重晶石)很可能为黄铁矿和其他热液硫化物的沉积提供了主要硫源。另一件来自裂隙脉状矿体的黄铁矿样品硫同位素组成为较大的负值，富集轻硫，应同样为混合硫来源，只是由于生物活动较强而显示出生物成因硫同位素组成特征(Faure，1986)。此外成矿流体中高氧逸度条件下形成的金属硫化物比低氧逸度条件下形成的相同的金属硫化物更加富集 ^{32}S (Ohmoto and Rye，1979)，矿区该富集轻硫的黄铁矿可能与其沉淀时所处环境的氧逸度较高有关。

矿床硫同位素分配图解(图 6-2)能更好地分析其硫同位素组成特征，可见雪岭铜多金属矿区浅部灯影组所含金属硫化物的硫同位素组成特征不同于典型的陨石硫和基性岩床硫，与沉积岩硫有一定类似，但不同于沉积硫化物硫。该矿床硫同位素范围较广，应该与硫的多种来源有关，不同来源的硫产生了混染；也可能是成矿流体的氧逸度(fo_2)、pH 及开放程度等因素所致。

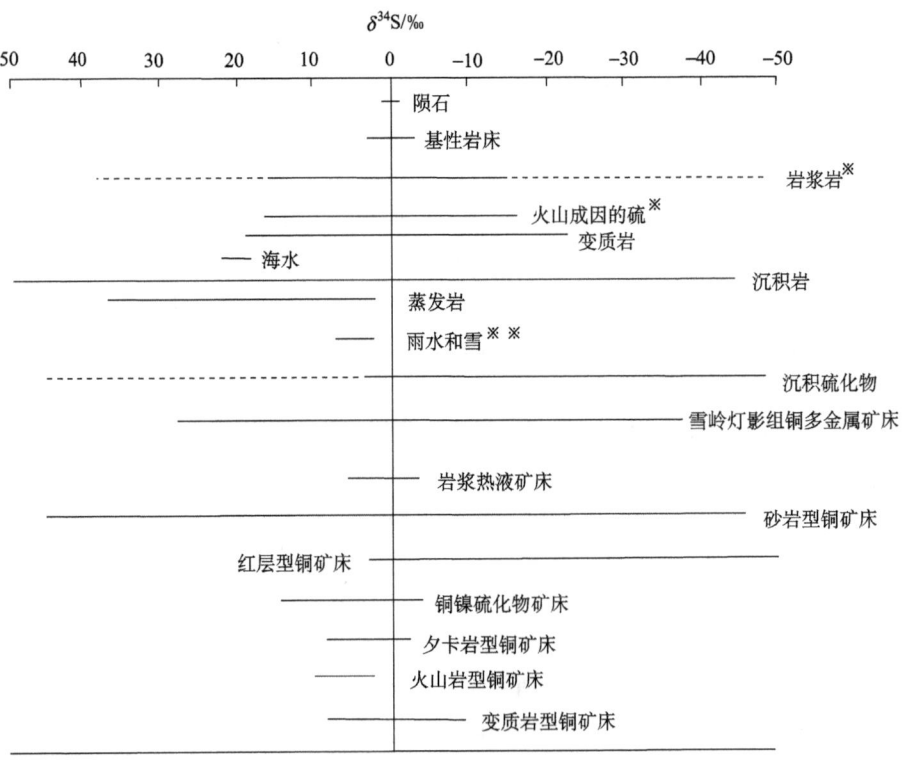

图 6-2　雪岭铜多金属矿区浅部地层金属硫化物硫同位素组成分配图解(李嘉林，1988)

综合分析，结合矿床矿物产出特征，雪岭铜多金属矿区浅部地层矿石硫主要来自沉积地层海相硫酸盐的还原作用，部分受幔源硫和生物成因硫的影响，具混合硫同位素组成特征。

2. 铅同位素组成

铅同位素由于质量数较大而导致不同的铅同位素分子之间相对质量差较小，此外铅从矿源岩石中浸取时不发生同位素分馏，在进入成矿流体并随之迁移的过程中其同位素组成也不会因为成矿流体的物理化学条件变化而发生改变，故铅同位素组成特征可以较好地用于矿床中成矿物质来源的判断(刘德利，2009)。铅同位素除能指示铅的来源以外，还能指示铜、铁、锌等金属元素的来源(吴开兴等，2002)。一般来说，金属硫化物中的 U、Th 含量很低，因而在其结晶以后通过衰变作用所产生的放射性成因铅的含量非常低，对硫化物铅同位素组成的影响可以忽略不计(魏菊英和王关玉，1988)。

雪岭铜多金属矿区所采金属硫化物和围岩样品铅同位素组成见表 6-6。可见三件来自硫铁矿化带的黄铁矿样品其 $^{206}Pb/^{204}Pb$ 变化范围为 18.279~18.372，均值为 18.321，极差为 0.093，$^{207}Pb/^{204}Pb$ 变化范围为 15.653~15.673，均值为 15.661，极差为 0.02，$^{208}Pb/^{204}Pb$ 变化范围为 38.272~38.462，均值为 38.383，极差为 0.19。可见该类样品铅同位素组成较为稳定、均一，变化范围小，具正常铅特征，显示较为单一的铅同位素来源。而一件来自断裂脉状矿体的黄铁矿样品其同位素组成 $^{206}Pb/^{204}Pb$ 为 19.310，$^{207}Pb/^{204}Pb$ 为 15.771，$^{208}Pb/^{204}Pb$ 为 38.792，均高于硫铁矿化带黄铁矿样品。灯影组围岩白云岩的铅同位素组成也较高，$^{206}Pb/^{204}Pb$ 为 19.392，$^{207}Pb/^{204}Pb$ 为 15.736，$^{208}Pb/^{204}Pb$ 为 38.698。综合来看，所分析样品铅同位素 $^{206}Pb/^{204}Pb$>18.310，$^{207}Pb/^{204}Pb$>15.489，$^{208}Pb/^{204}Pb$>37.811，意味着该区的铅来自

表 6-6 雪岭铜多金属矿区浅部地层金属硫化物铅同位素测试结果

样号	样品名称	地层	同位素组成			模式年龄/Ma	特征参数		
			$^{206}Pb/^{204}Pb$	$^{207}Pb/^{204}Pb$	$^{208}Pb/^{204}Pb$		μ	ω	Th/U
XLB-69	白云岩	灯影组	19.392±0.003	15.736±0.002	38.698±0.005		9.64	33.85	3.40
XLB-18	黄铁矿	灯影组	18.372±0.002	15.653±0.002	38.462±0.005	260	9.57	37.32	3.77
XLB-24	黄铁矿	灯影组	18.313±0.002	15.656±0.002	38.272±0.002	306	9.59	36.89	3.72
XLB-25	黄铁矿	灯影组	18.279±0.002	15.673±0.001	38.416±0.003	350	9.62	37.84	3.81
XLB-62	黄铁矿	灯影组	19.310±0.002	15.771±0.002	38.792±0.004		9.72	34.88	3.47

注：由核工业北京地质研究院分析测试研究中心测定，测试仪器为 IsoProbe-T 热电离质谱仪。模式年龄、μ、ω、Th/U 等参数均由 GeoKit 软件(路远发，2004)计算所得

放射性成因铅较高的源区(钟宏等,2000),Gulson 等(1987)及 Gulson 和 Porritt(1987)认为这与铅源形成于大陆裂谷或厚大陆地壳下的大陆边缘环境有关,该结论与雪岭矿区所处裂谷环境相符。

Zartman 和 Doe(1981)根据"铅构造模型"理论计算出全球平均铅同位素 $\mu(^{238}U/^{204}Pb)$、$\kappa(Th/U)$ 值,李龙等(2005)在 Zartman 研究的基础上利用"铅构造模型"的基本思想并结合中国大陆实际情况对原有计算进行部分改进,得到了中国大陆地幔、下地壳、上地壳铅同位素的 $\mu(^{238}U/^{204}Pb)$、$\kappa(Th/U)$ 理论值。从表 6-7 可以看出:雪岭矿区灯影组铜多金属矿的 $\mu(^{238}U/^{204}Pb)$ 和 $\kappa(Th/U)$ 值分别为 9.57~9.72 和 3.40~3.81,更接近地幔相应值,反映出铅源主要来自地幔,并受到壳源铅一定程度的混染。

表 6-7 雪岭矿区灯影组金属硫化物与中国大陆、全球平均铅同位素 μ 和 κ 值对比

参数	灯影组	中国大陆			全球平均		
		地幔	下地壳	上地壳	地幔	下地壳	上地壳
μ	9.57~9.72	8.44	5.63	14.98	10.01	6.94	11.08
κ	3.40~3.81	3.6	5.48	3.47	2.65	5.85	3.76

在 Zartman 和 Doe(1981)铅同位素构造模式图解中(图 6-3),灯影组金属硫化物样品落于上地壳与造山带演化线之间,部分落于上地壳演化线上方,显示该区铅来源复杂,具壳幔混合铅的特征。围岩投影点与矿物投影点较为接近,结合笔者测得的雪岭矿区灯影组所含部分成矿元素丰度值较高,进一步确定了围岩应该对成矿提供了部分物质来源。

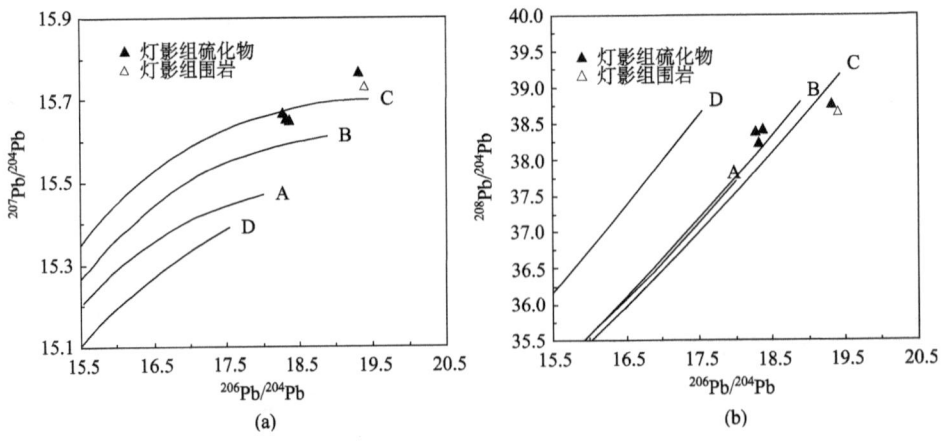

图 6-3 雪岭铜多金属矿区浅部地层矿石及围岩样品铅同位素构造模式图解(Zartman and Doe,1981)

A-地幔;B-造山带;C-上地壳;D-下地壳

在 Zartman 和 Doe(1981)铅同位素构造环境判别图解中(图 6-4),样品投影点落于上地壳和造山带区域,同样显示该区铅具壳幔混合铅特点,进一步验证了雪岭铜多金属矿区形成于扬子板块西缘大陆裂谷环境的地质构造背景。

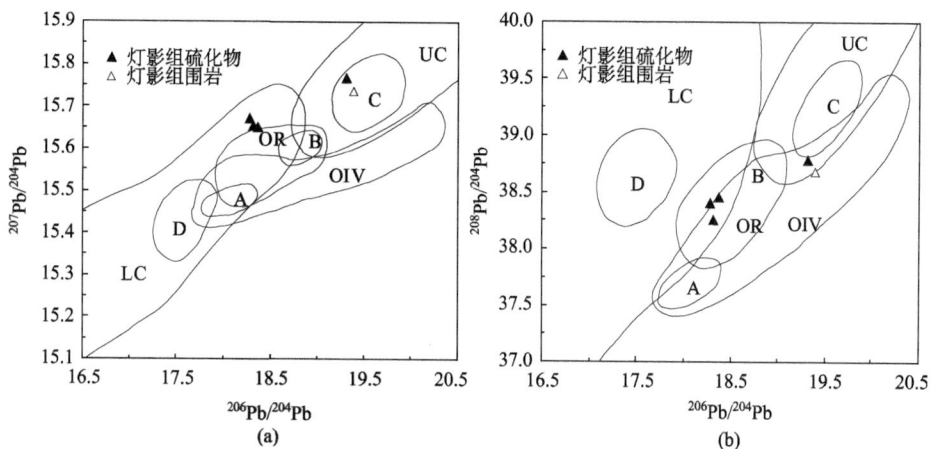

图 6-4 雪岭铜多金属矿区浅部地层矿石及围岩样品铅同位素构造环境判别图解(Zartman and Doe,1981)

LC-下地壳;UC-上地壳;OIV-洋岛火山岩;OR-造山带;A,B,C,D 分别为各区域中样品相对集中区

矿物铅同位素组成特征参数对指示成矿物质来源、还原成矿环境具有重要意义,故进一步计算出雪岭矿区及东川矿区相应层位所含金属硫化物铅同位素特征参数。其 V_1、V_2 值计算过程(朱炳泉,1993)如下:

$$V_1 = \frac{b\Delta\gamma_p + \Delta\alpha_p}{\sqrt{1+b^2}}$$

$$V_2 = \frac{\sqrt{1+b^2+c^2}}{\sqrt{1+b^2}}\Delta\beta_p$$

式中:

$$\Delta\alpha_p = \frac{(1+c^2)\Delta\alpha + b(\Delta\gamma - c\Delta\beta - a)}{1+b^2+c^2}$$

$$\Delta\beta_p = \frac{(1+b^2)\Delta\beta + c(\Delta\gamma - b\Delta\alpha - a)}{1+b^2+c^2}$$

$$\Delta\gamma = a + b\Delta\alpha_p + c\Delta\beta_p$$

其中: $a=0, b=2.0367, c=-6.143$。

由表 6-8 可以看出,雪岭矿区灯影组金属硫化物铅同位素特征值 V_1 为 65.80~

81.29，平均值为 71.84，V_2 为 58.12～90.15，平均值为 66.77；围岩铅同位素特征值 V_1 为 81.13，V_2 为 94.38。将以上样品铅同位素特征值 V_1、V_2 投至图 6-5，可见各落点具一定的线性正相关关系，暗示各样品之间具一定的亲缘性。且落点均在华南范围内，与雪岭矿区所处扬子板块西缘康滇地轴云南段北端的地质构造背景相符。

表 6-8 雪岭铜多金属矿区灯影组金属硫化物铅同位素特征参数

样号	样品名称	地层	特征参数					
			$^{206}Pb/^{207}Pb$	V_1	V_2	$\Delta\alpha$	$\Delta\beta$	$\Delta\gamma$
XLB-69	白云岩	灯影组	1.2323	81.13	94.38	117.37	26.24	32.75
XLB-18	黄铁矿	灯影组	1.1737	68.50	58.12	78.54	21.92	37.75
XLB-24	黄铁矿	灯影组	1.1697	65.80	59.72	78.74	22.35	34.65
XLB-25	黄铁矿	灯影组	1.1663	71.77	59.10	80.33	23.68	40.51
XLB-62	黄铁矿	灯影组	1.2244	81.29	90.15	112.65	28.52	35.26

注：特征参数均由 GeoKit 软件（路远发，2004）计算所得

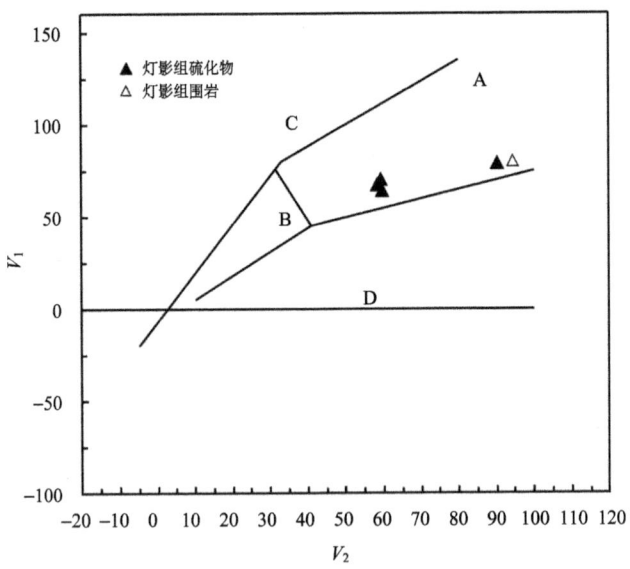

图 6-5 雪岭铜多金属矿区灯影组金属硫化物及围岩铅同位素特征值 V_1-V_2 图解（朱炳泉，2001）
A-华南；B-扬子；C-华北；D-北疆

朱炳泉等（1998）根据不同类型岩石铅资料和已知成因的矿石铅资料，做出 $\Delta\beta$-$\Delta\gamma$ 图解以判别不同成因类型矿石铅。由图 6-6 可见，各样品落点均落于上地壳与地幔混合的俯冲带铅（岩浆作用）范围内，说明雪岭矿区成矿与岩浆作用有较

为密切的关系，铅主要来自上地壳和地幔的混合铅，并部分受沉积作用影响。该结论与铅同位素构造模式图解和构造环境判别图解判定的结果是一致的。

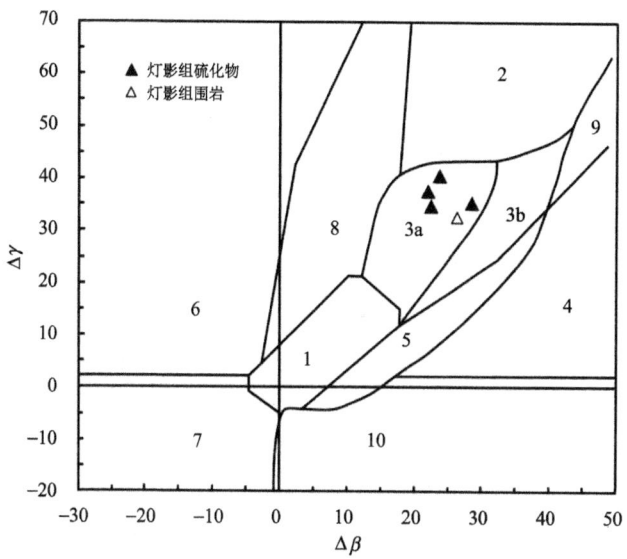

图 6-6 雪岭铜多金属矿区灯影组金属硫化物及围岩铅同位素 $\Delta\beta$-$\Delta\gamma$ 成因分类图解(朱炳泉等，1998)

1-地幔源铅；2-上地壳；3-上地壳与地幔混合的俯冲带铅(3a-岩浆作用，3b-沉积作用)；4-化学沉积型铅；5-海底热水作用铅；6-中深变质作用铅；7-深变质下地壳铅；8-造山带铅；9-古老页岩上地壳铅；10-退变质铅

此外根据铅同位素组成计算得出的矿体模式年龄见表 6-6，具正常铅特征的灯影组硫铁矿化带矿体的模式年龄为 260~350Ma，时代为二叠纪—石炭纪。由于地壳和地幔的不均一性和演化的复杂性，由矿石铅计算的模式年龄往往误差较大，所以模式年龄的正确性并不重要(吴自成，2012)，但在有地质证据或经过其他示踪方法对目标矿床的铅同位素演化有了一定认识后，通过合理模式计算的模式年龄可以对原有认识进行检验或佐证(吴开兴等，2002)。矿区西南方为峨眉山玄武岩区，其喷发时代为 259~257Ma(宋谢炎等，2002)，与计算的模式年龄相近，当时基性岩浆的巨量喷溢活动应该为成矿提供了热动力，促使深部成矿物质活化运移至浅部灯影组中沉淀富集成矿。

3. 氢、氧同位素组成

成矿流体作为热液矿床研究的主要内容之一是研究矿床成因、确定矿床类型、指导找矿方向的重要指标(郭春影等，2011)，成矿流体来源的研究与热液矿床成因模式的建立和矿床类型的确定密切相关(Deng et al.，2003a，2003b，2009)，而在研究成矿流体来源的方法中，氢氧同位素组成体系几乎是所有类型热液矿床示踪成矿流体来源的最为广泛有效的方法，其结论与热液矿床成因模式的建立密切相关。

本次分析的两个灯影组中与铜多金属矿物共同产出的石英样品氢氧同位素组成见表6-9。可见石英的$\delta D_{V\text{-SMOW}}$值介于$-102.2‰\sim-85.7‰$，均值为$-94.0‰$，$\delta^{18}O_{V\text{-SMOW}}$值介于$11.6‰\sim11.9‰$，均值为$11.8‰$，$\delta^{18}O_{水}$值介于$0.9‰\sim2.4‰$，均值为$1.7‰$。在石英样品的$\delta D_{V\text{-SMOW}}$和$\delta^{18}O_{水}$关系图解(图6-7)上，可以看出两个落点均落于靠近原生岩浆水的下方区域，属于封存水区域。封存水为海水或大气降水深循环后长期封存的产物，以高矿化为特点(韩吟文和马振东，2002)。样品落点靠近原生岩浆水区域，说明成矿过程中可能混合了部分原生岩浆水。此外，天水的渗滤作用也不容忽视。综合分析显示：雪岭铜多金属矿区灯影组中成矿流体应该以沉积岩中的深层封存水为主，混合了部分大气降水和原生岩浆水。

表6-9 雪岭铜多金属矿区灯影组石英样品氢氧同位素测试结果

样号	地层	样品名称	测试结果/‰		
			$\delta D_{V\text{-SMOW}}$	$\delta^{18}O_{V\text{-SMOW}}$	$\delta^{18}O_{水}$
XLB-5	灯影组	石英	−102.2	11.9	2.4
XLB-64	灯影组	石英	−85.7	11.6	0.9

注：由核工业北京地质研究院分析测试研究中心测定，测试仪器为MAT 253型稳定同位素质谱仪

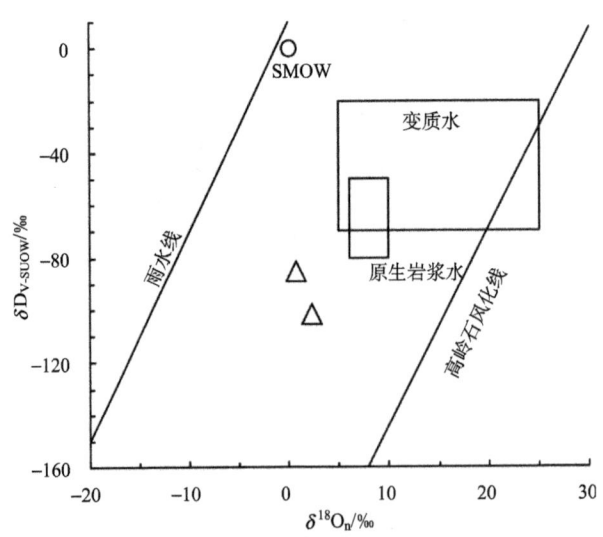

图6-7 雪岭铜多金属矿区灯影组氢氧同位素组成图解(Taylor，1974)

6.1.3 流体包裹体地球化学

流体包裹体代表的是含矿流体在结晶析出、富集成矿时的流体性质,被称为成矿溶液的原始样品,可以作为破解成矿作用的密码(何知礼,1982),也可以确定流体系统演化的特征(Lai et al.,2007),对于研究矿床成因具有重要意义。

本节采集了在雪岭矿区浅部地层铜多金属矿化成矿作用过程中与黝铜矿、辉铜矿、黄铜矿、黄铁矿、方铅矿、闪锌矿等金属矿物紧密共生的石英样品,对其中的原生包裹体进行镜下研究,并在中南大学流体包裹体实验室进行成矿流体的温度、盐度测试,以及挑选单矿物后在核工业北京地质研究院分析测试研究中心进行成矿流体成分测定。

1. 流体包裹体特征

对采于铜多金属矿化带中的两件石英样品进行显微镜下观察分析,包裹体主要特征见表 6-10。可见石英样品中包裹体发育,但包裹体均较细小,一般为 1.5～4μm;由于包裹体细小,观察到的包裹体类型单一,均为气液两相型,未见明显子矿物;气液比范围大多集中在 10%～20%,少量为 30%;包裹体基本沿石英结晶面分布,据其分布状态应属于原生包裹体。

表 6-10 雪岭矿区浅部铜多金属矿物流体包裹体特征

样号	矿物名称	包裹体类型	大小/μm	气液比/%	冰点/℃	盐度/%(NaCl质量分数)	完全均一温度/℃	流体密度/(g/cm³)
XLB-5	石英	VL	1.5	30	-0.7	1.2	298	0.71
			2	30	-0.6	1	309	0.68
			2	10	-0.5	0.8	311	0.68
			4	10	-12.8	16.7	130	1.06
			2	30	-11.3	15.3	261	0.93
			4	30	-10.5	14.5	216	0.96
			3	20	-9.8	13.7	221	0.95
			4	20	-11.5	15.5	262	0.93
			2	20	-7.9	11.6	242	0.92
			4	10	-1.6	2.6	136	0.95
XLB-64	石英	VL	2	15	-10.7	14.7	210	0.97
			2	20	-9.2	13.1	262	0.91
			2	15	-7.2	10.7	202	0.95
			3	10	-8.7	12.5	224	0.94
			3	15	-8.4	12.2	189	0.97

续表

样号	矿物名称	包裹体类型	大小/μm	气液比/%	冰点/℃	盐度/%(NaCl质量分数)	完全均一温度/℃	流体密度/(g/cm³)
XLB-64	石英	VL	2	15	-4.2	6.7	210	0.91
			3	15	-8.2	11.9	206	0.95
			2	20	-8.7	12.5	227	0.94

注：VL 指包裹体类型为气液型

2. 流体包裹体均一温度、盐度

包裹体均一温度由中南大学流体包裹体实验室进行测试，实验仪器采用英国产 LINKAM THMSG 600 型地质用冷热台，该仪器可操作的温度范围在-196～600℃。流体包裹体的盐度和密度由 FLINCOR 程序(Brown, 1989; Brown and Lamb, 1989)计算得出，计算结果见表 6-11。

可见雪岭矿区浅部铜多金属矿流体包裹体均一温度变化范围较大，石英样品中原生包裹体均一温度介于 130～311℃，均值较为接近，分别为 216℃和 239℃。由图 6-8 可见，石英样品中原生包裹体均一温度主要集中在 200～250℃，其次为 250～300℃，也有部分包裹体均一温度位于 100～200℃，显示不同次的脉动成矿作用。石英样品中原生包裹体盐度在 0.8%～16.7%(NaCl 质量分数)，变化范围较大，均值分别为 9.3%(NaCl 质量分数)和 11.8%(NaCl 质量分数)，相差不大。由石英样品中包裹体估算的流体密度介于 0.68～1.06 g/cm³，均值分别为 0.88 g/cm³ 和 0.94 g/cm³。因此，雪岭矿区浅部铜多金属矿成矿流体总体上属于中低温、低盐度、低密度性质。

表 6-11 雪岭矿区浅部铜多金属矿流体包裹体均一温度、流体密度、盐度

样号	矿物名称	冰点温度范围/℃	均一温度/℃		流体密度/(g/cm³)		盐度/%(NaCl质量分数)	
			范围	平均	范围	平均	范围	平均
XLB-5	石英	-12.8～-0.5	130～311	239	0.68～1.06	0.88	0.8～16.7	9.3
XLB-64	石英	-10.7～-4.2	189～262	216	0.91～0.97	0.94	6.7～14.7	11.8

3. 流体包裹体的成分

雪岭矿区浅部铜多金属矿中石英样品原生包裹体成分分析测试由核工业北京地质研究院分析测试研究中心承担，气相成分测试仪器为美国 PE 公司的 Clarus 600 型气相色谱仪，载气流速为 25mL/min，载气压力为 100 kPa，检测器为 TCD，柱箱温度为 120℃，热导检测器温度为 150℃，载气为 Ar_2，室温为 25℃；液相成分检测仪器为美国 Dionex-500 离子色谱仪，相对湿度为 20%，温度为 20℃。

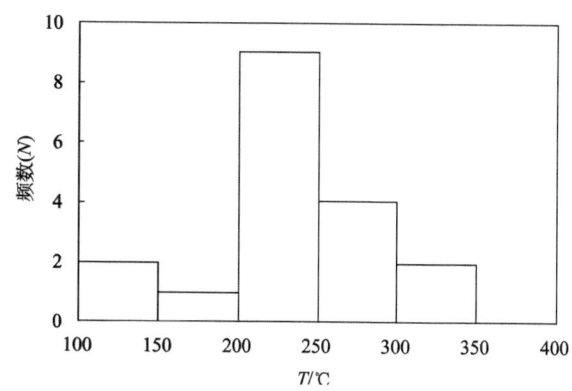

图 6-8 雪岭矿区浅部铜多金属矿流体包裹体均一温度直方图

由表 6-12 可以看出，成矿流体的液相成分中，阳离子以 Na^+、K^+、Ca^{2+} 为主，以及少量的 Mg^{2+}；阴离子以 Cl^-、SO_4^{2-} 为主，F^-、NO_3^- 少量或痕量。气相成分以 H_2O 为主，其次为 CO_2、H_2、N_2 及少量的 CO、CH_4。由于是在相对开放的系统中成矿，$w(CO_2)/w(H_2+$碳氢化合物$)$ 比值较高，说明成矿发生在还原性不强的环境，成矿流体为低盐度的 $NaCl$-KCl-H_2O-CO_2 体系。

表 6-12 雪岭矿区浅部铜多金属矿流体包裹体气液相成分分析结果

样号	矿物名称	气相成分/(μL/g)					
		H_2	N_2	CO	CH_4	CO_2	H_2O(气相)
XLB-5	石英	0.1333	0.2111	0.0773	0.0257	1.471	1.539×10^5
XLB-64	石英	0.3233	0.1734	0.0483	0.0458	1.727	2.968×10^5

样号	液相成分/(μg/g)							
	F^-	Cl^-	NO_3^-	SO_4^{2-}	Na^+	K^+	Mg^{2+}	Ca^{2+}
XLB-5	0.0712	9.859	—	43.22	6.509	2.135	1.227	12.84
XLB-64	0.0779	45.25	0.2293	34.01	24.87	5.394	1.134	10.46

6.2 深部陡山沱组铜矿

6.2.1 岩矿石地球化学

1. 常量元素地球化学

对雪岭矿区陡山沱组矿石及围岩样品进行常量元素分析,测试结果见表 6-13。可见雪岭矿区陡山沱组矿石和围岩样品所含 K_2O 含量较高，且 K_2O 含量>Na_2O

表 6-13 雪岭铜多金属矿区陡山沱组矿石和围岩常量元素含量　　　　[单位：%（质量分数）]

样号	岩性	采样点	SiO$_2$	Al$_2$O$_3$	Fe$_2$O$_3$	FeO	MgO	CaO	Na$_2$O	K$_2$O	TiO$_2$	MnO	P$_2$O$_5$	烧失量
XLZ-2	含铜灰白色白云岩	DZK3-3 344~347m	12.62	0.78	1.20	0.95	17.54	25.66	<0.01	0.25	0.06	0.41	0.04	37.20
XLZ-3	含铜碳泥质白云岩	DZK3-3 566~569.8m	58.20	10.85	4.07	3.29	3.35	2.81	0.03	3.44	1.18	0.10	0.22	9.49
XLZ-6	灰白色白云岩	DZK3-3 339~341m	4.64	0.63	0.48	0.51	20.24	29.08	<0.01	0.20	0.05	0.41	0.16	42.00
XLZ-7	紫红色泥质白云岩	DZK3-3 347~350m	60.23	12.47	2.80	5.97	3.73	0.86	0.05	4.59	1.67	0.05	0.25	7.46
XLZ-9	青绿色细晶白云岩	DZK3-3 577~579m	55.99	12.39	1.62	5.15	6.18	4.52	0.08	2.84	0.78	0.32	0.30	8.74
XLZ-10	含铜紫色泥晶白云岩	DZK3-1 721.2~728.9m	29.86	17.38	11.89	1.24	4.40	5.65	0.10	3.41	4.11	0.18	0.35	17.10
XLZ-12	含铜深灰色云质灰岩	DZK3-1 836.3m	47.58	4.68	18.60	0.66	1.28	7.79	0.08	1.15	0.44	0.09	0.08	15.60
中国东部白云岩			7.85	0.97	0.38	0.33	16.60	30.40	0.09	0.35	0.05	0.07	0.03	42.52
世界碳酸盐岩			5.14	4.72	0.54(T)		7.79	42.29	0.05	0.33	0.07	0.14	0.09	

注：T 指全铁。样品由核工业二三〇研究所分析测试中心进行检测，测试采用 XRF 方法，测试仪器为荷兰 PANalytical B.V.公司 AxiosMAX 型 X 射线荧光光谱仪，分析精度高于 1%，检测温度为 25℃，湿度为 65%。测试人：柳金良，刘朝。中国东部白云岩数据和世界碳酸盐岩数据引用表 6-1

含量。样品均含有一定量的SiO_2，主要以石英形式存在。围岩样品中，紫红色泥质白云岩、青绿色细晶白云岩 SiO_2 含量远高于灰白色白云岩的含量。矿石样品SiO_2含量为12.62%～58.20%，与野外所见矿石均呈一定硅化现象相符，说明矿化与硅化有一定相关性，且含铜碳泥质白云岩、含铜紫色泥晶白云岩和含铜深灰色白云质灰岩 SiO_2 含量明显高于含铜灰白色白云岩的含量。从样品所在钻孔的深度大致可以看出，随着地层深度的增加，SiO_2含量呈增加趋势。

陡山沱组部分矿石和围岩样品 CaO 含量<MgO 含量，不同于灯影组白云岩及矿石样品。陡山沱组 CaO 含量>MgO 含量的样品中，除含铜深灰色白云质灰岩的 CaO/MgO 值为 6.08 以外，其余样品的 CaO/MgO 值范围为 1.29～1.46，与灯影组白云岩相似，基本属于纯白云岩。本区陡山沱组的矿石和围岩样品的 MnO 含量较高，范围为 0.05%～0.41%，大部分高于灯影组白云岩和矿化白云岩，以及中国东部白云岩和世界碳酸盐岩相应含量。

矿区陡山沱组样品和灯影组样品相比，其 K_2O、Fe_2O_3、FeO、TiO_2 和 MnO 含量明显偏高，且陡山沱组含矿白云岩的 SiO_2、CaO 和 MgO 含量也大部分高于灯影组含矿白云岩的相应元素含量，反映出尽管陡山沱组和灯影组均由海侵环境沉积而来，但由于沉积环境不一致，灯影期时海侵范围更为开阔，故各地层沉积岩所含元素含量有较大差异。

矿区陡山沱组样品与中国东部白云岩和世界碳酸盐岩相比，其 SiO_2、Fe_2O_3、FeO、K_2O、TiO_2、MnO 和 P_2O_5 含量均有一定程度富集，而 Na_2O、CaO 和 MgO 含量则有一定程度亏损，这与矿区陡山沱组矿石和围岩样品所见的硅化、褐铁矿化等现象相一致。

2. 微量元素地球化学

对雪岭矿区陡山沱组矿石和围岩样品进行微量元素分析，见表6-14。可以看出，陡山沱组围岩样品灰白色白云岩、紫红色泥质白云岩、青绿色细晶白云岩均较中国东部白云岩和世界碳酸盐岩富集 Cu、Pb、Zn、Ag 等成矿金属元素，个别金属元素(如 Cu、Ag)甚至富集数百倍，说明围岩与成矿有较为密切的关系，可能提供了部分成矿物质。

对陡山沱组矿石和围岩样品进行微量元素蛛网图分析，从图6-9可以看出，矿区陡山沱组围岩微量元素特征明显富集 U、Y 等元素，亏损高场强元素 Nb、Zr、Ti 和 Yb 等，而 Sr 呈现明显的负异常。陡山沱组矿石样品微量元素特征明显富集高场强元素 U、Nd 等，亏损大离子亲石元素 Ba、K、Sr 等，Nb 也出现明显的负异常。

表6-14 雪岭铜多金属矿区陡山沱组矿石和围岩微量元素含量　　　　　[单位: 10^{-6} (质量分数)]

样号	岩性	采样点	Cu	Pb	Zn	Ag	K	S	Co	Ni	Rb	Ba	U	Ta	Nb	Mn	Sr	Zr	Hf	Ti	V	Th	Ge	Cr	Hg	Se	As
XLZ-1	含铜灰白色白云岩	DZK3-3 341~344m	2951	90.9	297	45.1	4260	10180	7.73	15.4	6.95	3.20	0.55	0.30	0.63	830	13.6	1.16	0.69	376	8.48	1.65	0.32	8.77	0.106	0.184	3.59
XLZ-2	含铜灰白色白云岩	DZK3-3 344~347m	6578	2.39	86.5	6.84	2095	6470	6.16	11.4	10.5	11.01	1.11	0.20	1.25	3150	11.2	1.04	1.41	368	11.7	1.69	1.10	8.41	0.030	0.128	0.31
XLZ-3	含铜泥质白云岩	DZK3-3 566~569.8m	3465	57.8	2185	50.0	28553	6260	48.8	188	26.5	461.10	12.2	1.71	19.3	750	36.5	181	5.50	7104	368	2.79	2.09	109	0.171	0.028	0.81
XLZ-4	含铜泥质白云岩	DZK3-3 569.8~574m	2801	22.3	219	18.1	36451	14500	24.5	39.7	109	388.01	9.78	1.40	15.1	250	21.7	176	7.98	6392	284	6.90	1.71	119	0.165	0.028	0.58
XLZ-5	含铜泥质白云岩	DZK3-3 574~577m	945	12.9	249	7.77	32725	2840	20.9	61.9	46.8	363.90	5.42	1.60	14.0	170	12.7	170	8.48	5700	127	8.11	2.35	106	0.052	0.027	0.21
XLZ-6	灰白色白云岩	DZK3-3 339~341m	370	6.96	26.8	6.59	1673	1660	2.97	10.5	8.19	106.65	1.26	0.13	0.74	3200	27.1	0.43	1.59	280	23.8	1.65	0.50	14.2	0.027	0.026	0.13
XLZ-7	紫红色泥质白云岩	DZK3-3 347~350m	8.48	4.10	126	3.95	38069	410	22.6	71.0	32.8	396.39	11.8	1.69	21.5	380	20.9	247	10.2	10000	302	6.49	2.08	75.9	0.017	0.027	0.04
XLZ-8	紫红色泥质白云岩	DZK3-3 565~566m	121	11.6	46.3	14.3	44160	4260	8.74	65.3	93.5	497.52	14.5	2.04	22.1	260	9.46	250	10.6	8752	721	13.4	1.91	115	0.112	0.045	0.10
XLZ-9	青绿色细粒白云岩	DZK3-3 577~579m	38.3	3.62	105	3.87	23606	550	13.6	25.7	19.8	440.66	1.96	0.99	10.6	2470	11.5	134	6.46	4664	51.6	7.94	3.06	58.1	0.024	0.030	0.04
XLZ-10	含铜紫色泥质白云岩	DZK3-1 721.2~728.9m	2278	44.2	813	126	28339	83630	60.5	129	31.1	254.03	6.74	1.76	21.3	1380	26.1	307	8.99	24640	255	3.58	0.91	80.5	0.139	0.026	0.41
XLZ-11	含铜碳质白云岩	DZK3-1 776~779.5m	158	13.7	68.5	236	26168	66340	39.7	189	107	316.01	4.10	2.21	8.82	360	17.5	123	8.12	3256	172	9.37	2.56	80.7	0.109	0.139	0.27
XLZ-12	含铜灰色白云质灰岩	DZK3-1836.3m	218	26.6	26.7	907	9554	118700	143	441	49.2	44.82	1.05	3.15	3.91	690	31.1	49.7	3.19	2644	44.8	1.92	1.36	60.4	0.335	0.188	0.45
	中国东部白云岩		3.7	8.5	15	0.05	2904	190	1.30	4.2	8	81	0.87	0.09	2.0	510	120	14	0.34	305	11	0.9	0.3	5.6	0.014	0.05	3.7
	世界碳酸盐岩		4	9	20	0.0n	2697	1200	0.10	20	3	10	2.2	0.0m	0.3	1100	610	19	0.30	400	20	1.7	0.2	11.0	0.040	0.08	1

注: 样品由核工业二三〇研究所分析测试中心进行检测, 微量元素测试采用ICP-MS方法, 测试仪器为美国PE公司NexION 300X型等离子质谱仪, 分析精度高于3‰。检测温度为25℃, 湿度为65%。测试人: 柳金良, 刘朝。中国东部白云岩数据和世界碳酸盐岩数据引用同表6-1。n表示任何数, 说明数值在设备检测线以下

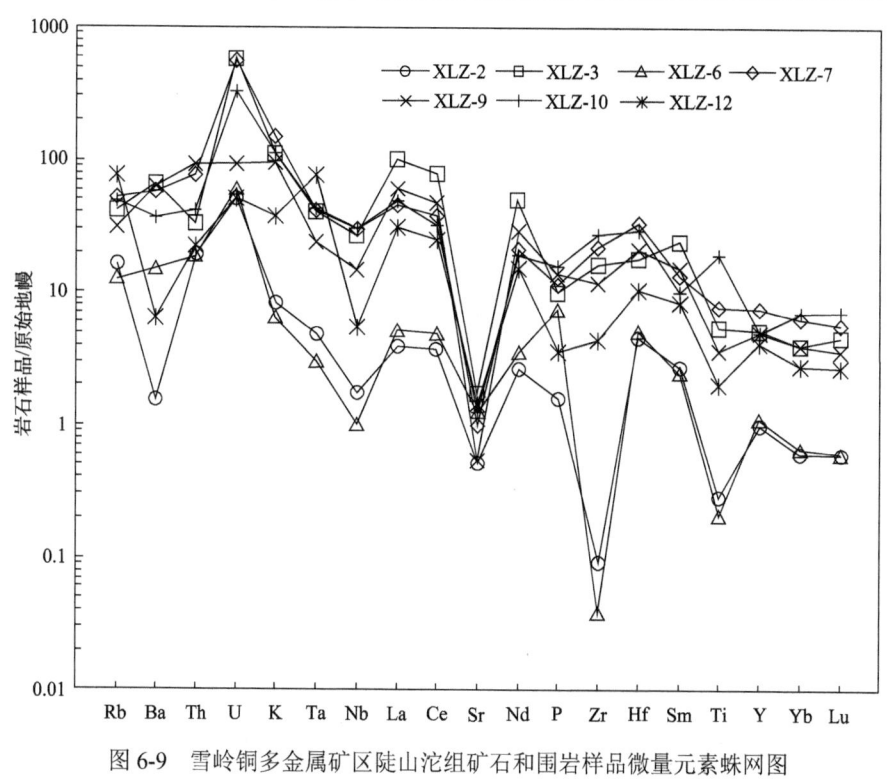

图 6-9 雪岭铜多金属矿区陡山沱组矿石和围岩样品微量元素蛛网图

原始地幔标准化值据 Sun 和 McDonough(1989),样品名称见表 6-14

雪岭矿区陡山沱组矿石和围岩样品微量元素具有如下地球化学特征。

1) Cu

雪岭铜多金属矿区陡山沱组矿石和围岩的 Cu 含量见表 6-14,各含矿岩石的 Cu 含量为 $158×10^{-6} \sim 6578×10^{-6}$,部分已达工业品位。虽然钻孔未钻遇裂隙富矿体,但仍可说明雪岭矿区深部陡山沱组具较好的铜矿找矿前景。

此外可见 Cu 在雪岭矿区陡山沱组围岩中含量均远高于中国东部白云岩和世界碳酸盐岩中的含量,其中在灰白色白云岩和紫红色泥质白云岩中含量较之富集数十至近百倍,这表明陡山沱组围岩可能提供了部分 Cu 成矿物质。

2) Pb、Zn

从表 6-14 可以看出,矿石样品 Pb、Zn 均有不同程度的富集,且 Zn 富集程度高于 Pb,特别是含铜碳泥质白云岩 Zn 含量达到 $2185×10^{-6}$,说明雪岭铜多金属矿区陡山沱组中 Zn 具有一定利用前景,而 Pb 则利用前景不大。雪岭矿区陡山沱组围岩的 Pb 含量并未较中国东部白云岩和世界碳酸盐岩有明显富集,故其与雪岭铜多金属矿区陡山沱组中 Pb 的成矿物质来源关系不大;而围岩的 Zn 含量则较中国东部白云岩和世界碳酸盐岩高得多，其中紫红色泥质白云岩和青绿色细晶白云岩的 Zn 含量高于灰白色白云岩中 Zn 含量，暗示雪岭矿区陡山沱组 Zn 的富集可能与围岩有较为密切的关系。

3）Ag

雪岭铜多金属矿区陡山沱组中 Ag 在矿石和围岩中的含量远远高于中国东部白云岩和世界碳酸盐岩，其围岩中含量最高的比中国东部白云岩和世界碳酸盐岩富集数百倍，表明陡山沱组围岩可能对矿石中 Ag 的富集提供了部分成矿物质。矿石样品中，以 DZK3-1 钻孔中含铜深灰色白云质灰岩含 Ag 最高，达到了 907×10^{-6}，其次是含铜铁碳泥质白云岩和含铜紫色泥质白云岩，其 Ag 含量分别为 236×10^{-6} 和 126×10^{-6}，然后是 DZK3-3 钻孔中的含铜碳泥质白云岩和含铜灰白色白云岩。总体来说，DZK3-1 钻孔所钻获矿石样品的 Ag 含量要远高于 DZK3-3 钻孔所钻获矿石样品的 Ag 含量，且陡山沱组中自上而下 Ag 的含量有增大的趋势，暗示 Ag 可能部分来源于陡山沱组下部昆阳群。从表 6-14 还可以看出，DZK3-3 钻孔中矿石样品的 Ag 含量与 Cu 含量呈一定的正相关性，而 DZK3-1 钻孔中矿石样品的 Ag 含量和 Cu 含量则相关性不明显。

4）Co、Ni、Cr

雪岭铜多金属矿区陡山沱组围岩中 Co 含量均高于中国东部白云岩和世界碳酸盐岩，而含铜矿石中 Co 含量则较之有极大的富集。矿石中 Co 含量从小到大依次为含铜灰白色白云岩、含铜碳泥质白云岩、含铜紫色泥质白云岩、含铜深灰色白云质灰岩，总体上沿陡山沱组由浅至深 Co 含量有增大的趋势。

陡山沱组围岩中除灰白色白云岩 Ni 含量略低于世界碳酸盐岩而高于中国东部白云岩以外，其余围岩中 Ni 含量均远高于中国东部白云岩和世界碳酸盐岩。含铜矿石样品方面，除含铜浅灰白色白云岩中 Ni 含量低于世界碳酸盐岩而高于中国东部白云岩以外，其余矿石样品所含 Ni 均远远高于中国东部白云岩和世界碳酸盐岩，其 Ni 含量从高到低依次为含铜深灰色白云质灰岩、含铜碳泥质白云岩、含铜紫色泥质白云岩、含铜灰白色白云岩，与 Co 在各矿石样品中含量趋势变化一致。

在矿区陡山沱组含铜灰白色白云岩和灰白色白云岩围岩中 Cr 含量均高于中国东部白云岩，而基本与世界碳酸盐岩持平，其余矿石和围岩中 Cr 含量则远高于中国东部白云岩和世界碳酸盐岩。矿石样品中 Cr 含量从低到高依次为含铜灰白色白云岩、含铜深灰色白云质灰岩、含铜紫色泥质白云岩、含铜碳泥质白云岩。

综合来看，雪岭铜多金属矿区陡山沱组围岩应提供了部分 Co、Ni、Cr 成矿物质，与矿石中相关元素的富集有一定关联。Cr 与 Co、Ni 含量变化趋势不一致，而与岩性有关，显示随碳质、泥质物质增多，Cr 含量有增大的趋势。根据矿石中 Co、Ni 含量沿陡山沱组往深处逐渐增大的特征，且 Co、Ni 本为指示深部来源元素，雪岭铜多金属矿区陡山沱组中成矿应与深部物质密切相关。

5) Ti

除含铜灰白色白云岩和灰白色白云岩中 Ti 含量基本与中国东部白云岩和世界碳酸盐岩相差不大以外，其余围岩和矿石中均较之有明显富集，其中含铜紫色泥质白云岩中 Ti 含量最高，为 24640×10^{-6}。从表 6-14 可以看出，雪岭铜多金属矿区陡山沱组样品中 Ti 含量变化趋势与岩性有一定关系，各岩性中 Ti 含量由小到大依次为含铜灰白色白云岩(浅灰色白云岩)、含铜深灰色白云质灰岩、青绿色细晶白云岩、含铜碳泥质白云岩、含铜紫色泥质白云岩(紫红色泥质白云岩)，显示随碳质、泥质物增多，Ti 含量呈现增大的趋势。

6) Rb、Ba、Sr

从表 6-14 可以看出，雪岭铜多金属矿区陡山沱组矿石样品与同岩性的围岩相比其 Rb 含量未有明显富集，除含铜灰白色白云岩和围岩灰白色白云岩的 Rb 含量与中国东部白云岩持平而略高于世界碳酸盐岩以外，其余矿石和围岩的 Rb 含量则明显高于中国东部白云岩和世界碳酸盐岩。其中矿石样品中 Rb 含量从小到大依次为含铜灰白色白云岩、含铜紫色泥质白云岩、含铜深灰色白云质灰岩、含铜碳泥质白云岩。还可见 Ba 在矿区陡山沱组含铜灰白色白云岩和含铜深灰色白云质灰岩中含量低于中国东部白云岩，除此之外，其余矿石和围岩中 Ba 含量均远高于中国东部白云岩和世界碳酸盐岩。含矿泥质、碳泥质岩石 Ba 含量较高，但与同岩性围岩差别不大。矿区陡山沱组中各矿石和围岩样品 Sr 含量均较中国东部白云岩和世界碳酸盐岩严重亏损，且矿石样品 Sr 含量与围岩样品 Sr 含量相差不大，未见明显富集。

3. 稀土元素地球化学

对雪岭矿区陡山沱组矿石和围岩样品进行稀土元素分析，并做出稀土元素配分模式图，分析结果和图示分别见表 6-15 和图 6-10。

(1) 含铜灰白色白云岩位于 DZK3-3 钻孔 341～347m，埋深比其余含矿白云岩浅，位于陡山沱组上部。其稀土元素总量(ΣREE)介于 18.73×10^{-6}～23.51×10^{-6}，均值为 21.12×10^{-6}。轻重稀土元素比值(LREE/HREE)介于 4.19～4.74，均值为 4.47，显示轻稀土富集，轻重稀土分馏明显。$(La/Yb)_N$ 值为 4.05～6.08，配分曲线为略右倾—平坦型。δEu 值介于 0.57～0.65，均值为 0.61，具强烈负异常，可见明显铕谷。δCe 值介于 0.99～1.03，均值为 1.01，未见明显异常。

(2) DZK3-1 和 DZK3-3 孔均见含铜碳泥质白云岩，其位于含铜灰白色白云岩下部，处于陡山沱组中下部。其稀土元素总量(ΣREE)介于 131.07×10^{-6}～324.42×10^{-6}，均值为 230.05×10^{-6}，高于含铜灰白色白云岩。轻重稀土元素比值(LREE/HREE)介

表 6-15 雪岭铜多金属矿区陡山沱组矿石及围岩稀土元素成分

样号	岩性	采样点	$La/10^{-6}$	$Ce/10^{-6}$	$Pr/10^{-6}$	$Nd/10^{-6}$	$Sm/10^{-6}$	$Eu/10^{-6}$	$Gd/10^{-6}$	$Tb/10^{-6}$	$Dy/10^{-6}$	$Ho/10^{-6}$
XLZ-1	含铜灰白色白云岩	DZK3-3 341~344m	3.95	8.50	0.98	4.75	1.03	0.20	1.17	0.17	1.00	0.23
XLZ-2	含铜灰白色白云岩	DZK3-3 344~347m	2.71	6.52	0.81	3.61	1.20	0.27	1.40	0.18	1.07	0.17
XLZ-3	含铜碳泥质白云岩	DZK3-3 566~569.8m	69.75	141	15.7	65.9	10.7	1.27	8.48	0.93	4.57	0.82
XLZ-4	含铜碳泥质云岩	DZK3-3 569.8~574m	45.43	92.1	10.0	41.1	5.73	0.94	5.26	0.77	4.59	0.95
XLZ-5	含铜碳泥质云岩	DZK3-3 574~577m	52.33	107	11.3	49.6	8.44	1.63	7.51	1.05	5.66	1.11
XLZ-6	灰白色白云岩	DZK3-3 339~341m	3.60	8.94	1.02	4.93	1.12	0.24	1.08	0.15	0.82	0.16
XLZ-7	紫红色泥质云岩	DZK3-3 347~350m	31.52	66.1	6.96	28.4	5.94	1.24	7.39	1.26	7.78	1.56
XLZ-8	紫红色泥质白云岩	DZK3-3 565~566m	50.89	93.7	9.77	42.3	6.24	1.14	5.94	0.84	4.88	0.99
XLZ-9	青绿色细晶白云岩	DZK3-3 577~579m	41.79	84.9	9.89	39.1	6.84	1.28	6.22	0.89	4.66	0.86
XLZ-10	含铜紫色泥质白云岩	DZK3-1 721.2~728.9m	33.49	57.2	6.23	25.9	4.48	1.52	3.79	0.66	4.47	0.97
XLZ-11	含铜铁碳泥质白云岩	DZK3-1 776~779.5m	29.38	54.6	6.05	24.0	3.83	0.65	3.63	0.56	3.07	0.64
XLZ-12	含铜深灰色白云质灰岩	DZK3-1 836.3m	21.33	43.5	4.71	20.5	3.72	0.58	3.58	0.54	3.33	0.65

续表

样号	Er/10^{-6}	Tm/10^{-6}	Yb/10^{-6}	Lu/10^{-6}	Y/10^{-6}	ΣREE/10^{-6}	LREE/10^{-6}	HREE/10^{-6}	LREE/HREE	(La/Yb)$_N$	δEu	δCe
XLZ-1	0.66	0.09	0.66	0.11	6.61	23.51	19.42	4.09	4.74	4.05	0.57	0.99
XLZ-2	0.39	0.05	0.30	0.04	4.58	18.73	15.12	3.61	4.19	6.08	0.65	1.03
XLZ-3	2.34	0.33	1.97	0.33	23.6	324.42	304.65	19.77	15.41	23.94	0.39	0.97
XLZ-4	2.72	0.37	2.38	0.33	25.6	212.73	195.36	17.37	11.25	12.90	0.51	0.98
XLZ-5	3.19	0.45	2.69	0.42	31.5	251.98	229.91	22.07	10.42	13.15	0.61	0.99
XLZ-6	0.41	0.06	0.33	0.05	5.13	22.90	19.85	3.05	6.50	7.32	0.65	1.08
XLZ-7	4.12	0.54	3.13	0.41	34.4	166.29	140.11	26.19	5.35	6.81	0.57	1.01
XLZ-8	2.84	0.40	2.54	0.35	30.3	222.82	204.04	18.78	10.87	13.55	0.56	0.93
XLZ-9	2.25	0.32	1.93	0.27	22.7	201.18	183.77	17.41	10.56	14.60	0.59	0.95
XLZ-10	3.21	0.50	3.55	0.53	22.6	146.57	128.90	17.67	7.29	6.38	1.10	0.87
XLZ-11	2.02	0.29	1.97	0.30	18.5	131.07	118.59	12.47	9.51	10.09	0.52	0.92
XLZ-12	1.82	0.25	1.38	0.20	18.9	106.05	94.31	11.75	8.03	10.42	0.48	0.98

注：样品由核工业二三○研究所分析测试中心进行检测，稀土元素测试采用 ICP-MS 方法，测试仪器为美国 PE 公司 NexION 300X 型等离子质谱仪，分析精度高于 3%，检测温度为 25℃，湿度为 65%。测试人：柳金良，刘朝

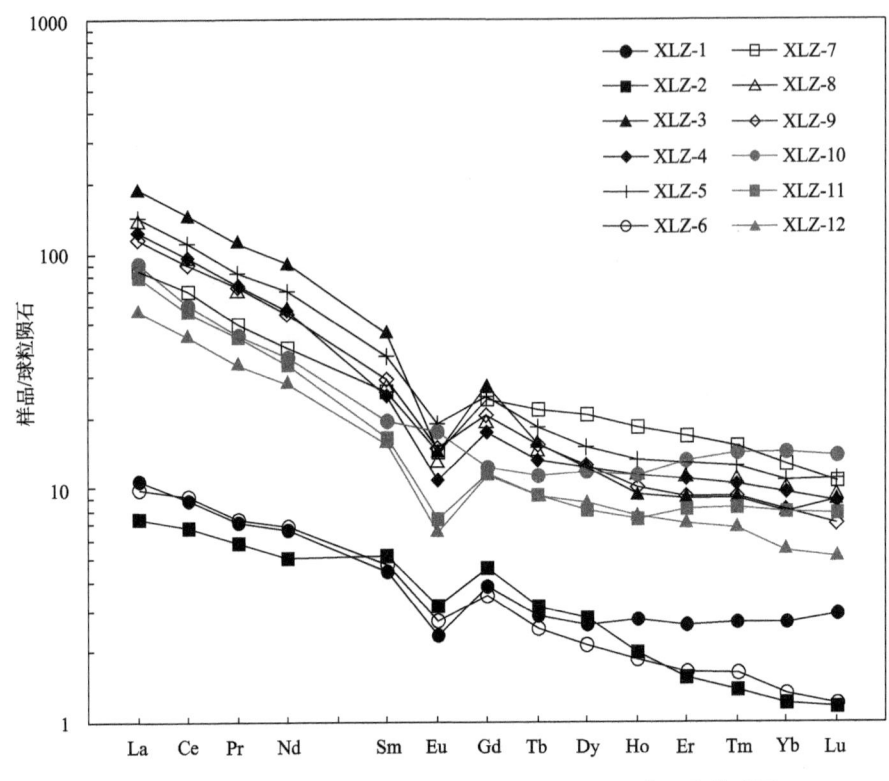

图 6-10 雪岭矿区陡山沱组矿石和围岩样品稀土元素配分模式图

球粒陨石标准化值据 Taylor 和 McLennan(1985)，样品名称见表 6-15

于 9.51~15.41，均值为 11.64，轻稀土强烈富集。$(La/Yb)_N$ 值介于 10.09~23.94，均值为 15.02，配分曲线右倾程度较含铜灰白色白云岩更明显。δEu 值介于 0.39~0.61，均值为 0.51，具强烈负异常，表明 Eu 在成矿演化过程中亏损明显，并可见明显铕谷。δCe 值介于 0.92~0.99，均值为 0.96，未见明显异常。

(3) 含铜紫色泥质白云岩和含铜深灰色白云质灰岩位于含铜碳泥质白云岩下方，处于陡山沱组底部。其稀土元素总量(ΣREE)介于 106.05×10^{-6}~146.57×10^{-6}，均值为 126.31×10^{-6}，低于含铜碳泥质白云岩，但高于含铜灰白色白云岩。轻重稀土元素比值(LREE/HREE)介于 7.29~8.03，均值为 7.66。$(La/Yb)_N$ 值介于 6.38~10.42，均值为 8.40，为轻稀土元素强烈富集型，并存在明显的轻重稀土分馏作用，且配分曲线呈明显右倾。δEu 值介于 0.48~1.10，均值为 0.79，呈负异常。δCe 值介于 0.87~0.98，均值为 0.93，具轻微负异常。

(4) 围岩中，灰白色白云岩 ΣREE 为 22.90×10^{-6}，LREE/HREE、$(La/Yb)_N$、δEu 和 δCe 分别为 6.50、7.32、0.65 和 1.08，其稀土元素特征与含矿灰白色白云岩基本相似。

紫红色泥质白云岩和青绿色细晶白云岩位于灰白色白云岩下部，处于陡山沱组中下部。其 ΣREE 介于 $166.29×10^{-6}$~$222.82×10^{-6}$，均值为 $196.77×10^{-6}$。LREE/HREE 介于 5.35~10.87，均值为 8.92。$(La/Yb)_N$ 值介于 6.81~14.60，均值为 11.65，为轻稀土元素强烈富集型，轻重稀土分馏明显，且配分曲线明显右倾。δEu 值介于 0.56~0.59，均值为 0.58，呈明显负异常，见显著铕谷。δCe 值介于 0.93~1.01，均值为 0.97，基本不呈负异常。

综合以上分析可以看出，雪岭矿区陡山沱组由浅至深其岩矿石稀土元素总量逐渐增大。从稀土元素配分模式图可以看出，样品各配分曲线特征基本相似，均呈轻稀土富集、重稀土亏损、轻重稀土明显分馏的右倾形态，且均基本显示铕的强烈亏损和铈未见明显异常，只有含铜紫色泥质白云岩的 δEu 具轻微正异常。总体来说，矿区陡山沱组各含矿岩石和围岩之间稀土元素特征基本相似，具一定的亲缘性，围岩与成矿有较为密切的关系。

6.2.2 同位素地球化学

为了更好地研究矿床的成因，查明和探讨成矿物质的来源，对雪岭矿区陡山沱组铜矿床进行同位素分析。测试样品均为所采岩矿石新鲜部分，测试单位为核工业北京地质研究院分析测试研究中心，制样过程、分析设备和测试流程参照 6.1.2 节。

1. 硫同位素地球化学

雪岭矿区及东川矿区陡山沱组、落雪组和因民组样品硫同位素组成见表 6-16，其中各地层金属硫化物硫同位素组成均能代表成矿热液的总硫同位素组成。

(1) 本节分析的陡山沱组黄铜矿 $\delta^{34}S_{V-CDT}$ 值为 0.1‰，接近地幔硫值 (Chaussidon et al.，1989)，而前人分析得出的陡山沱组硫化物 $\delta^{34}S_{V-CDT}$ 值在 –1.5‰~19.5‰(陈好寿和冉崇英，1992)，故本节分析数据在前人分析结果范围以内。综合来看，陡山沱组硫化物基本均富集重硫 ^{34}S，且变化较大，硫应该主要来源于海相硫酸盐的还原作用，并受到不同硫源的混染，如本节分析的陡山沱组样品硫源应是海相硫酸盐硫混染了地幔硫或生物硫。

(2) 本节分析的两个滥泥坪落雪组硫化物样品，其 $\delta^{34}S_{V-CDT}$ 值分别为 6‰和 13.1‰，在前人分析结果范围内，且黄铁矿>斑铜矿，与前人研究的落雪组沉积-成岩型矿物相符(龚琳等，1996)。由表 6-16 可知落雪组硫化物的 $\delta^{34}S_{V-CDT}$ 值在 5.7‰~13.1‰，极差为 7.4‰，均值为 9.3‰，基本较稳定，以富重硫为特点，硫源应来自海水硫酸盐的还原作用。

(3) 落雪组之下的因民组硫化物样品硫同位素组成见表 6-16，其 $\delta^{34}S_{V-CDT}$ 值介于−14.8‰～20.9‰，极差 35.7‰，均值为 2.3‰，可见其差异较大，说明硫的多源性。正值表示相对富集 ^{34}S，可能是海相硫酸盐参与的结果；负值表示相对富集 ^{32}S，可能与生物作用有关。硫同位素组成相差很大应该与矿物形成时的温度和成矿环境的差异有密切关系。

表 6-16 雪岭铜多金属矿区陡山沱组与东川矿区相关层位样品硫同位素组成

编号	样号	矿物名称	地层	同位素组成 $\delta^{34}S_{V\text{-}CDT}/‰$	产状
1	LNB-4	黄铜矿	陡山沱组	0.1	块状矿
2	S-1	黄铜矿	陡山沱组	18.8	层状矿
3	S-2	黄铜矿	陡山沱组	9.4	块状矿
4	S-3	黄铜矿	陡山沱组	19.5	
5	S-4	黄铜矿	陡山沱组	−1.5	
6	S-6	黄铜矿	陡山沱组	6.2	
7	LXB-1	黄铜矿	落雪组	13.1	层状矿
8	LXB-2	斑铜矿	落雪组	6	层状矿
9	T31	斑铜矿	落雪组	5.7	层状矿
10	L17-2	黄铁矿	落雪组	12.2	层状矿
11	T27	斑铜矿	落雪组	8.1	脉状矿
12	L111	斑铜矿	落雪组	10.4	脉状矿
13	L93	黄铜矿	因民组	−3.7	
14	D90-112	黄铜矿	因民组	6.8	块状矿
15	L6-4-21	黄铁矿	因民组	−14.8	层状矿
16	D-90-2	黄铁矿	因民组	20.9	脉状矿

注：由核工业北京地质研究院分析测试中心测定，测试仪器为 Delta V plus 同位素质谱仪。2～6 号引自陈好寿和冉崇英(1992)；9～16 号引自龚琳等(1996)

为了更好地研究各地层矿床成矿物质来源和成矿机制，将陡山沱组、落雪组和因民组硫化物样品硫同位素组成放至硫同位素分配图解(图 6-11)中，可见陡山沱组铜矿床硫同位素特征受多种硫源混染影响，海水硫应占主导。落雪组矿床则更偏向于海水硫，硫源与海水硫酸盐的还原作用密切相关。因民组矿床硫同位素特征与火山成因硫范围相似，即海相火山喷流-沉积作用为因民组铜铁矿床提供了主要硫源。由以上三类矿床的硫同位素特征综合对比分析可以看出，三类矿床的硫源具有一定的亲缘性，只是由于成矿流体在运移过程中混染了其他来源的硫而呈现出不同的硫同位素特征。

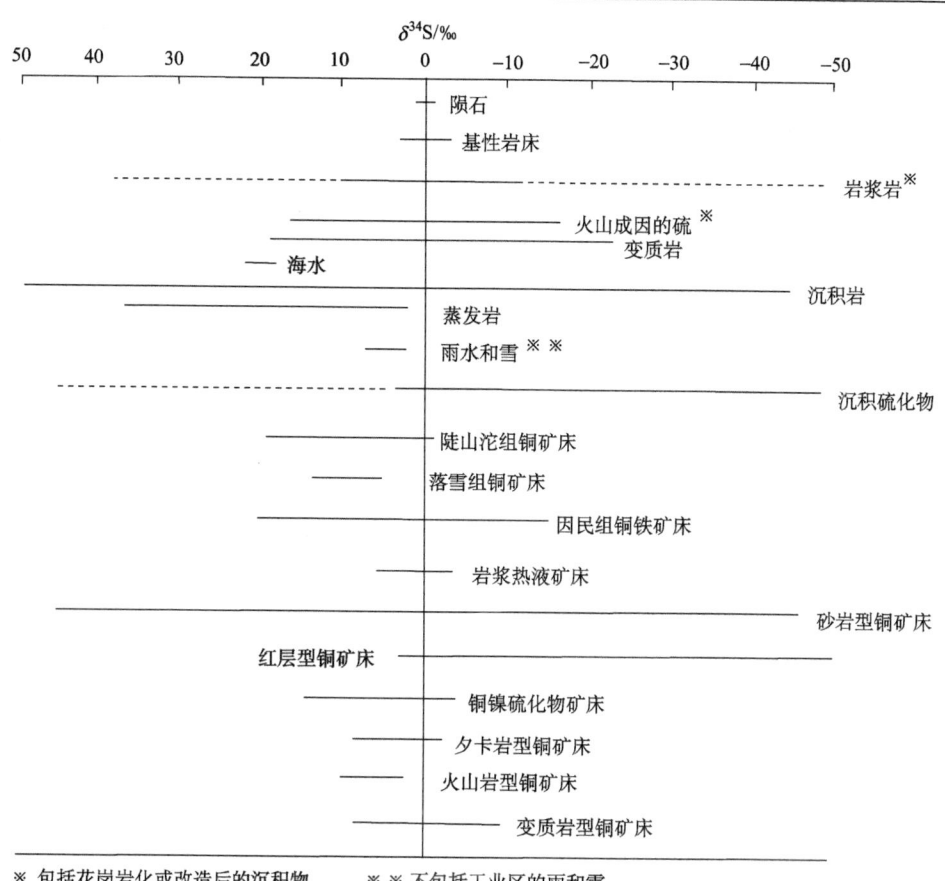

图 6-11 雪岭铜多金属矿区陡山沱组与东川矿区相关层位样品硫同位素分配图解(李嘉林，1988)

综合来说，雪岭矿区陡山沱组金属硫化物硫主要来自沉积地层海相硫酸盐的还原作用，部分受到深源昆阳群(落雪组、因民组)铜矿床硫和细菌还原作用硫的影响。

2. 铅同位素组成

从表 6-17 可以看出，产出于灯影组下伏陡山沱组中的金属硫化物铅同位素组成 $^{206}Pb/^{204}Pb$ 变化范围为 18.087~19.893，均值为 19.343，极差为 1.806；$^{207}Pb/^{204}Pb$ 变化范围为 15.599~15.773，均值为 15.712，极差为 0.174；$^{208}Pb/^{204}Pb$ 变化范围为 38.099~41.088，均值为 38.951，极差为 2.989，显示其铅同位素组成变化幅度较大，具非均一性，以及异常铅或正常铅与异常铅相混合的特征。一件陡山沱组中围岩碳质白云岩的铅同位素组成 $^{206}Pb/^{204}Pb$ 为 19.604，$^{207}Pb/^{204}Pb$ 为 15.751，$^{208}Pb/^{204}Pb$ 为 38.515，该数值与陡山沱组金属硫化物铅同位素组成相似。

表 6-17 雪岭铜多金属矿区陡山沱组样品与东川矿区相关层位样品铅同位素组成

序号	样号	样品名称	地层	同位素组成 $^{206}Pb/^{204}Pb$	$^{207}Pb/^{204}Pb$	$^{208}Pb/^{204}Pb$	模式年龄 /Ma	特征参数 μ	ω	Th/U
1	SYb-1	碳质白云岩	陡山沱组	19.604±0.003	15.751±0.002	38.515±0.005		9.66	32.38	3.24
2	LNB-4	黄铜矿	陡山沱组	19.852±0.002	15.773±0.002	38.737±0.004		9.69	32.29	3.23
3	S-3-2	黄铁矿	陡山沱组	19.625	15.752	38.708		9.66	32.98	3.30
4	90L-31	黄铁矿	陡山沱组	18.087	15.599	38.099	399	9.50	36.89	3.76
5	31	黄铜矿	陡山沱组	19.893	15.639	41.088		9.44	38.92	3.99
6	32	黄铜矿	陡山沱组	18.993	15.74	38.612		9.68	35.46	3.55
7	33	黄铜矿	陡山沱组	19.607	15.766	38.462		9.69	32.30	3.23
8	LXB-1	黄铜矿	落雪组	19.404±0.002	15.745±0.001	38.826±0.003		9.66	34.35	3.44
9	LXB-2	斑铜矿	落雪组	21.764±0.003	15.884±0.002	38.626±0.005		11.01	30.30	2.66
10	Y22	黄铜矿	落雪组	18.430	15.757	38.341	342	9.77	37.47	3.71
11	L5	斑铜矿	因民组	23.240	15.970	38.540		12.31	30.02	2.36
12	因 2-17	黄铜矿	因民组	18.200	15.651	38.271	380	9.59	37.47	3.78
13	马-1	黄铜矿	因民组	19.391	15.491	38.715	171	9.19	31.85	3.35
14		黄铁矿	因民组	18.653	15.745	38.387		9.72	36.34	3.62
15		黄铁矿	因民组	18.68	15.737	38.885	142	9.7	38.15	3.81

注：由核工业北京地质研究院分析测试研究中心测定，测试仪器为 IsoProbe-T 热电离质谱仪。3~7 号和 10~13 号引自陈好寿和冉崇英（1992）；14 和 15 号引自龚琳等（1996）。模式年龄、μ、ω、Th/U 等参数均由 GeoKit 软件（路远发，2004）计算所得

震旦系底部不整合面以下昆阳群中落雪组金属硫化物的 $^{206}Pb/^{204}Pb$ 变化范围为 18.430~23.240，均值为 20.7095，极差为 4.81；$^{207}Pb/^{204}Pb$ 变化范围为 15.745~15.970，均值为 15.839，极差为 0.225；$^{208}Pb/^{204}Pb$ 变化范围为 38.341~38.826，均值为 38.583，极差为 0.485。因民组金属硫化物的 $^{206}Pb/^{204}Pb$ 变化范围为 18.200~19.391，均值为 18.731，极差为 1.191；$^{207}Pb/^{204}Pb$ 变化范围为 15.491~15.745，均值为 15.656，极差为 0.254；$^{208}Pb/^{204}Pb$ 变化范围为 38.271~38.885，均值为 38.565，极差为 0.614。可见昆阳群中矿石铅同位素组成的稳定性较差，具非均一性，显示异常铅或正常铅与异常铅相混合的特征。

综合来看，雪岭矿区及东川矿区陡山沱组、落雪组和因民组绝大部分样品铅同位素 $^{206}Pb/^{204}Pb>18.310$，$^{207}Pb/^{204}Pb>15.489$，$^{208}Pb/^{204}Pb>37.811$，与之前雪岭矿区灯影组样品铅同位素组成特征相似，同样意味着该区的铅来自放射性成因铅较高的源区（钟宏等，2000），这与雪岭矿区及东川矿区所处大陆裂谷环境有关。

此外通过各层位金属硫化物铅同位素组成计算得出的矿体模式年龄见表 6-17，陡山沱组、落雪组和因民组多为异常铅，模式年龄大多为负数，不具实际意义。

将陡山沱组样品铅同位素特征参数 $\mu(^{238}U/^{204}Pb)$ 和 $\kappa(Th/U)$ 值与中国大陆（李龙等，2005）和世界平均（Zartman and Doe，1981）地幔、下地壳、上地壳 $\mu(^{238}U/^{204}Pb)$、$\kappa(Th/U)$ 理论值进行对比，见表 6-18。可以看出：陡山沱组铜矿的 $\mu(^{238}U/^{204}Pb)$ 和 $\kappa(Th/U)$ 值分别为 9.44~9.69 和 3.23~3.99，其更接近地幔相应值，反映出铅源主要来自地幔，并受到壳源铅一定程度的混染。

表 6-18 雪岭矿区陡山沱组金属硫化物与中国大陆、世界平均铅同位素 μ 和 κ 值对比

参数	陡山沱组	中国大陆			世界平均		
		地幔	下地壳	上地壳	地幔	下地壳	上地壳
μ	9.44~9.69	8.44	5.63	14.98	10.01	6.94	11.08
κ	3.23~3.99	3.6	5.48	3.47	2.65	5.85	3.76

将雪岭矿区及东川矿区相应地层所含金属硫化物的铅同位素数据投影至图 6-12 和图 6-13，可以看出：陡山沱组及落雪组、因民组金属硫化物样品部分落于上地壳演化线上方，铅主要来自上地壳，部分落于上地壳与造山带演化线之间，铅来自壳幔混合铅源，综合说明该区铅来源复杂，显示壳幔混合铅的特征。陡山沱组围岩与矿石硫化物样品铅同位素落点接近，说明围岩可能提供了部分成矿物质。此外各地层样品落点具有一定的线性关系，部分不同层位样品落点汇聚于一处，说明各层位成矿物质之间存在一定的亲缘性（沈渭洲，1997），陡山沱组成矿

物质应主要来源于不整合面以下昆阳群(落雪组、因民组)中的铜铁矿床。

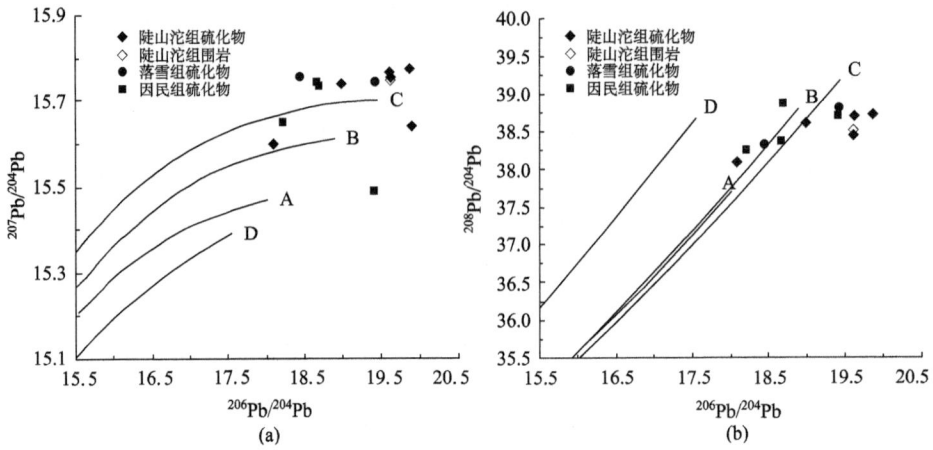

图 6-12 雪岭铜多金属矿区陡山沱组与东川矿区相关层位样品铅同位素构造模式图(Zartman and Doe,1981)

A-地幔；B-造山带；C-上地壳；D-下地壳

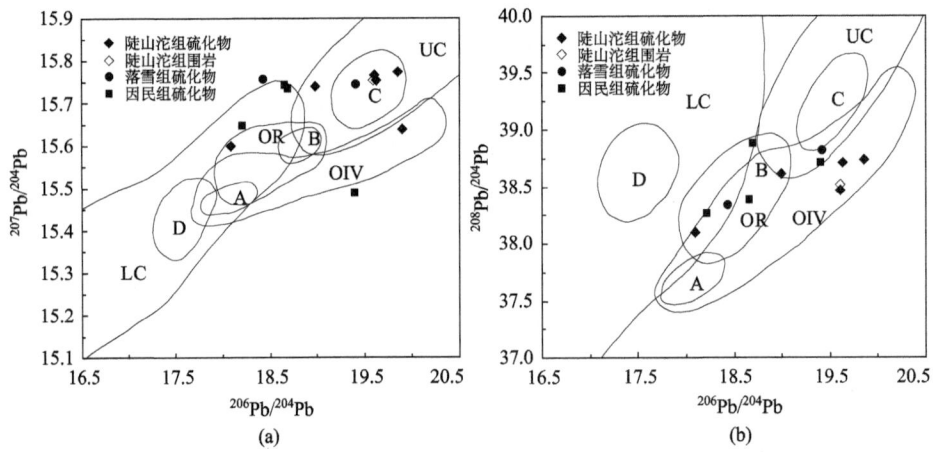

图 6-13 雪岭铜多金属矿区陡山沱组与东川矿区相关层位样品铅同位素构造环境判别图解
(Zartman and Doe,1981)

LC-下地壳；UC-上地壳；OIV-洋岛火山岩；OR-造山带；A,B,C,D 分别为各区域中样品相对集中区

为了更好地研究和探索矿床成矿物质来源，还原成矿环境，进一步对雪岭矿区及东川矿区相应层位所含金属硫化物及围岩样品进行铅同位素特征参数计算，见表 6-19。可以看出：陡山沱组金属硫化物铅同位素特征值 V_1 为 62.77～151.10，均值为 90.69，V_2 为 53.96～117.10，均值为 91.88；陡山沱组围岩铅同位素特征值

V_1 为 82.12，V_2 为 107.02；落雪组金属硫化物铅同位素特征值 V_1 为 84.5~175.05，均值为 118.12，V_2 为 68.95~288.1，均值为 166.1；因民组金属硫化物铅同位素特征值 V_1 为 67.34~81.51，均值为 73.80，V_2 为 57.85~88.6，均值为 70.37。将以上样品铅同位素特征值 V_1、V_2 投至图 6-14，可见除个别点偏离较远外，其余落点显示出很好的线性正相关关系，说明各矿床物质来源具亲缘性。且落点均在华南范围内，与雪岭矿区所处扬子板块西缘康滇地轴云南段北端的地质构造背景相符。

表 6-19 雪岭铜多金属矿区陡山沱组与东川矿区相关层位样品铅同位素特征参数

序号	样号	样品名称	地层	$^{206}Pb/^{207}Pb$	V_1	V_2	$\Delta\alpha$	$\Delta\beta$	$\Delta\gamma$
1	SYb-1	含碳质白云岩	陡山沱组	1.2446	82.12	107.02	129.59	27.22	27.87
2	LNB-4	黄铜矿	陡山沱组	1.2586	93.74	117.10	143.88	28.65	33.80
3	S-3-2	黄铁矿	陡山沱组	1.2459	87.28	105.93	130.80	27.28	33.02
4	90L-31	黄铁矿	陡山沱组	1.1595	62.77	53.96	72.97	19.11	34.11
5	31	黄铜矿	陡山沱组	1.2720	151.10	90.12	146.24	19.91	96.54
6	32	黄铜矿	陡山沱组	1.2067	68.93	76.06	94.38	26.5	30.46
7	33	黄铜矿	陡山沱组	1.2436	80.93	108.09	129.76	28.19	26.46
8	LXB-1	黄铜矿	落雪组	1.2324	84.5	93.75	118.06	26.82	36.17
9	LXB-2	斑铜矿	落雪组	1.3702	139.63	213.6	254.05	35.89	30.83
10	Y22	黄铜矿	落雪组	1.1696	73.3	68.95	88.63	29.13	38.14
11	L5	斑铜矿	落雪组	1.4552	175.05	288.1	339.09	41.5	28.54
12	因 2-17	黄铜矿	因民组	1.1629	68.46	57.85	78.11	22.41	37.92
13	马-1	黄铜矿	因民组	1.2518	81.51	88.6	117.31	10.26	33.21
14		黄铁矿	因民组	1.1847	67.34	70.43	87.96	27.52	31.84
15		黄铁矿	因民组	1.1870	77.9	64.61	87.25	26.87	43.95

注：特征参数均由 GeoKit 软件(路远发，2004)计算所得

$\Delta\beta$-$\Delta\gamma$ 图解(朱炳泉等，1998)对于判别不同成因类型矿石铅具有较好的指示意义。由图 6-15 可见，陡山沱组样品落点与落雪组和因民组样品落点具一定相关性，各样品落点大部分落于上地壳与地幔混合的俯冲带铅(岩浆作用)范围内，少部分点落于上地壳与地幔混合的俯冲带铅(沉积作用)范围内，说明矿区成矿与岩浆作用有较为密切的关系，铅主要来自上地壳和地幔的混合铅，并部分受沉积作用的影响，且矿区陡山沱组成矿与其下部基底昆阳群老地层中铜多金属矿床密切相关。

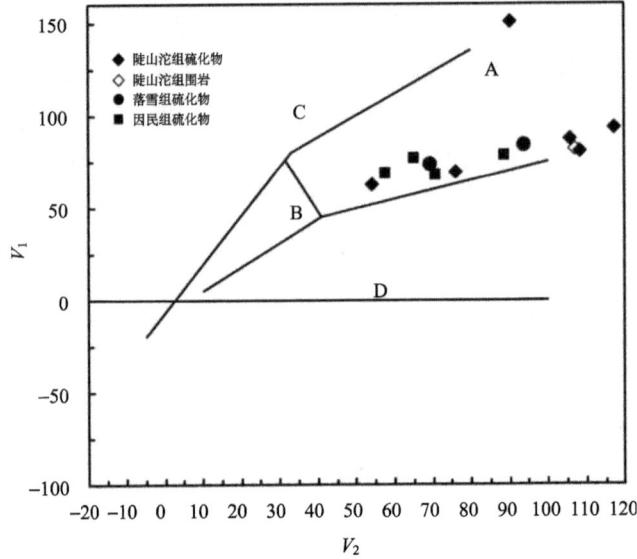

图 6-14 雪岭及东川矿区样品铅同位素特征值 V_1-V_2 图解(朱炳泉,2001)

A-华南；B-扬子；C-华北；D-北疆

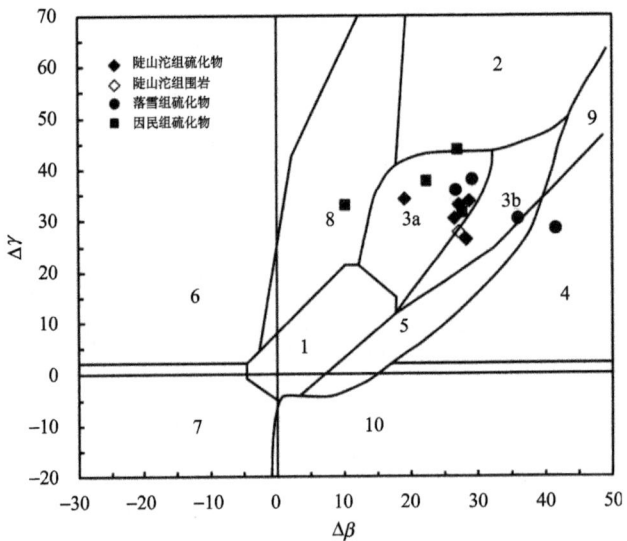

图 6-15 雪岭及东川矿区样品铅同位素 $\Delta\beta$-$\Delta\gamma$ 成因分类图解(朱炳泉等，1998)

1-地幔源铅；2-上地壳铅；3-上地壳与地幔混合的俯冲带铅(3a-岩浆作用，3b-沉积作用)；4-化学沉积型铅；5-海底热水作用铅；6-中深变质作用铅；7-深变质下地壳铅；8-造山带铅；9-古老页岩上地壳铅；10-退变质铅

3. 氢氧同位素组成

本节选取了雪岭铜多金属矿区陡山沱组一个方解石样品和东川滥泥坪矿区落雪组一个方解石样品做氢氧同位素分析。为了更好地对比研究，特参考前人针对东川矿区其他区域落雪组白云石所得出的氢氧同位素研究成果。以上样品均为与矿体同期产出的脉石矿物。从表 6-20 可以看出：雪岭矿区陡山沱组改造型脉状矿体方解石和黄铁矿样品 δD_{V-SMOW} 值分别为 –137.3‰和–110.2‰，$\delta^{18}O_{水}$ 值分别为–11.3‰和–1.29‰；东川矿区落雪组改造型脉状矿体的方解石和斑铜矿样品 δD_{V-SMOW} 值分别为–143.1‰和–106‰，$\delta^{18}O_{水}$ 值分别为–6.1‰和–4.14‰；而落雪组层状矿体的三件白云石样品 δD_{V-SMOW} 值介于–83.9‰～–31.5‰，均值为–58.4‰，$\delta^{18}O_{水}$ 值介于 6.18‰～6.53‰，均值为 6.38‰。

表 6-20 陡山沱组及落雪组样品氢氧同位素测试结果

样号	地层	样品名称	测试结果/‰			产状	资料来源
			δD_{V-SMOW}	$\delta^{18}O_{V-SMOW}$	$\delta^{18}O_{水}$		
LNB-5	陡山沱组	方解石	–137.3	–0.8	–11.3	改造-后生脉状矿	本书
L9-35	陡山沱组	黄铁矿	–110.2		–1.29	改造-后生脉状矿	龚琳等(1996)
MN-7	落雪组	方解石	–143.1	4.9	–6.1	改造-后生脉状矿	本书
B23-41	落雪组	斑铜矿	–106		–4.14	改造-后生脉状矿	龚琳等(1996)
D11	落雪组	白云石	–83.9		6.43	层状矿	冉崇英和陈好寿(1989)
D10	落雪组	白云石	–31.5		6.18	层状矿	陈好寿和冉崇英(1992)
D30	落雪组	白云石	–59.7		6.53	层状矿	冉崇英和陈好寿(1989)

注：由核工业北京地质研究院分析测试研究中心测定，测试仪器为 MAT 253 型稳定同位素质谱仪

从 δD_{V-SMOW} 和 $\delta^{18}O_{水}$ 的关系图解(图 6-16)可以看出：陡山沱组和落雪组改造型脉状矿体的样品落点位于变质水左下方，偏移较远，且陡山沱组和落雪组样品并无明显区别，成矿流体可能主要属于以大气降水为主形成的层间封存水；落雪组层状矿体的样品一件落于变质水区域，一件落于变质水和原生岩浆水交汇区域，一件落点紧靠原生岩浆水区域，说明其成矿流体主要为原生岩浆水和变质水的混合。由以上分析可以看出，落雪组成矿期形成的层状矿体的成矿流体与火山作用及变质作用有一定联系，分别有深源岩浆水和变质水的加入，而成矿后期由于改造作用形成的裂隙富矿体，其氢氧同位素落点明显向大气降水线"漂移"，反映成矿流体主要与大气降水形成的层间封存水有关。陡

山沱组样品同样为后期热液叠加改造成因,成矿流体同样显示出与大气降水形成的层间封存水密切相关。

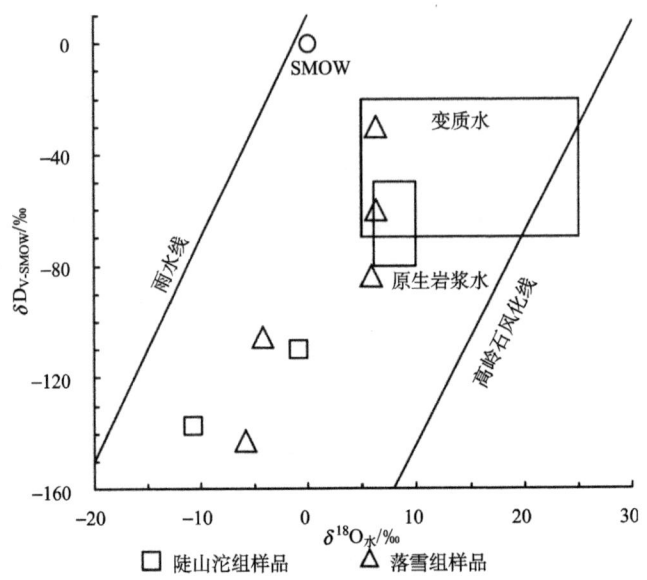

图 6-16　雪岭矿区陡山沱组样品与东川矿区落雪组样品氢氧同位素组成图解

6.2.3　流体包裹体地球化学

本节采集了一件陡山沱组中与黄铜矿紧密共生的方解石样品,为了更好地对比分析,还采集了一件落雪组中与铜矿物紧密共生的方解石样品,对以上样品中原生包裹体进行镜下观察,并在中南大学流体包裹体实验室和核工业北京地质研究院分析测试研究中心分别进行成矿流体的温度、盐度测试和气液相成分测定。

1. 流体包裹体特征

对方解石样品进行显微镜下的观察研究,流体包裹体主要特征见表 6-21。可见陡山沱组方解石中包裹体发育,但均细小,一般为 2~4μm;由于包裹体细小,观察到的包裹体类型单一,均为气液两相型,未见明显子矿物;气液比范围为 10%~20%;包裹体基本沿方解石结晶面分布,应属于原生包裹体。落雪组方解石中包裹体同样发育,大小为 2.5~5μm;包裹体类型单一,均为气液两相型,未见明显子矿物;气液比介于 5%~15%;包裹体同样沿方解石结晶面分布,属于原生包裹体。

表6-21 雪岭及东川矿区陡山沱组、落雪组铜矿物流体包裹体特征

样号	矿物名称	层位	包裹体类型	大小/μm	气液比/%	冰点/℃	盐度/%(NaCl质量分数)	完全均一温度/℃	流体密度/(g/cm³)
LNB-5	方解石	陡山沱组	VL	2.5	10	−2.6	4.2	185	0.92
				2	20	−1.4	2.3	131	0.95
				4	30	−7.4	11	274	0.88
				2.5	20	−10.2	14.2	192	0.98
				2	15	−7.5	11.1	166	0.98
				3	20	−6.4	9.7	157	0.98
				3.5	15	−4.3	6.8	173	0.95
				2	20	−4.7	7.4	186	0.94
MN-7	方解石	落雪组	VL	5	15	−9.5	13.4	155	1.01
				2.5	10	−11.2	15.2	152	1.03
				4	5	−10.1	14.1	204	0.97
				5	5	−9.7	13.6	198	0.97
				4	10	−11.2	15.2	156	1.02
				4	10	−11.4	15.4	163	1.02
				3.5	15	−10.8	14.8	185	0.99
				3	10	−11.7	15.7	189	1.00
				3	15	−10.5	14.5	168	1.00

注：VL指包裹体类型为气液型

2. 流体包裹体均一温度、盐度

由表6-22和图6-17可见，陡山沱组方解石样品中原生包裹体均一温度介于131～274℃，变化幅度较大，均值为183℃；盐度介于2.3%(NaCl质量分数)～14.2%(NaCl质量分数)，均值为8.3%(NaCl质量分数)；流体密度介于0.92～0.98 g/cm³，均值为0.95 g/cm³。落雪组方解石样品中原生包裹体均一温度范围为152～204℃，均值为174℃；盐度范围为13.4%(NaCl质量分数)～15.7%(NaCl质量分数)，均值为14.7%(NaCl质量分数)；流体密度范围为0.97～1.03 g/cm³，均值为1 g/cm³。因此，陡山沱组铜矿成矿流体总体上属于中低温、低盐度、低密度性质；

表6-22 雪岭及东川矿区陡山沱组、落雪组铜矿物流体包裹体均一温度、流体密度、盐度

样号	矿物名称	层位	冰点温度范围/℃	均一温度/℃		流体密度/(g/cm³)		盐度/%(NaCl质量分数)	
				范围	平均	范围	平均	范围	平均
LNB-5	方解石	陡山沱组	−10.2～−1.4	131～274	183	0.92～0.98	0.95	2.3～14.2	8.3
MN-7	方解石	落雪组	−11.7～−9.5	152～204	174	0.97～1.03	1	13.4～15.7	14.7

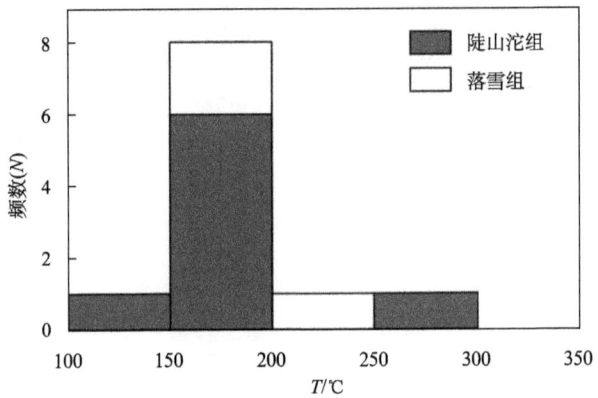

图 6-17 雪岭及东川矿区陡山沱组、落雪组铜矿物流体包裹体均一温度直方图

落雪组铜矿成矿流体的成矿温度、流体密度与陡山沱组铜矿成矿流体性质相差不大，只是盐度稍高，但总体上仍属于中低温、低盐度、低密度性质。

3. 流体包裹体的成分

对陡山沱组和落雪组铜矿物流体包裹体进行气液相成分分析，见表 6-23。陡山沱组铜矿成矿流体的液相成分中，阳离子以 Na^+、K^+、Ca^{2+} 为主，还有少量的 Mg^{2+}，阴离子以 Cl^-、SO_4^{2-} 为主，F^-、NO_3^- 含量较少；气相成分以 H_2O 为主，其次为 CO_2、H_2、N_2 及少量的 CO、CH_4。落雪组铜矿成矿流体的液相成分中，阳离子以 Na^+、Mg^{2+}、Ca^{2+} 为主，还有少量的 K^+，阴离子以 Cl^-、SO_4^{2-} 为主，F^-、NO_3^- 少量或痕量；气相成分以 H_2O 为主，其次为 CO_2、H_2 及少量的 N_2、CO、CH_4。综合分析可以看出，陡山沱组与落雪组铜矿成矿流体包裹体气液相成分及其含量相近，只是落雪组流体包裹体中气相 CO_2 含量要高于陡山沱组。由于成矿均发生在相对开放的环境中，$w(CO_2)/w(H_2+碳氢化合物)$ 值较高，说明成矿环境具弱还原性，成矿流体均为低盐度的 $NaCl-KCl-H_2O-CO_2$ 体系。

表 6-23 雪岭及东川矿区陡山沱组、落雪组铜矿物流体包裹体气液相成分分析结果

样号	矿物名称	气相成分/(μL/g)					
		H_2	N_2	CO	CH_4	CO_2	H_2O(气相)
LNB-5(陡山沱组)	方解石	0.3895	0.1755	0.0507	0.0204	1.241	8.950×10^4
MN-7(落雪组)	方解石	0.4066	0.3131	0.3024	0.0374	15.67	4.410×10^4
样号	液相成分/(μg/g)							
	F^-	Cl^-	NO_3^-	SO_4^{2-}	Na^+	K^+	Mg^{2+}	Ca^{2+}
LNB-5(陡山沱组)	0.3528	15.21	0.2638	18.77	8.61	1.602	1.491	26.22
MN-7(落雪组)	0.1814	10.51	—	26.89	7.043	1.547	9.204	17.81

第7章 雪岭矿区成矿作用演化与同位成矿

7.1 隐伏昆阳群分布与基底构造特征

雪岭矿区处于东川断块南缘,宝九断裂从矿区北部隐伏通过,雪岭矿区北部区域仍处于东川断块围限范围以内。由于东川断块围限范围以南部分震旦系陡山沱组以下为巨厚的澄江组磨拉石建造(厚度约1000m)(龚琳等,1996),雪岭矿区北部区域存在钻孔可控范围内探索昆阳群铜矿床的找矿前景。

由第5章物探高频电磁测深和大功率瞬变电磁异常形成的断面图(图5-6,图5-7)可以看出,雪岭矿区陡山沱组以下为元古界昆阳群含铜(铁)矿地层,且矿区钻探工程均在预计深度钻过陡山沱组底部不整合面进入昆阳群,如DZK3-1钻孔从861.3m(标高2421.2m)、DZK3-2钻孔从741.5m(标高2441.1m)、DZK3-3钻孔从912m(标高2321.6m)、DZK3-4钻孔从969.9m(标高2353.1m)均可见长石石英砂岩夹少量凝灰岩,说明已进入昆阳群因民组。关于陡山沱组直接与因民组接触,中间缺失桃园组和落雪组的原因,可能是受宝九逆断裂的影响而使昆阳群发生逆冲推覆作用;或者由于该处受晋宁运动影响而隆升抬起,之后于澄江期经历长期风化剥蚀夷平为准平原地形,在这段时期上部的桃园组和落雪组等地层遭受剥蚀而露出下部的因民组,接着于陡山沱期大规模海侵时接受碳酸盐岩沉积,最终使得陡山沱组直接不整合沉积于因民组之上。

因此雪岭矿区基底岩系为强烈褶皱成一系列紧密背斜和相对开阔向斜且厚度近万米的昆阳群浅变质岩,主要为古、中元古界,并与其上的震旦系呈强烈的不整合接触关系。

昆阳群的构造形态与矿区构造背景和所经历的构造运动密切相关,其主要是昆阳裂谷挤压封闭阶段及其后期的构造运动所形成的各个方向的叠加复合构造。早期的断裂由张裂性质经晋宁运动挤压后改变为封闭期的压扭性逆冲断裂或推覆构造,并派生出次生的剪切带构造。岩层在裂谷发育初期形成的挠曲也经挤压变形后形成紧密褶皱,并由于受到地质运动持续的影响而进一步发展为倒转、平卧或者翻卷褶皱,甚至沿轴部破裂而形成刺穿构造。从构造形态和褶皱轴方向判定,裂谷前期的张力和后期的挤压力均为东西向,只是由于挤压力的不均匀性和过程漫长,使得构造发育复杂。这些构造改变了地层的展布和矿体的分布,并且使矿床发生不同程度的活化迁移。

(1) 逆冲推覆构造：东川矿区较为典型的逆冲推覆构造位于迤纳厂地区，钻孔工程显示，穿过因民组下部的平缓断层后为层位在因民组之上的绿汁江组白云岩，证明因民组逆冲推覆在绿汁江组之上。此类构造仍见于东川矿区西部的四棵树—因民—落雪—石将军、九龙的弧形构造带以及南部的滥泥坪—汤丹—新塘地带。雪岭矿区位于东川矿区南部，与滥泥坪矿区相邻，受宝九逆断层影响逆冲推覆构造同样可能存在。

(2) 倒转、平卧褶皱：该类褶皱规模一般较小，较典型的为滥泥坪矿区的基底倒转背斜。该背斜轴部向北挤压而又褶曲，在小水井的背斜顶部发生倒转。

(3) 刺穿构造：该构造类型大多发现于东川矿区易门凤山地区及武定大美厂、元江鸡冠山等地。该类构造为岩层在挤压过程中轴部破裂，底部的因民组角砾岩或紫色层沿破裂带上升，形成刺穿体。在刺穿过程中通常伴随有以火山气液为主的岩浆活动，形成火山隐爆角砾岩刺穿体，除可以改造受刺穿的层状矿体以外，在其边部和分枝交叉部位常可以形成高品位的透镜状、囊状、网脉状矿体。

(4) 北东、北西向构造：多为后期构造运动所形成。北东向构造多为古生代盖层的构造线，北西向构造主要受红河走滑断层的影响而叠加在裂谷带南部。

可见受多期且持续漫长的地质运动影响，雪岭矿区所处的东川矿区南部基底构造发育复杂，并于澄江期风化剥蚀准平原化以后不整合于上震旦统陡山沱组和灯影组构成的沉积盖层之下。

7.2 雪岭矿区浅部矿化带与深部的联系

雪岭矿区浅部灯影组中脉状铜多金属矿化沿断裂带产出，前文已对矿石和围岩的常量元素、微量元素、稀土元素及硫、铅、氢、氧同位素进行了分析研究。为了更好地探索浅部矿化的成矿物质来源及成矿机制，思考灯影组中铜多金属矿化与下伏陡山沱组铜矿体及辉绿岩之间的联系，对其进行综合地球化学对比分析。

7.2.1 稀土元素证据

稀土元素是有效反映成矿物质来源、流体热液化学及水岩相互作用的方法之一，如果某一矿体中成矿物质部分来源于另一地质体，则它们之间稀土元素特征应具有一定的相关性。将雪岭铜多金属矿区浅部灯影组中的矿石与深部陡山沱组中的矿石稀土元素特征值进行综合对比分析，见表7-1和图7-1。可以看出，灯影组中矿石稀土元素总量ΣREE介于$2.45\times10^{-6}\sim22.24\times10^{-6}$，均值为$9.08\times10^{-6}$，远低于陡山沱组中矿石稀土元素总量($\Sigma REE$介于$18.73\times10^{-6}\sim324.42\times10^{-6}$，均值为$125.06\times10^{-6}$)。

表 7-1 雪岭矿区灯影组、陡山沱组矿石样品稀土元素成分

样号	地层	岩性	La /10⁻⁶	Ce /10⁻⁶	Pr /10⁻⁶	Nd /10⁻⁶	Sm /10⁻⁶	Eu /10⁻⁶	Gd /10⁻⁶	Tb /10⁻⁶	Dy /10⁻⁶	Ho /10⁻⁶	Er /10⁻⁶	Tm /10⁻⁶	Yb /10⁻⁶	Lu /10⁻⁶	Y /10⁻⁶	ΣREE /10⁻⁶	LREE /10⁻⁶	HREE /10⁻⁶	LREE/ HREE	(La/Yb)$_N$	δEu	δCe
XLB-28	灯影组	矿化硅质白云岩	0.93	1.29	0.07	0.32	0.11	0.02	0.12	0.02	0.10	0.01	0.04	0.01	0.04	0.005	0.46	3.08	2.75	0.33	8.28	17.87	0.62	0.89
XLB-48	灯影组	矿化硅质白云岩	4.77	7.84	1.14	4.25	1.12	0.23	1.00	0.16	0.78	0.15	0.38	0.05	0.33	0.05	4.30	22.24	19.33	2.91	6.65	9.74	0.64	0.77
XLB-8-1	灯影组	重晶石化含铁锰铜硅质岩	1.29	2.15	0.25	1.09	0.39	0.07	0.31	0.05	0.25	0.05	0.15	0.02	0.18	0.03	1.35	6.27	5.23	1.04	5.03	4.82	0.58	0.85
XLB-5	灯影组	孔雀石化硅质白云岩	0.96	1.43	0.07	0.34	0.13	0.02	0.08	0.02	0.09	0.02	0.04	0.01	0.05	0.01	0.48	3.26	2.95	0.31	9.60	13.53	0.52	0.95
XLB-14	灯影组	矿化硅质白云岩	0.90	1.02	0.02	0.17	0.10	0.04	0.07	0.01	0.06	0.01	0.01	0.01	0.03	0.00	0.28	2.45	2.25	0.20	11.26	17.98	1.55	0.82
XLB-18	灯影组	硫铁矿化白云岩	1.86	2.77	0.33	1.30	0.36	0.06	0.32	0.06	0.27	0.05	0.12	0.01	0.09	0.01	1.17	7.61	6.68	0.93	7.20	13.82	0.53	0.78
XLB-25	灯影组	硫铁矿化白云岩	7.83	5.64	0.78	2.42	0.43	0.07	0.36	0.07	0.36	0.09	0.23	0.04	0.30	0.04	2.59	18.66	17.18	1.48	11.61	17.89	0.53	0.44
XLZ-1	陡山沱组	含铜灰白色白云岩矿石	3.95	8.50	0.98	4.75	1.03	0.20	1.17	0.17	1.00	0.23	0.66	0.09	0.66	0.11	6.61	23.51	19.42	4.09	4.74	4.05	0.57	0.99
XLZ-2	陡山沱组	含铜灰白色白云岩矿石	2.71	6.52	0.81	3.61	1.20	0.27	1.40	0.18	1.07	0.17	0.39	0.05	0.30	0.04	4.58	18.73	15.12	3.61	4.19	6.08	0.65	1.03

续表

样号	地层	岩性	La /10⁻⁶	Ce /10⁻⁶	Pr /10⁻⁶	Nd /10⁻⁶	Sm /10⁻⁶	Eu /10⁻⁶	Gd /10⁻⁶	Tb /10⁻⁶	Dy /10⁻⁶	Ho /10⁻⁶	Er /10⁻⁶	Tm /10⁻⁶	Yb /10⁻⁶	Lu /10⁻⁶	Y /10⁻⁶	ΣREE /10⁻⁶	LREE /10⁻⁶	HREE /10⁻⁶	LREE/ HREE	$(La/Yb)_N$	δEu	δCe
XLZ-3	陡山沱组	含铜碳泥质白云岩矿石	69.75	141	15.7	65.9	10.7	1.27	8.48	0.93	4.57	0.82	2.34	0.33	1.97	0.33	23.6	324.42	304.65	19.77	15.41	23.94	0.39	0.97
XLZ-10	陡山沱组	含铜紫色泥质白云岩	33.49	57.2	6.23	25.9	4.48	1.52	3.79	0.66	4.47	0.97	3.21	0.50	3.55	0.53	22.6	146.57	128.90	17.67	7.29	6.38	1.10	0.87
XLZ-11	陡山沱组	含铜铁碳质白云岩	29.38	54.6	6.05	24.0	3.83	0.65	3.63	0.56	3.07	0.64	2.02	0.29	1.97	0.30	18.5	131.07	118.59	12.47	9.51	10.09	0.52	0.92
XLZ-12	陡山沱组	含铜深灰色白云质灰岩	21.33	43.5	4.71	20.5	3.72	0.58	3.58	0.54	3.33	0.65	1.82	0.25	1.38	0.20	18.9	106.05	94.31	11.75	8.03	10.42	0.48	0.98

注：样品由核工业二三〇研究所分析测试中心进行检测，稀土元素测试采用ICP-MS方法，测试仪器为美国PE公司NexION 300X型等离子质谱仪，分析精度高于3%，检测温度为25℃，湿度为65%。测试人：柳金良，刘朔

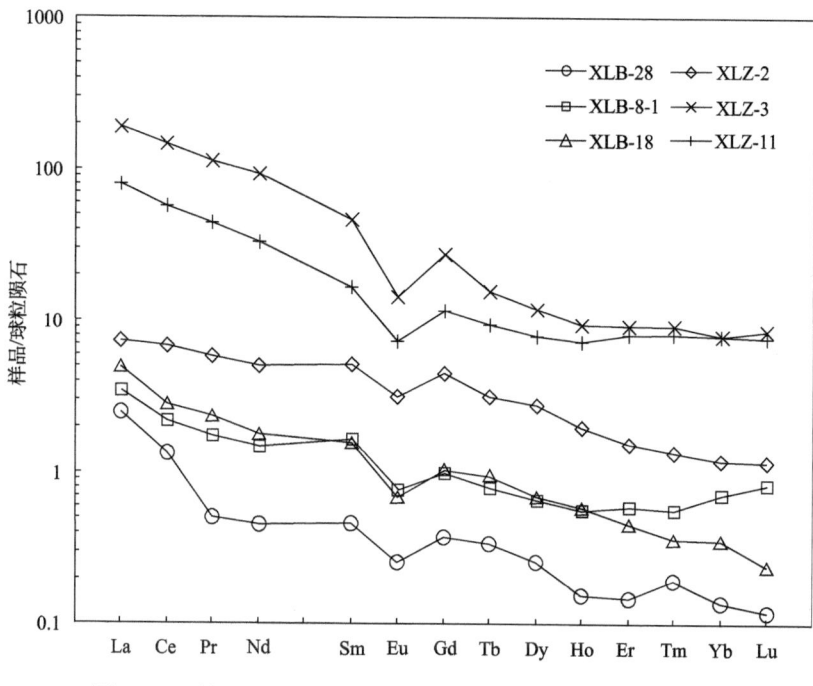

图 7-1 雪岭矿区灯影组、陡山沱组矿石样品稀土元素配分形式

球粒陨石标准化值据 Taylor 和 McLennan(1985)，样品名称见表 7-1

灯影组中矿石轻重稀土元素比值(LREE/HREE)介于 5.03～11.61，均值为 8.52；$(La/Yb)_N$ 值介于 4.82～17.98，均值为 13.67，为轻稀土元素强烈富集型，存在明显的轻重稀土分馏作用，配分曲线均呈右倾；δEu 值介于 0.52～1.55，均值为 0.71，具负异常；δCe 值介于 0.44～0.95，均值为 0.78，同样具负异常。陡山沱组中矿石轻重稀土元素比值(LREE/HREE)介于 4.19～15.41，均值为 8.2；$(La/Yb)_N$ 值介于 4.05～23.94，均值为 10.16，显示轻稀土元素强烈富集，且轻重稀土元素明显分馏，配分曲线均呈右倾；δEu 值介于 0.39～1.10，均值为 0.62，具负异常；δCe 值介于 0.87～1.03，均值为 0.96，具轻微负异常。从以上分析结果可以看出，灯影组中的矿石与陡山沱组中的矿石均显示出轻稀土元素强烈富集及配分曲线右倾的稀土元素特征，以及出现明显的铕谷，表明浅部灯影组中矿石的成矿物质与下伏陡山沱组中铜矿有密切关系，具有一定亲缘性和继承性。此外，从图 4-7 可以看出，辉绿岩样品同样显示出轻稀土元素强烈富集和轻重稀土元素分馏明显及配分曲线右倾的稀土元素特征，只是未见明显铕谷而异于灯影组和陡山沱组中的矿体，表明辉绿岩对浅部灯影组提供的成矿物质有限。

7.2.2 硫同位素证据

硫同位素是一种反映矿物原始形成条件、探索成矿物质来源的良好示踪剂(沈渭洲,1987)。前文对雪岭矿区灯影组、陡山沱组及东川矿区落雪组、因民组矿物和围岩样品进行了硫同位素组成测试分析,其测试结果见表 6-5 和表 6-16,可知灯影组矿物样品 $\delta^{34}S_{V\text{-}CDT}$ 值介于 $-37.5‰\sim27.4‰$,极差为 $64.9‰$,均值为 $4.5‰$,分布范围较广,正值代表海相硫酸盐的参与,负值可能与相对封闭环境的细菌还原作用有关;陡山沱组矿物样品 $\delta^{34}S_{V\text{-}CDT}$ 值介于 $-1.5‰\sim19.5‰$,极差为 $21‰$,均值为 $8.75‰$,显示其硫源应主要为海相硫酸盐的还原作用,并受到地幔硫及生物硫的混染;落雪组矿物样品 $\delta^{34}S_{V\text{-}CDT}$ 值介于 $5.7‰\sim13.1‰$,极差为 $7.4‰$,

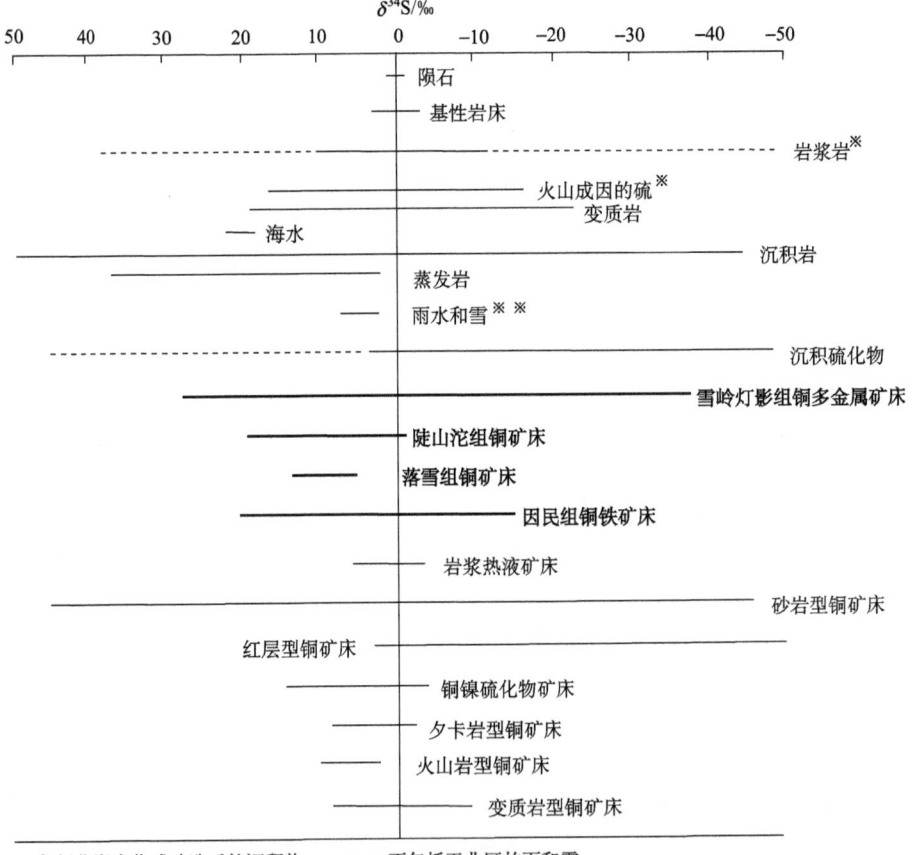

图 7-2 雪岭矿区及东川矿区样品硫同位素组成分配图解(李嘉林,1988)

均值为 9.3‰，硫源应来自海水硫酸盐的还原作用；因民组矿物样品 $\delta^{34}S_{V-CDT}$ 值介于 –14.8‰～20.9‰，极差 35.7‰，均值为 2.3‰，显示其差异较大，说明硫的多源性，应该与矿物形成时的温度和成矿环境的差异有密切关系。将以上各地层样品硫同位素组成数据投至矿床硫同位素分配图解(图 7-2)，可以看出：各组地层中矿物硫同位素所占范围具一定相关性和重合性，其硫源应具有部分亲缘性，只是由于成矿流体在运移过程中混染了其他来源的硫而呈现出不同的硫同位素特征。雪岭矿区灯影组和陡山沱组金属硫化物硫主要来自沉积地层海相硫酸盐的还原作用，部分受到深源昆阳群铜矿床硫和细菌还原作用硫的影响，而陡山沱组为灯影组成矿也提供了部分硫源。

7.2.3 铅同位素证据

由于铅同位素对示踪成矿物质来源具有显著效果(张旭等，2012)，对灯影组、陡山沱组、落雪组及因民组中矿物和围岩的铅同位素组成进行综合对比研究，其各层位样品铅同位素组成数据见表 6-6 和表 6-17，将其投影至铅同位素组成图解(图 7-3)和铅同位素组成构造环境判别图解(图 7-4)。从图 7-3 和图 7-4 可以看出：各地层样品基本落于上地壳与造山带演化线之间及上地壳演化线上方区域，表明铅主要来源于壳源铅混染的壳幔混合铅源，且由于各地层样品投影点具有一定的线性关系，部分不同层位样品落点汇聚于一处，说明各层位矿体成矿物质之间存在一定的亲缘性(沈渭洲，1997)。

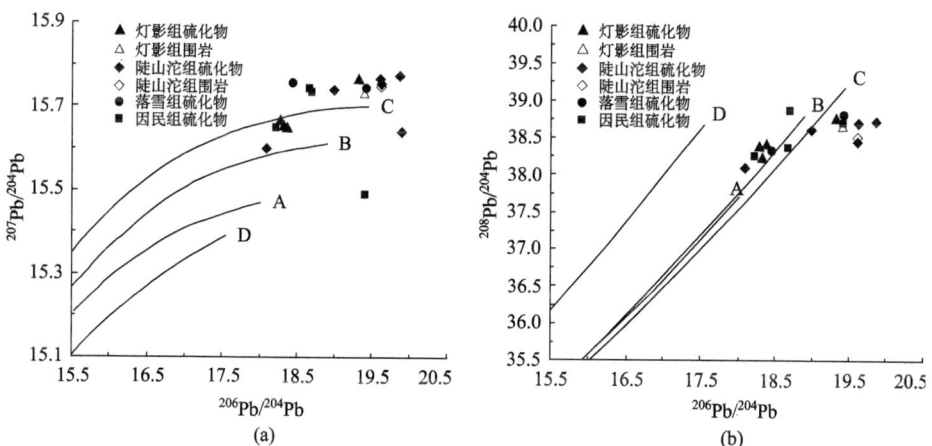

图 7-3 雪岭矿区及东川矿区矿物和岩石铅同位素组成图解(Zartman and Doe，1981)

A-地幔；B-造山带；C-上地壳；D-下地壳

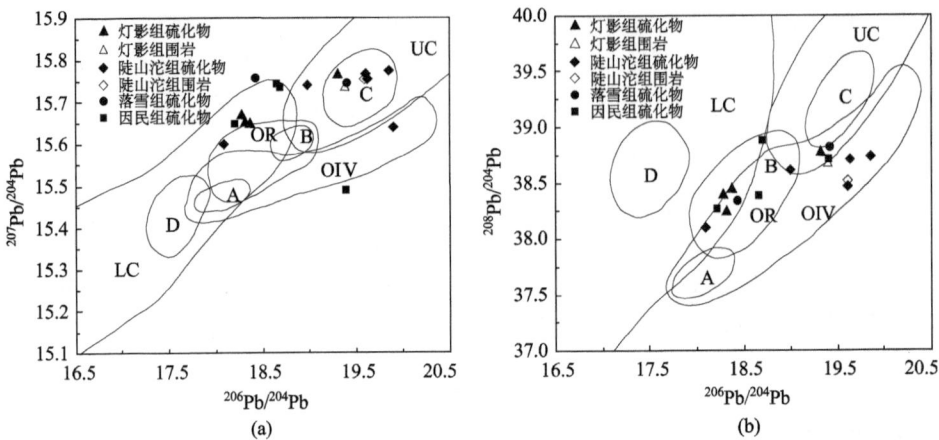

图 7-4 雪岭矿区及东川矿区矿物和岩石铅同位素组成构造环境判别图解(Zartman and Doe, 1981)
LC-下地壳;UC-上地壳;OIV-洋岛火山岩;OR-造山带;A,B,C,D 分别为各区域中样品相对集中区

铅同位素组成特征参数同样对探索成矿物质来源、还原成矿环境具有重要的指示意义,雪岭矿区灯影组、陡山沱组及东川矿区落雪组、因民组矿物和围岩样品铅同位素组成特征参数见表 6-8 和表 6-19。将以上各样品铅同位素特征值 V_1、V_2 投影至图 7-5,可以看出除个别点偏离较远外,其余各落点显示出很好的线性正相关关系,说明各地层矿体成矿物质来源具亲缘性和继承性。并且落点均在华南范围内,与雪岭矿区所处扬子板块西缘康滇地轴云南段北端的地质构造背景相符。

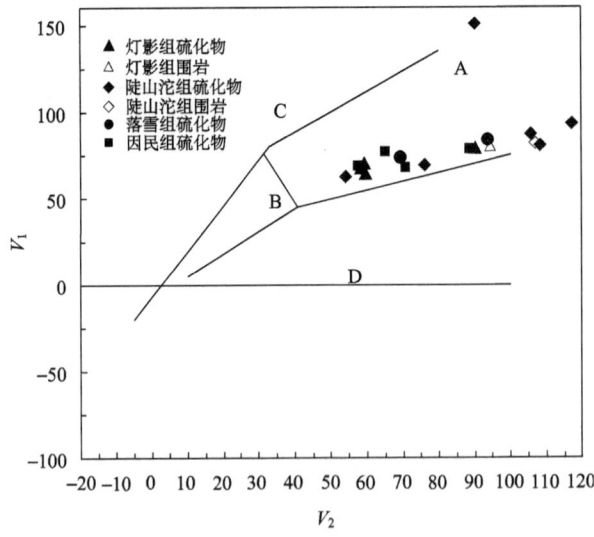

图 7-5 雪岭及东川矿区样品铅同位素特征值 V_1-V_2 图解(朱炳泉,2001)
A-华南;B-扬子;C-华北;D-北疆

为了判别不同成因类型矿石铅,将各地层样品铅同位素特征值 $\Delta\beta$、$\Delta\gamma$ 投影至 $\Delta\beta$-$\Delta\gamma$ 成因分类图解,如图 7-6 所示。可以看出,各样品落点大部分落于上地壳与地幔混合的俯冲带铅(岩浆作用)范围内,少部分点落于上地壳与地幔混合的俯冲带铅(沉积作用)范围内,表明雪岭矿区成矿与岩浆作用有较为密切的关系,铅主要来自上地壳和地幔的混合铅,并部分受沉积作用的影响。各落点投影区域较为集中,具有一定的相关性,说明灯影组铜多金属矿化成矿物质与下伏陡山沱组铜矿和落雪组、因民组古铜铁矿之间具有较为密切的亲缘性。

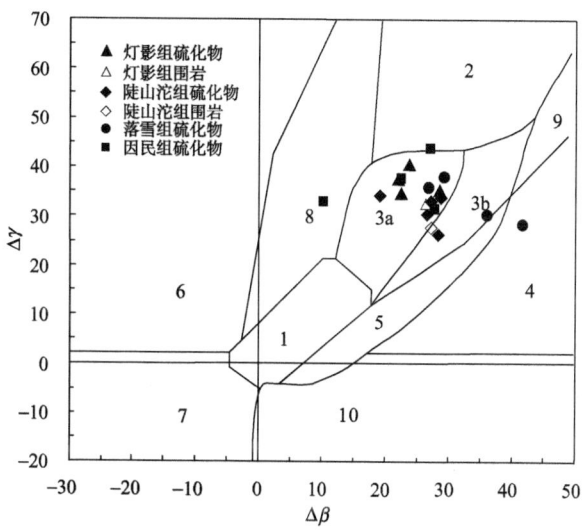

图 7-6 雪岭及东川矿区样品铅同位素 $\Delta\beta$-$\Delta\gamma$ 成因分类图解(朱炳泉等,1998)
1-地幔源铅;2-上地壳铅;3-上地壳与地幔混合的俯冲带铅(3a-岩浆作用,3b-沉积作用);4-化学沉积型铅;5-海底热水作用铅;6-中深变质作用铅;7-深变质下地壳铅;8-造山带铅;9-古老页岩上地壳铅;10-退变质铅

前文研究已说明,雪岭矿区灯影组铜多金属矿体围岩均较上地壳富集 Ag、Pb 等成矿元素。综合来说,浅部灯影组中铜多金属矿体成矿物质部分来自围岩,但主要应来源于下伏陡山沱组铜矿,部分可能来自基底昆阳群所含铜铁矿床。前文的研究也得出具正常铅特征的灯影组金属硫化物的模式年龄为 260~350Ma,时代为二叠纪—石炭纪,与峨眉山玄武岩集中喷溢时代(259~257Ma)相近。本区中北部出露的辉绿岩为峨眉山玄武岩同期异相岩浆活动产物,证明当时的岩浆活动对本区影响较大,很可能为矿化提供了热动力。雪岭矿区灯影组中铜多金属矿化应是在晚二叠世,受西南部峨眉山玄武岩巨量喷溢影响,矿区深部陡山沱组滥泥坪式铜矿和基底昆阳群中成矿物质被活化并沿断裂带运移至浅部灯影组中,沿途淋滤围岩获取部分成矿物质,并还原沉积地层的海相硫酸盐,伴随着物理、化

学条件的改变，部分受生物作用影响，成矿物质在灯影组的构造有利位置沉淀富集成矿，为浅成低温热液充填交代成因。矿区陡山沱组层状铜矿中的铜主要来自昆阳群中铜矿的风化剥蚀物，部分来自沿断裂带运移的深部成矿物质，属于陆源碎屑砂砾岩沉积改造成因。

7.3 同位成矿

东川矿区位于会理-东川拗拉槽东端，自中元古代以来持续受到裂谷(陷)构造作用和地体增生作用的影响，成矿环境十分有利，且区内沿深大断裂从深部带来源源不断的成矿物质，各因素结合下东川矿区演化出各类型铜矿床叠加的超大型矿集区。前人研究指出：不同时期的裂谷(陷)构造、地体增生构造和热地幔隆起的联合作用，是大型、超大型及中型金属矿床形成的基本构造条件(吴健民等，1998)。东川矿区在裂谷演化初期的裂堑阶段，受强烈水下火山喷发及生长断裂的强烈活动影响，发育有因民组的稀矿山式铜铁矿床；接着在裂谷拗陷阶段，在因民组之上依次发育落雪组中热卤水喷流沉积形成的东川式铜矿床和黑山组中由于封闭还原环境形成的桃园式铜矿床；裂谷挤压封闭阶段，在陡山沱组中发育陆源碎屑砂砾岩沉积改造型滥泥坪式铜矿；灯影期之后形成了稳定的沉积盖层，在灯影组中发育沿断裂带分布的裂隙脉状铜多金属矿化，成矿物质主要来自陡山沱组中的铜矿床，部分来自深部昆阳群的古老铜矿床。综合以上分析，雪岭矿区及其所属的东川矿区的各类型金属矿床应属于"同位成矿"范畴。

同位成矿是在同一空间范围内，同时代与不同时代、同类型与不同类型、同矿种与不同矿种相对稳定的成矿作用及其成矿规律性的总称(梅友松等，2000)，前人对同位成矿进行了大量的研究(汪东波和梅友松，1993；梅友松等，1995，2000；汪东波等，1998；邓吉牛，2000；何文举，2002)，一般认为其高度概括了多期矿化叠加现象，揭示了成矿继承性的内因。在本区，同位成矿主要指大型铜矿的深源-同位-多期复合成矿。大型铜矿富集区一般具备三个条件：①有丰富的深部物质来源，②有利的导矿构造系统，③良好的储矿与富集成矿环境。东川矿区铜储量已达超大型，深大生长断裂直抵上地幔，深部成矿物质不断地运移至浅部，于裂谷演化不同时期和演化之后在聚矿有益位置富集成矿。

雪岭铜多金属矿区位于东川矿区南缘，东川矿区南部边界断裂——宝九断裂在雪岭矿区中北部隐伏通过。雪岭矿区浅部震旦系灯影组中赋存有沿断裂带产出的裂隙脉状铜多金属矿，灯影组下伏的震旦系陡山沱组中，已发现赋存有滥泥坪式铜矿，陡山沱组以下不整合面下部为昆阳群。根据与雪岭矿区北部相邻的滥泥坪矿区的勘探资料可以看出，陡山沱组之下的昆阳群中赋存有落雪组中的东川式铜矿和因民组中的稀矿山式铜铁矿,故雪岭矿区陡山沱组以下的昆阳群中同样有可能赋存铜铁矿床。因此雪岭矿区范围内地层从老到新依次赋存有昆阳群铜矿床、陡山沱组中的滥泥坪式铜矿床、灯影组中的裂隙脉状铜多金属矿体,三种相关铜矿类型集中于同一空间叠加产出。结合前文研究的成果,它们在成矿物质来源(壳-幔混合源)、主要控矿因素[次级生长断裂、含铜喷流岩(火山岩)-白云岩组合、局限沉积洼地、断裂构造带]、成矿作用(火山喷流-喷流沉积-陆源沉积改造-热液充填交代)等方面都具有同源演化、相互作用及继承性等特点。前人研究(吴健民等,1995b)指出:东川矿区如果下部因民组稀矿山式铜铁矿规模大、连续稳定时,上部落雪组中的东川式铜矿也同样富厚且稳定;如果稀矿山式铜铁矿为多层薄层时,则上部东川式铜矿也为多层薄层,说明两者之间成矿存在继承性。雪岭矿区浅部灯影组中裂隙脉状铜多金属矿化主要成矿物质来源于深部铜矿活化,故成矿之间同样存在继承性。

第8章　雪岭铜多金属矿区成因探讨及找矿方向

8.1　控矿因素

8.1.1　浅部铜多金属矿化控矿因素

1. 构造控矿因素

裴荣富等(2001)指出区域构造演化、火山岩浆活动过程、岩浆活动展布空间及沉积建造等重大地质事件均与区域深大断裂密切相关，并受其控制，同时岩石圈深部岩浆、气体、含矿热液等向浅部的运移、排放及地表大气降水的下渗也受控于区域深大断裂。成矿物质迁移聚集是不同来源、不同类型、不同深度的多种流体相互混合、相互沟通、相互反应、相互作用的结果(Foley and Peccerillo, 1992; Pitcher, 1983; Monteiro and Carcalho, 1986)。深大断裂具有长期性、继承性、脉动性的特点，为成矿作用提供了丰富的成矿物质、流体和驱动力，为深部和浅部的物质及能量的交换提供了条件；深大断裂不仅是导矿、驱矿、运矿的通道，更是聚矿的场所；其贯通矿源场和储矿场，使成矿物质在同一空间中反复浓度升高、物质聚集和多次叠加成矿成为可能(卢作祥等，1988)。东川矿区由南北向的小江断裂、普渡河断裂和东西向的宝九断裂、麻塘断裂四条深大生长断裂所围限，它们不但控制了东川矿区的构造格局，也在东川矿区内部形成了南北向与东西向两组主干断裂，其中就包括南北向的落因断裂带。

东川矿区南部边界深大生长断裂在雪岭矿区北部隐伏通过，受其逆断层性质影响，上盘昆阳群上升，并直接为震旦系陡山沱组所覆盖。宝九深大断裂不仅为昆阳群成矿提供了巨量的成矿物质，而且使昆阳群抬升，使地表钻孔钻探到昆阳群成为可能。受同位成矿继承性影响，昆阳群成矿物质富集使不整合面上覆陡山沱组成矿良好，进而影响更浅部的灯影组，促使陡山沱组中成矿物质沿落因断裂带南延断裂活化运移至浅部灯影组中富集成矿。

2. 下伏铜矿床控制因素

矿区同位成矿具有同源演化、相互联系和继承性的特征，灯影组中裂隙脉状铜多金属矿化成矿物质除部分来自围岩和辉绿岩外，主要来自下伏陡山沱组铜矿的活化迁移，因此下伏陡山沱组铜矿的位置与规模直接影响和控制了上覆灯影组

3. 岩性控矿因素

雪岭矿区浅部成矿主要赋矿围岩为震旦系灯影组白云岩，部分为寒武系渔户村组磷块岩和白云岩。前文研究发现灯影组和渔户村组均富含 Ag、Pb 等成矿元素，为成矿提供了部分成矿物质。且白云岩的化学性质活泼，性脆，渗透性较好，易产生裂缝，易被含矿热液交代和使含矿热液沉淀，有利于矿液的运移和沉淀。深部陡山沱组及昆阳群铜矿床中成矿物质被活化沿断裂带运移至浅部地层中时，交代白云质围岩并萃取围岩中部分成矿物质，受物理、化学条件的改变，含矿热液在围岩中构造有利位置沉淀并富集成矿。因此围岩对矿区浅部地层成矿的影响不容忽视。

4. 岩浆岩控矿因素

雪岭矿区西南部区域有二叠系峨眉山玄武岩出露，矿区中北部出露有辉绿岩脉沿断裂产出，沿岩脉接触带见有铜多金属矿化。矿区辉绿岩与峨眉山玄武岩为同期同源异相岩浆活动产物，辉绿岩侵入不仅为矿区成矿活动提供了部分成矿物质及矿化剂，更重要的是辉绿岩侵入活动及西南部峨眉山玄武岩的巨量喷溢活动为矿区成矿提供了热动力，促使深部地层中铜矿床成矿物质发生活化迁移。同时辉绿岩侵入体周围铜多金属矿化较好，形成少量可采矿体。因此基性岩也与雪岭矿区浅部地层中成矿有着密切关系。

8.1.2 深部陡山沱组铜矿控矿因素

1. 地层与岩性控矿因素

根据陡山沱组滥泥坪式铜矿研究成果，滥泥坪式铜矿主要有两层矿床，其一赋存于陡山沱组第一岩性段底部砂砾岩中，紧挨不整合面呈层状产出；其二赋存在陡山沱组第二岩性段上部薄层泥质白云岩及第三岩性段碳泥质白云岩中。第一段含矿层为晚震旦世初期，为不整合剥蚀面上的沉积洼地及其所堆积的滨海相砂砾岩所控制；第二段含矿层为海湾浅海相碳酸盐沉积所控制。

2. 构造控矿因素

晋宁运动使昆阳群强烈挤压，并导致东川块状隆起，之后的澄江运动则对其风化剥蚀，使其准平原化。遭遇风化剥蚀的铜质在陡山沱期海侵时聚集在基底不整合面的沉积洼地中，成为滥泥坪式铜矿的矿源层。同时因为滥泥坪矿区处于东川矿区南缘,故东川矿区南部边界——宝九深大生长断裂与滥泥坪式铜矿的成矿物质来源、矿体规模等密切相关。

滥泥坪式铜矿普遍受到后期构造改造作用,特别是赋存于碳泥质白云岩中的铜矿体受后期断裂构造改造作用十分明显。后期的断裂构造主要包括滥泥坪逆断层及其次级断层,它们一方面破坏了原有矿体的完整性,另一方面促使铜质活化迁移再次富集,形成了裂隙状富厚矿体。故后期断裂构造运动控制了滥泥坪矿区改造型脉状矿体的产出与分布。

3. 基底铜矿床控矿因素

滥泥坪式铜矿床的砂砾岩型铜矿体的成矿物质来源为基底昆阳群古铜矿床的风化剥蚀,其下伏基底铜矿床的规模和位置直接控制了上覆陡山沱组中铜矿床的分布和富集程度,这也与同位成矿的继承性特征相符。

8.2 矿床成因

矿床成因概括了成矿作用发生的地质环境、时空变化特征、成矿物质来源、迁移搬运形式、沉淀富集机理及流体的形成与演化等(陈毓川和翟裕生,1993)。矿床成因的探讨在找矿工作过程中起着重要的作用。由于对矿床成因认识的不同,所提出的找矿方法和找矿效果肯定相差巨大。因此,只有认识好矿床的成因机制,才能对生产探矿提供更大的帮助。

雪岭矿区浅部灯影组有铜多金属矿化沿断裂带和辉绿岩脉产出,金属矿物以黄铁矿、黄铜矿、黝铜矿等为主,并含少量的辉铜矿、方铅矿、闪锌矿等,氧化矿物主要为孔雀石、蓝铜矿和褐铁矿等。矿体明显受断裂构造控制。根据雪岭矿区浅部铜多金属矿化线索和衍生成矿信息,在灯影组白云岩盖层之下找到全隐伏的陡山沱组中的滥泥坪式铜矿。通过对矿石及围岩样品进行元素地球化学分析、同位素分析等,笔者认为雪岭矿区浅部地层中铜多金属矿化为基性岩浆活动背景下的浅成低温热液充填交代成因,深部的陡山沱组滥泥坪式铜矿则为陆源碎屑砂砾岩沉积改造成因。

8.2.1 前震旦世基底古铜矿床形成阶段

元古宙时随着地壳的演化发生了全球性的裂谷事件,形成了很多世界型铜矿,如中非的赞比亚铜矿带,加拿大的拉布拉多、雷德斯通,美国的基韦诺、怀特潘,澳大利亚的芒特艾萨、奥林匹克坝,俄罗斯的乌多坎,以及中国的东川等(龚琳等,1996)。雪岭矿区位于昆阳裂谷中的会理-东川拗拉槽范围内,处于扬子和青藏两个岩石圈之间(吴健民等，1998)。中元古代因民期为裂谷演化初始阶段，基底发生张裂作用，引起强烈的火山活动，沿裂谷内断裂发生喷溢，并在喷溢间隙发生热液喷流活动，沿同生断层上涌。火山活动热驱动深循环海水从岩石中汲取成矿物质并与火山气液混合沿同生断层喷出，在低洼处汇集形成初始铜铁矿层。之后的含铜热液沿断裂带活动于碳酸盐岩等高渗透带，叠加作用于原有喷流沉积岩最终导致了铜矿的富集，形成了昆阳群稀矿山式铜铁矿床。

至中元古代落雪期时，裂谷演化为断裂拗陷阶段。这时从初期开始的强烈火山活动已逐渐减弱，而喷流热液活动则明显加强。此时裂谷中为一水体逐渐加深并长期演化的潮坪沉积环境，属于强烈非补偿型沉积，形成如潮坪、热卤水池、藻礁、蒸发泥坪等各种成矿环境，含铜热液由同生断层中喷溢，受物理、化学条件的变化而沉淀富集在以上各类成矿环境中形成东川式铜矿，且后期的含矿热液活动对原有矿层进行叠加改造，形成富厚脉状矿体。随着断裂拗陷的进一步发展，水体不断加深，于中元古代黑山期沉积相由潮坪相演化为滞留海湾相。黑山组沉积初期落雪期的残余矿质在局限洼地中聚集形成初始层状铜矿，成岩后热液运动活化初始矿质并沿断裂带和层间滑动带运移，受黑色碳泥质白云岩还原作用影响，矿质沉淀，对初始层状矿体进行叠加改造最终形成层-脉矿体共存的桃园式铜矿。昆阳群中稀矿山式铜铁矿床、东川式铜矿床和桃园式铜矿床共同构成了矿区的基底古铜矿床。

8.2.2 晚震旦世滥泥坪式铜矿形成阶段

新元古代早震旦世的晋宁运动(900Ma)使昆阳裂谷发生挤压、封闭，并使东川块状隆起，昆阳群褶皱隆起成山。随之而来的澄江运动(700Ma)对晋宁期形成的高山深谷进行强烈的风化剥蚀和充填。澄江期，由洪积扇和河流相形成的厚达千米的碎屑磨拉石建造，不整合覆盖于昆阳群上。但是受到南部边界生长断裂——宝九断裂的影响，澄江组磨拉石建造一般只沉积于宝九断裂以南区域，以北则有缺失。随着剥蚀和充填作用的进行，至晚震旦世陡山沱期海侵时昆阳群基本已准平原化。海侵导致该区大部分地区被海水覆盖，昆阳群铜矿床的残余风化壳受海解作用影响铜质被聚集在局限低洼处，受物理、化学条件的改变及生物作用影响，铜质析出形成初始层状铜矿覆盖于不整合面上。之后受成岩作用及构造作用影响，成矿物质发生活化迁移，沿不整合面、陡山沱组中碳泥质还原性岩石及构造有利位置富集形成雪岭矿区深部陡山沱组中的滥泥坪式铜矿。

8.2.3 晚二叠世热液充填交代阶段

晚震旦世灯影期时，海侵规模扩大，淹没了包括东川矿区在内的滇东地区广阔区域，成岩作用以后形成了以白云岩为主的覆盖于陡山沱组之上的稳定沉积盖层，此时包括宝九断裂及次级断裂在内的构造运动也转变为隐伏活动。晚二叠世时，在滇、川、黔等地发生了基性岩浆的强烈喷溢活动，形成了巨量的峨眉山玄武岩，雪岭矿区范围内也有与峨眉山玄武岩同源同期的辉绿岩脉侵入。受此基性岩浆剧烈活动的影响，矿区范围内聚集了大量热能。混合了层间水和天水的热液流体在热能的驱动下活化萃取深部陡山沱组铜矿成矿物质，并渗透淋滤沉积地层中部分成矿物质，形成含矿热液。当温度达到一定程度时，由于水体体积增大、密度变轻，在地热梯度、压力梯度和活度梯度影响下，含矿热液沿落因断裂带南延断层和其他脆弱部位上升，随着成矿环境及物理、化学条件的变化和生物作用的影响，矿质在浅部灯影组中构造有利位置沉淀富集成裂隙脉状铜多金属矿。其中 Pb 等成矿物质主要来源于沉积地层，而 Cu、S 等成矿物质则主要来自深部陡山沱组铜矿，辉绿岩也提供了部分成矿物质。

8.3 成矿模式

矿床成矿模式用文字、图表等形式高度概括矿床的地质特征、成矿作用、成矿条件、成矿环境、成矿物质来源、成因机制等，并且随着矿床学研究程度的深入，成矿模式也得到不断改进和发展。成矿模式对某一成因类型或某一成矿系列的复杂地质现象、基本特征和成矿规律的重点显示，对于深化矿床认识、发展矿床学理论、了解同类型矿床的找矿标志及变化规律、判断未知矿床和矿体的可能赋存位置、预测深部隐伏盲矿体等均具有重要的意义(姚金炎，1981；朱裕生，1992a，1992b，1993；吴承栋，1992；陈毓川和翟裕生，1993；尹冰川和安国英，1994；朱裕生和梅燕雄，1995；裴荣富，1995；叶天竺等，2007)。

矿床成矿模式一直是国内外矿床学、矿床勘查学研究的前沿和热点之一 (Garcia，1990；张贻侠，1993；葛良胜，1994；Thomas and Parkhill，1996；张均，1997；Cooke and Large，1998；Zaw et al.，1999；翟裕生，2001)。成矿模式在发展过程中不断得到推动，模式内容不断扩大，建模方法和依据不断得到丰富。

本书通过对雪岭铜多金属矿区浅部地层裂隙脉状矿化和深部陡山沱组滥泥坪式铜矿的地质特征、成因分析、成矿机制等方面的研究，初步弄清雪岭铜多金属矿区的成因特征，总结了成矿规律，其成矿模式的相关证据如下。

(1) 硫同位素组成特征表明：矿区浅部灯影组中铜多金属矿化的硫主要来自海相硫酸盐的还原作用，部分受生物活动影响；深部陡山沱组中铜矿的硫主要来自海相硫酸盐的还原作用，部分受到地幔硫和生物硫的混染作用。以上均反映出灯影组和陡山沱组的成矿环境主要为较开放的海相环境,而陡山沱组铜矿的硫部分受下伏昆阳群古铜矿影响。

(2)铅同位素组成特征表明:浅部灯影组铜多金属矿化和深部陡山沱组铜矿铅主要来源于壳幔混合铅,且均与下伏昆阳群古铜矿中的铅具有一定的相关性和亲缘性,反映其与昆阳群古铜矿成矿物质之间具继承性,结合矿区区域地质背景和各矿体地质特征,雪岭铜多金属矿区应属"同位成矿"范畴。此外,具正常铅特征的灯影组金属硫化物的模式年龄为 260~350Ma,与峨眉山玄武岩喷溢时间相近,结合本区出露的辉绿岩脉经研究分析认为是峨眉山玄武岩同期同源异相岩浆活动产物,故推断本区浅部灯影组中铜多金属脉状矿化的形成与峨眉山玄武岩喷溢产生的热动力密切相关。

(3)氢氧同位素组成特征表明:浅部灯影组中铜多金属脉状矿化成矿流体主要来源于大气降水形成的层间封存水,部分来源于原生岩浆水和大气降水;陡山沱组中铜矿成矿流体主要来源于大气降水形成的层间封存水。以上均反映出高盐度、高矿化的层间封存水在沉积地层中与矿化有着密切的关系。

(4)微量元素特征表明:浅部灯影组和深部陡山沱组样品中矿石均富集 Si,说明成矿与硅化有一定联系;围岩样品均富集 Cu、Ag、Pb、Zn 等成矿元素,可能为矿化提供了部分成矿物质;围岩与矿石的稀土元素特征相似,进一步说明了两者之间存在一定的亲缘性。此外,浅部灯影组中矿石样品相对亏损 Ti、V,说明成矿温度不高。

综合以上分析,雪岭矿区浅部铜多金属矿化为受落因断裂带南延断裂及其次级断裂和辉绿岩脉控制的浅成低温热液充填交代成因,成矿物质主要来源于深部陡山沱组中的铜矿,部分来源于围岩和辉绿岩脉,其成矿模式如图 8-1 所示。雪岭矿区深部陡山沱组中的铜矿为陆源碎屑砂砾岩沉积改造成因,成矿物质主要来源于下伏不整合面以下昆阳群古铜矿的风化剥蚀物,部分来自沿断裂带运移的深部成矿物质,其成矿模式如图 8-2 所示。以上成矿模式均重点考虑了矿床形成的大地构造背景、成矿环境、控矿构造、矿体空间分布和形态、成矿物质来源、成矿流体来源、成矿系列及矿床成因机制等。成矿模式的确立对于雪岭矿区及其周边地区勘查、找矿及进一步研究工作提供了一定的依据,并具有一定的指导意义。但是由于研究的阶段性和局限性,成矿模式并不完善,需要各方面进一步的研究举证,以促使矿床成矿模式逐步得到补充和改进。

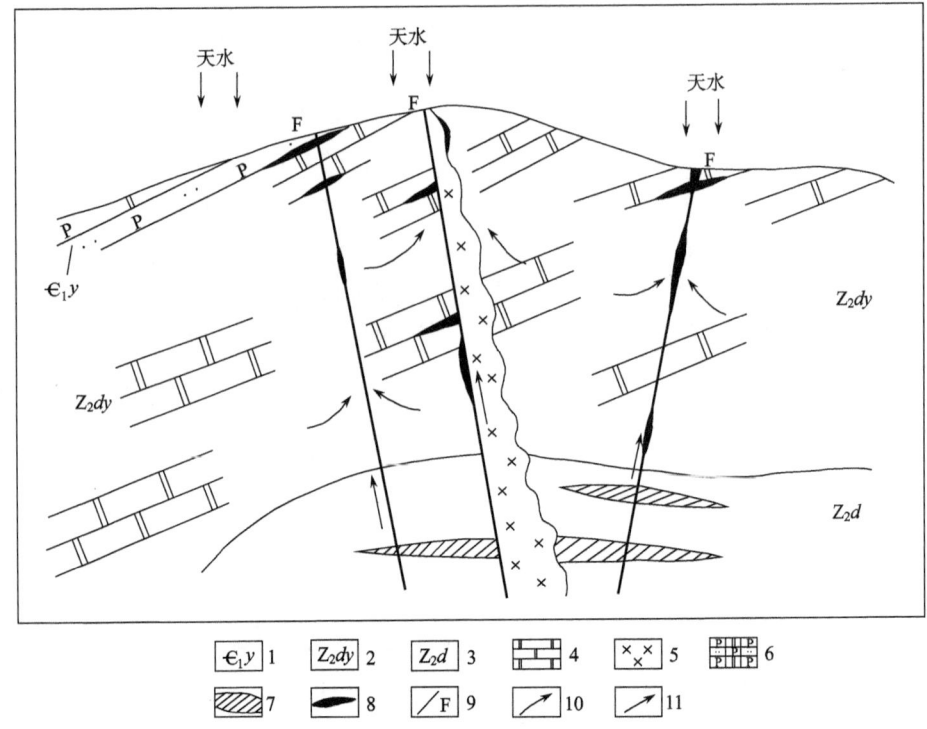

图 8-1 雪岭矿区浅部铜多金属矿化成矿模式图

1-渔户村组；2-灯影组；3-陡山沱组；4-白云岩；5-海西期辉绿岩；6-磷块岩；7-陡山沱组滥泥坪式铜矿；8-铜多金属矿体；9-断裂；10-矿质运移方向；11-层间水运移方向

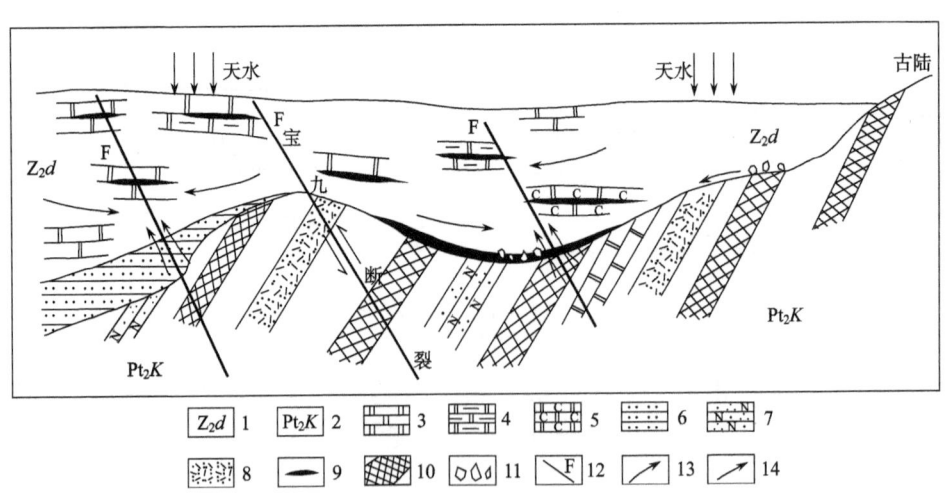

图 8-2 雪岭矿区深部陡山沱组滥泥坪式铜矿成矿模式图

1-陡山沱组；2-昆阳群；3-白云岩；4-泥质白云岩；5-碳泥质白云岩；6-澄江组紫红色砂砾岩；7-长石石英砂岩；8-凝灰岩；9-滥泥坪式铜矿；10-昆阳群古铜矿床；11-初始含铜砂砾岩；12-断层；13-铜质运移方向；14-流体运移方向

8.4 找矿标志

通过综合分析雪岭铜多金属矿区矿体分布规律和成因机制,结合矿区成矿模式的建立及在雪岭矿区野外实地找矿实践,本区找矿标志可归纳为如下几点。

8.4.1 大地构造标志

雪岭铜多金属矿区位于会理-东川拗拉槽东部东川断块南缘,区域上处于扬子地块西缘昆阳裂谷系东部。在裂谷演化的不同阶段,伴随着岩浆活动和构造运动,东川断块具有良好的成矿环境,依次赋存有不同类型的铜多金属矿床。受生长断裂影响,东川断块被围限在南北向的小江断裂、普渡河断裂和东西向的宝九断裂、麻塘断裂之间,且东川断块内也均为南北向和东西向的断裂带。雪岭矿区处于东川断块南缘,南部边界断裂——宝九断裂在矿区中北部隐伏通过。而且宝九断裂在裂谷挤压封闭阶段表现为逆断层性质,导致深部昆阳群抬升,不整合沉积于震旦系陡山沱组之下。昆阳裂谷系的演化及一系列地质运动决定了雪岭矿区的地层展布和断裂、褶皱的分布,并间接控制矿区范围内岩浆岩的分布。

8.4.2 岩性标志

雪岭矿区浅部地层中铜多金属矿化多赋存在灯影组白云岩中。白云岩作为围岩提供了部分成矿物质,而且白云岩具高渗透性、高孔隙度,断裂使其易于破碎,成为成矿热液良好的渗透交代通道和聚集场所,有利于成矿元素的汇聚富集成矿。因此浅部地层断裂带周围的白云岩为本区找矿较好的地质标志。

深部陡山沱组地层中铜矿受富集规律和成因机制影响,陡山沱组与昆阳群之间不整合面上覆的砂砾岩和陡山沱组中具还原性的碳泥质白云岩均为滥泥坪式铜矿富集的有利岩性段,均可作为深部陡山沱组中找矿的重要标志。

8.4.3 构造标志

雪岭矿区成矿均受构造严格控制。浅部地层中铜多金属矿化均富集于落因断裂带南延断裂及其次级断裂中。断裂成为良好的导矿通道和聚矿场所,为重要的找矿标志之一。而且灯影组中断裂带附近白云岩所含 Cu、Ag、Pb、Zn 等成矿元素含量明显高于远离断裂带的白云岩所含相应元素含量,说明成矿流体沿断裂带运移时带来了大量的成矿物质。

陡山沱组碳泥质白云岩中铜矿体矿化范围和矿化强度严格受滥泥坪逆断层下盘控制,且一般层间断裂及节理裂隙发育地段矿化强度变大,说明断裂构造同样为陡山沱组中重要的找矿标志。

8.4.4 岩浆岩标志

雪岭矿区中北部出露沿断裂带侵入的辉绿岩脉，岩脉与白云岩交汇处可见孔雀石化、褐铁矿化等，并见少量原生铜多金属矿物。辉绿岩所含 Cu、Ag、Pb、Zn 等成矿元素含量均高于中国辉绿岩和世界辉绿岩所含相应元素含量，而且辉绿岩脉侵入活动提供了促使矿质活化迁移的热动力。以上均说明辉绿岩脉与矿区铜多金属矿化有密切关系。综合以上分析，雪岭矿区辉绿岩脉侵入地段可作为重要的找矿靶区。

8.4.5 蚀变标志

雪岭矿区浅部地层铜多金属矿化主要围岩蚀变类型有粗晶白云石化、硅化、重晶石化、黄铁矿化、孔雀石化、褐铁矿化、黄钾铁矾化等，蚀变叠加且复合，且矿化程度越高，蚀变越强烈。矿石样品普遍具有硅化、黄铁矿化，是与铜多金属矿化关系最为密切的蚀变类型。深部陡山沱组中铜矿围岩蚀变类型主要为白云石化、硅化、绢云母化、石墨化等。矿体周围常可见白云石重结晶及强烈硅化，说明白云石化和硅化与铜矿富集关系最为密切。由于各种蚀变类型叠加的强蚀变区往往指示隐伏矿体，且矿体的规模、品位、形态等与围岩蚀变强度关系密切，故围岩蚀变可以作为本区找矿的重要标志。

8.4.6 地球化学标志

雪岭铜多金属矿区 Cu、Ag、Pb、Zn 等成矿元素均具有一定的异常强度和异常规模，并且具有相对显著的异常中心，因此 Cu、Ag、Pb、Zn 等成矿元素的分布带或集中区可以作为矿区找矿标志之一。

8.4.7 地球物理标志

雪岭矿区浅部地层中铜多金属矿化具电性异常，可以区别于不导电的白云质围岩。深部陡山沱组碳泥质白云岩同样具导电性，可与上覆的灯影组之间产生电性分界面。如果陡山沱组中存在铜矿体，其电阻率会进一步降低以区别于围岩。此外，由于不整合面以下昆阳群因民组—落雪组中的基性火山-沉积岩地层中的岩石电阻率高于上覆陡山沱组的电阻率，而低于灯影组的电阻率，同样具备电性分层的物理条件，而且其中赋存的铜铁矿床具有明显的电磁异常。综合来看，可利用地球物理探测电法和磁法在本区找矿并探索深部昆阳群展布情况和含矿性。

8.5 找矿方向

通过研究雪岭铜多金属矿区矿床成因及成矿模式,本区找矿工作应覆盖三个方面:首先是寻找浅部地层中裂隙脉状铜多金属矿体;其次是探索灯影组下伏的陡山沱组中的层状铜矿体;最后是考虑陡山沱组不整合面下伏昆阳群中的铜铁矿床。本书在综合分析矿区地质构造背景、矿体富集规律、矿体走向、控矿因素、成矿环境演化、成矿物质来源等诸多方面后,得到雪岭矿区及其周边地区仍具有较好的找矿前景的结论,具体找矿方向如下。

(1)雪岭矿区浅部地层中铜多金属脉状矿化受断裂带控制,故弄清本区的构造情况对于探寻浅部裂隙脉状矿化至关重要。由于其成矿物质主要来源于深部的陡山沱组铜矿,故除断裂构造外,深部陡山沱组铜矿的位置同样决定了浅部矿化的分布和规模。闸塘地区位于雪岭矿区中北部,落因断裂带南延断裂由此通过,且更接近滥泥坪矿区,DZK3-1 钻孔在闸塘附近钻遇了陡山沱组和昆阳群,均说明闸塘地区具有较好的寻找铜多金属脉状矿化的找矿前景。

(2)除在雪岭矿区浅部地层寻找铜多金属脉状矿化以外,本区找矿重心应放在研究深部陡山沱组中的层状铜矿。陡山沱组铜矿一般赋存于不整合面以上局限沉积洼地,并受下伏昆阳群古铜矿床控制。由于本区受多期地质运动影响,构造复杂,褶皱断裂发育,还原原始沉积成矿环境有一定难度。经过矿区地质钻探工程和物探研究分析,矿区赵家坪—滥泥坪矿区一带为现今构造隆起区,而陡山沱期时应为一局限沉积洼地,具有良好的成矿条件。后期的钻孔也验证了这一地质事实,只是由于钻孔施工工程有限,揭露范围尚未圈定。但雪岭矿区赵家坪—滥泥坪地区一带,应具有探索深部陡山沱组中滥泥坪式层状铜矿的找矿前景。且由于陡山沱组倾向南西,倾角为 10°~30°,故越往东北方向陡山沱组的埋藏深度越浅,钻孔也越容易钻遇陡山沱组。

(3)矿区陡山沱组已发现滥泥坪式层状铜矿,考虑到滥泥坪式铜矿成矿物质来源于下伏昆阳群古铜矿床的风化剥蚀,且根据同位成矿具成矿物质亲缘性和继承性的特点,故矿区陡山沱组不整合面下伏昆阳群中应赋存有铜铁矿床。此外,受宝九逆断层影响,昆阳群向南俯冲,整体抬高,故矿区范围内钻孔钻遇昆阳群距离变浅,使得工业开采成为可能。东川矿区南部在已开展勘查的地区内均发现昆阳群铜矿床大多被陡山沱组不整合面覆盖,如白锡腊铜矿西段、石将军铜矿北端和南段及蓑衣坡铜矿下部等。雪岭矿区与白锡腊和蓑衣坡矿区相邻,成矿条件相似,故矿区陡山沱组深部昆阳群中找矿前景巨大。

(4)生长断裂发育处和构造交汇处,一般为成矿有利位置。东川矿区南部边界生长断裂——宝九断裂在雪岭矿区中北部隐伏通过，沿隐伏的东西向宝九断裂与南北向滥泥坪断裂、吊水井断裂、落因断裂带南延断裂交汇处寻找隐伏矿体具有较好的前景，可作为下一步工作的内容。

(5)雪岭矿区发现沿断裂带侵入的海西期辉绿岩脉，与脉体相接触的白云岩上可见铜多金属矿化，综合地球化学分析认为辉绿岩脉与成矿应该在成矿物质来源和成矿热动力等方面具有密切的关系，故可在矿区范围内寻找辉绿岩及与其接触交代的铜多金属矿体。

综合来看，根据同位成矿理论及本区各类型铜矿成矿模式的研究基础，结合已实施地质工程所揭露的地质现象及物化探研究成果，本区找矿方向的重点应放在深部隐伏的陡山沱组层状铜矿及不整合面以下的昆阳群铜铁矿，预测区内将有中大型铜矿的找矿前景。

参 考 文 献

陈道公, 支霞臣, 杨海涛, 等.2009.地球化学.2 版[M]. 合肥: 中国科学技术大学出版社.
陈国达.1960.大地构造分区问题(续)[J].中国地质,(1): 40-46+39.
陈国达.1992.历史-因果论大地构造学刍议[J].大地构造与成矿学, 16(1): 65-69.
陈好寿, 冉崇英.1992.康滇地轴铜矿床同位素地球化学[M].北京: 地质出版社.
陈和生.1998.东川辉长岩型铜矿地质特征及其找矿意义[J].云南地质, 17(1): 75-80.
陈毓川.1997.矿床的成矿系列研究现状与趋势[J].地质与勘探, 33(1): 21-25.
陈毓川, 翟裕生.1993.中国矿床成矿模式[M].北京: 地质出版社.
程裕淇, 陈毓川, 赵一鸣, 等.1983.再论矿床的成矿系列问题[J].地质论评,(6): 1-33.
戴恒贵.1997.康滇地区昆阳群和会理群地层、构造及找矿靶区研究[J].云南地质,(1): 1-39.
邓吉牛.2000.21 世纪我国金属矿山地质找矿预测新概念探讨[J].有色金属矿产与勘查, 9(S1): 122-126.
丁威, 陈广平.2006.利用 Surpac 软件打造数字化金属矿山[J].矿业快报, 25(3): 11-13.
段嘉瑞, 刘继顺, 胡祥昭.1994.云南东川铜矿区 1∶5 万地质图修编及成矿预测研究[M].长沙: 中南工业大学出版社.
冯本智.1989.论扬子准地台西缘前震旦纪基底及其成矿作用[J].地质学报,(4): 338-348.
冯超东, 杨鹏, 胡乃联.2007.克立格法在 SURPAC 软件中的实现及应用[J].金属矿山, 370(4): 55-58.
葛良胜.1994.成矿模式研究若干问题[J].黄金地质科技,(3): 22-27.
龚琳, 何毅特, 陈天佑, 等.1996.云南东川元古宙裂谷型铜矿[M].北京: 冶金工业出版社.
龚琳等.1975.东川铜矿的地质特征、矿床成因及找矿方向, 铁铜矿产专辑第三集[M].北京: 地质出版社.
关俊雷, 郑来林, 刘建辉, 等.2011.四川省会理县河口地区辉绿岩体的锆石 SHRIMP U-Pb 年龄及其地质意义[J].地质学报, 85(4): 482-490.
郭春影, 张文钊, 葛良胜, 等.2011.氢氧同位素体系成矿流体示踪若干问题[J].矿物岩石, 31(3): 41-47.
郭阳, 王生伟, 孙晓明, 等.2014a.云南省武定县迤纳厂铁铜矿区古元古代辉绿岩锆石的 U-Pb 年龄及其地质意义[J].大地构造与成矿学, 38(1): 208-215.
郭阳, 王生伟, 孙晓明, 等, 2014b.扬子地台西南缘古元古代末的裂解事件——来自武定地区辉绿岩锆石 U-Pb 年龄和地球化学证据[J].地质学报, 88(9): 1651-1665.
郭阳, 王生伟, 孙晓明, 等, 2014c.云南省武定县迤纳厂铁铜矿区古元古代辉绿岩锆石的 U-Pb 年龄及其地质意义[J].大地构造与成矿学, 38(1): 208-215.
韩伟, 罗金海, 樊俊雷, 等.2009.贵州罗甸晚二叠世辉绿岩及其区域构造意义[J].地质论评, 55(6): 795-803.
韩吟文, 马振东.2002.地球化学[M].北京: 地质出版社.
何斌, 徐义刚, 肖龙, 等.2006.峨眉山地幔柱上升的沉积响应及其地质意义[J].地质论评,(1):

30-37.

何国朝, 杨成奎, 张祖圻. 1997. 东川裂谷因民期火山—岩浆活动特征[J]. 矿产与地质, 11(4): 236-242.

何文举. 2002. "三江"弧形构造及其控矿意义[J]. 云南地质, 21(4): 335-352.

何毅特. 1992. 东川落因铜矿床成因探讨[J]. 西南矿产地质, (1): 1-8.

何毅特. 1996. 东川铜矿成矿系列、矿床类型及成矿模式[J]. 云南地质, 15(4): 319-329.

何知礼. 1982. 矿物包体分类问题及其意义(一种新的包体分类方案)[J]. 矿床地质, (2): 80-91.

侯贵廷, 刘玉琳, 李江海, 等. 2005. 关于基性岩墙群的U-Pb SHRIMP地质年代学的探讨——以鲁西莱芜辉绿岩岩墙为例[J]. 岩石矿物学杂志, (3): 179-185.

侯增谦, 陈文, 卢记仁. 2006. 四川峨眉大火成岩省259Ma大陆溢流玄武岩喷发事件: 来自激光$^{40}Ar/^{39}Ar$测年证据[J]. 地质学报, (8): 1130.

胡忠贵, 郑荣才, 胡九珍, 等. 2009. 川东-渝北地区黄龙组白云岩储层稀土元素地球化学特征[J]. 地质学报, 83(6): 782-790.

花友仁. 1959. 对东川铜矿区地层划分和区域构造的探讨[J]. 地质论评, (4): 155-162+182.

华仁民. 1989. 东川式层状铜矿的沉积-改造成因[J]. 矿床地质, 8(2): 3-13.

华仁民. 1990. 论昆阳拗拉谷[J]. 地质学报, (4): 289-301.

季春生, 何智德. 1982. 滇东北部磷矿区域地质特征及成矿地质条件[J]. 云南地质, 2(1): 147-156.

姜常义, 钱壮志, 姜寒冰, 等. 2007. 云南宾川-永胜-丽江地区低钛玄武岩和苦橄岩的岩石成因与源区性质[J]. 岩石学报, 23(4): 777-792.

蒋家申. 1998. 东川矿区地质找矿研究问题[J]. 云南地质, 17(1): 46-56.

焦骞骞. 2012. 云南武定晚二叠世高钛辉绿岩特征及形成环境[J]. 云南地质, 31(3): 396-400.

金鑫镖, 王磊, 向华, 等. 2017. 湖南桃江地区印支期辉绿岩成因——地球化学、年代学和Sr-Nd-Pb同位素约束[J]. 地质通报, 36(5): 750-760.

李春昱. 1963. "康滇地轴"地质构造发展历史的初步研究[J]. 地质学报, 43(3): 214-229.

李德忍. 1992. 黄铁矿中金赋存状态的电子探针研究和超微粒金的发现[J]. 矿物学报, 12(3): 284-288.

李福林, 周汉文, 唐增才, 等. 2011. 浙江淳安木瓜基性岩墙群U-Pb年龄、地球化学特征及意义[J]. 地球化学, 40(1): 22-34.

李宏博. 2012. 峨眉山大火成岩省地幔柱动力学: 基性岩墙群、地球化学及沉积地层学证据[D]. 北京: 中国地质大学.

李宏博, 张招崇, 吕林素. 2010. 峨眉山大火成岩省基性墙群几何学研究及对地幔柱中心的指示意义[J]. 岩石学报, 26(10): 3143-3152.

李嘉林. 1988. 地球化学导论[M]. 兰州: 兰州大学出版社.

李龙, 郑永飞, 周建波. 2005. 中国大陆地壳铅同位素演化的动力学模型[J]. 岩石学报, 17(1): 61-68.

李人澍. 1996. 成矿系统分析的理论与实践[M]. 北京: 地质出版社.

李希绩. 1993. 建立康滇地轴区中-晚元古代层型剖面的维议[J]. 云南地质, (1): 101-108.

李毅. 2007. 广西热水沉积矿床成矿规律与找矿方向研究[D]. 长沙: 中南大学.

李志群. 1996. 昆阳群因民组铜矿床的成矿地球化学[J]. 云南地质, 15(2): 230-237.

参考文献

李志群, 蒋家申, 林文达, 等. 1994. 东川式铜矿地球化学研究[J]. 云南地质, 13(1): 23-32.
李志伟. 1992. 浅议"东川式"铜矿床成因[J]. 云南地质, 11(1): 47-51.
林广春, 李献华, 李武显. 2006. 川西新元古代基性岩墙群的 SHRIMP 锆石 U-Pb 年龄、元素和 Nd-Hf 同位素地球化学: 岩石成因与构造意义[J]. 中国科学. D 辑: 地球科学, (7): 630-645.
林建英. 1987. 峨眉山玄武岩系的岩石组合及其地质特征[J]. 中国地质科学院成都地质矿产研究所所刊, (8): 109-122.
刘成英, 朱日祥. 2009. 试论峨眉山玄武岩的地球动力学含义[J]. 地学前缘, 16(2): 52-69.
刘德利. 2009. 澜沧江火山岩带官房铜矿区矿床地球化学与成矿模式[D]. 长沙: 中南大学.
刘继顺, 吴延之, 段嘉瑞. 1993. 云南东川地区昆阳群划分的新证据[C]. 华南变质基底构造演化与成矿作用会议.
刘继顺, 吴延之, 段嘉瑞. 1996. 东川铜矿田喷流沉积成矿机制[J]. 中南工业大学学报, 27(1): 8-12.
刘卫明, 刘继顺, 刘文恒, 等. 2012. 东川滥泥坪-白锡腊铜矿区稀矿山式铁铜矿矿石地球化学特征及其成因[J]. 世界地质, 31(2): 281-289.
刘卫明, 刘继顺, 张彩华, 等. 2011. 滥泥坪铜矿东川式铜矿的发现及找矿潜力分析[J]. 有色金属(矿山部分), 63(4): 25-28.
刘文恒, 刘继顺. 2015. 云南东川雪岭矿区浅部铜多金属矿化地质地球化学特征及成矿规律研究[J]. 矿物岩石, 35(4): 85-96.
刘文恒, 刘继顺, 罗江华. 2014a. 云南东川雪岭磷矿地质特征与成因探讨[J]. 地质找矿论丛, 29(2): 254-261.
刘文恒, 刘继顺, 马慧英, 等. 2013. 东川雪岭铜多金属矿区地层及辉绿岩地球化学特征[J]. 中国有色金属学报, 23(9): 2592-2604.
刘文恒, 刘继顺, 马慧英, 等. 2014b. 云南东川雪岭铜多金属矿区硫铅同位素组成特征及成矿物质来源[J]. 中南大学学报(自然科学版), 45(8): 2728-2739.
刘英俊, 曹励明, 李兆麟. 1984. 元素地球化学[M]. 北京: 科学出版社.
刘肇昌. 1994. 元古代会理-东川拗拉槽与川滇铜铁成矿带[J]. 矿床地质, (S1): 23-25.
柳贺昌, 林文达. 1999. 滇东北铅锌银矿床规律研究[M]. 昆明: 云南大学出版社.
卢记仁. 1996. 峨眉地幔柱的动力学特征[J]. 地球学报, 17(4): 424-438.
卢民杰. 1986. 川西—滇东地区早元古宙变质岩系及其区域变质作用与地壳演化[J]. 长春地质学院学报, (3): 12-22.
卢作祥, 范永香, 刘辅臣. 1988. 成矿规律和成矿预测学[M]. 武汉: 中国地质大学出版社.
路远发. 2004. GeoKit: 一个用 VBA 构建的地球化学工具软件包[J]. 地球化学, 33(5): 459-464.
罗君烈. 1995. 云南中元古代早期铜铁矿床的成矿类型[J]. 云南地质, 14(4): 281-290.
骆文娟, 张招崇, 侯通, 等. 2011. 攀西茨达复式岩体年代学和地球化学: 对峨眉山地幔柱活动时间的约束[J]. 岩石学报, 27(10): 2947-2962.
骆耀南. 1985. 攀西古裂谷研究中的认识和进展[J]. 中国地质, (1): 27-31+33.
梅友松, 汪东波, 黄浩, 等. 1995. 同位成矿概论[J]. 地质与勘探, 31(5): 3-14.
梅友松, 汪东波, 金浚, 等. 2000. 再论同位成矿与找矿[J]. 地质与勘探, 36(5): 5-10.
倪善芹, 侯泉林, 王安建, 等. 2010. 碳酸盐岩中锶元素地球化学特征及其指示意义——以北京下古生界碳酸盐岩为例[J]. 地质学报, 84(10): 1510-1516.

潘杏南, 赵济湘. 1986. 峨眉山玄武岩是裂谷成穹期产物[J]. 四川地质学报, (1): 75-80.
裴荣富. 1995. 中国矿床模式[M]. 北京: 地质出版社.
裴荣富, 熊群尧, 等. 2001. 难识别及隐伏大矿、富矿资源潜力的地质评价[M]. 北京: 地质出版社.
钱荣耀. 1992. 东川铜矿床中的黝铜矿族矿物研究[J]. 云南冶金, (5): 22-25.
钱荣耀, 廖邦奇. 1974. 东川滥泥坪铜矿床的地质特征及矿床成因问题[J]. 云南冶金, (3): 11-18.
钱荣耀, 吴锦天. 1959. 东川稀矿山—大乔地含铜铁矿的成因问题[J]. 地质学报, 39(1): 59-64.
冉崇英. 1983. 东川式层控铜矿的成矿模式[J]. 中国科学: B辑, (3): 249-255.
冉崇英, 陈好寿. 1989. 康滇地轴层控铜矿床的成因机理[M]. 北京: 地质出版社.
任纪舜, 陈廷愚, 刘志刚. 1984. 中国东部构造单元划分的几个问题[J]. 地质论评, (4): 382-385.
荣惠锋, 李良云. 2010. 云南省昆明市东川区雪岭磷矿详查报告[R]. 曲靖: 云南驰宏资源勘查开发有限公司.
阮惠础, 华仁民, 倪培. 1988. 东川式铜矿的成因再探[J]. 地质找矿论丛, 3(1): 9-22.
邵济安, 牟保磊, 朱慧忠, 等. 2010. 大兴安岭中南段中生代成矿物质的深部来源与背景[J]. 岩石学报, 26(3): 649-656.
沈渭洲. 1987. 稳定同位素地质[M]. 北京: 原子能出版社.
沈渭洲. 1997. 同位素地质学教程[M]. 北京: 原子能出版社.
施林道. 1980. 论变质岩型铜矿的成矿机理[J]. 地质与勘探, (6): 10-19.
史仁灯, 郝艳丽, 黄启帅. 2008. Re-Os同位素对峨眉山大火成岩省成因制约的探讨[J]. 岩石学报, 24(11): 2515-2523.
宋谢炎, 侯增谦, 汪云亮, 等. 2002. 峨眉山玄武岩的地幔热柱成因[J]. 矿物岩石, 22(4): 27-32.
宋谢炎, 咸华文. 2008. 云南东川峨眉山玄武岩的特征及其意义[J]. 矿物岩石地球化学通报, 27(z1): 49-50.
宋谢炎, 王玉兰, 曹志敏, 等. 1998. 峨眉山玄武岩、峨眉地裂运动与幔热柱[J]. 地质地球化学, (1): 47-52.
覃小峰, 夏斌, 李江, 等. 2008. 阿尔金南缘构造带西段辉绿岩墙群的地球化学特征及构造环境[J]. 岩石矿物学杂志, 27(1): 14-22.
唐元骏, 殷庆和, 於崇文. 1987. 地层地球化学研究的思想和方法[J]. 矿物岩石地球化学通讯, (3): 126-128.
童潜明. 1986. 黄铁矿的钴、镍比值对矿床成因意义的讨论[J]. 矿产地质研究院学报, (3): 6-9.
汪东波, 梅友松. 1993. 论铜的"同位成矿"作用[J]. 矿物岩石地球化学通讯, (4): 222-224.
汪东波, 梅友松, 刘国平. 1998. 同位成矿作用的概念、类型与机制[J]. 中国有色金属学报, 8(4): 700-704.
汪云亮, 张成江, 修淑艺. 2001. 玄武岩类形成的大地构造环境的 Th/Hf-Ta/Hf 图解判别[J]. 岩石学报, 17(3): 413-421.
王劲松, 周家喜, 杨德智, 等. 2012. 黔东南宰便辉绿岩锆石 U-Pb 年代学和地球化学研究[J]. 地质学报, 86(3): 460-469.
王可南. 1963. 云南前震旦纪昆阳群的初步研究[C]//中国地质学会云南省分会·中国地质学会云南省分会1963年首届学术年会论文选集.

王生伟, 蒋小芳, 杨波, 等. 2016. 康滇地区元古宙构造运动Ⅰ: 昆阳陆内裂谷、地幔柱及其成矿作用[J]. 地质论评, 62(6): 1353-1377.

王生伟, 廖震文, 孙晓明, 等. 2013. 云南东川铜矿区古元古代辉绿岩地球化学——Columbia 超级大陆裂解在扬子陆块西南缘的响应[J]. 地质学报, 87(12): 1834-1852.

王旺章, 汪云亮, 曾昭贵, 等. 1996. 峨眉山玄武岩母岩浆的性质及其成因类型[J]. 矿物岩石, (1): 17-23.

王亚芬. 1981. 海相火山岩型铁铜矿床黄铁矿中 Co/Ni 比值特征及其地质意义[J]. 地质与勘探, (8): 33-35.

王妍. 2011. 中国东部苏北-合肥新生代大陆玄武岩地球化学研究[D]. 合肥: 中国科学技术大学.

王中刚, 于学元, 赵振华, 等. 1989. 稀土元素地球化学[M]. 北京: 科学出版社.

魏菊英, 王关玉. 1988. 同位素地球化学[M]. 北京: 地质出版社.

吴成栋. 1992. 矿床模型的建立和应用[M]. 北京: 中国地质矿产信息研究院.

吴健民, 黄永平. 1995a. 东川落雪式铜矿的含铜"礁—硅岩组合"与海底喷流热液成矿[J]. 矿产与地质, (3): 168-173.

吴健民, 黄永平. 1995b. 扬子地台西缘大型铜矿区的深源-同位-多期复合成矿剖析[J]. 矿产与地质, (Z1): 234-239.

吴健民, 黄永平, 黎功举. 1996. 扬子地台西缘带大型铜矿床的"叠加裂谷—多源—热水"成矿作用[J]. 矿产与地质, 10(1): 17-21.

吴健民, 刘肇昌, 黎功举, 等. 1998. 扬子地块西缘铜矿床地质[M]. 武汉: 中国地质大学出版社.

吴开兴, 胡瑞忠, 毕献武, 等. 2002. 矿石铅同位素示踪成矿物质来源综述[J]. 地质地球化学, 30(3): 73-81.

吴自成. 2012. 哀牢山造山带菲莫铜钼多金属矿矿床地球化学与成因探讨[D]. 长沙: 中南大学.

肖龙, 徐义刚, 梅厚钧, 等. 2003. 云南宾川地区峨眉山玄武岩地球化学特征: 岩石类型及随时间演化规律[J]. 地质科学, (4): 478-494.

谢家荣. 1941. 云南矿产概论[J]. 地质论评, (Z1): 1-42+219.

谢世业, 黄有德, 何国朝. 1995. 云南东川中元古宙裂谷型铜矿地质、地球化学及成矿模式的研究[J]. 矿产与地质, 9(3): 174-179.

谢振西. 1965. 云南东川前震旦系层序及几个地质问题[R]. 地质部西南地质科学研究所专题研究报告.

徐国风, 邵洁涟. 1980. 黄铁矿的标型特征及其实际意义[J]. 地质论评, 26(6): 541-546.

徐义刚, 钟孙霖. 2001. 峨眉山大火成岩省: 地幔柱活动的证据及其熔融的条件[J]. 地球化学, 30(1): 1-9.

徐争启, 程发贵, 唐纯勇, 等. 2012. 广西大新地区辉绿岩地质地球化学、年代学特征及其意义[J]. 地球科学进展, 27(10): 1080-1086.

徐自斌, 马绍春, 任运华. 2008. 东川白沙包陡山沱组铜矿[J]. 云南地质, 27(1): 35-39.

薛步高. 1997. 论东川脉状富铜矿的历史和现实意义[J]. 矿产与地质, 11(4): 217-224.

薛步高. 2005. 东川拖布卡金矿矿化层位与找金方向[J]. 云南地质, (3): 243-253.

鄢明才, 迟清华. 1997. 中国东部地壳与岩石的化学组成[M]. 北京: 科学出版社.

杨红, 刘福来, 杜利林, 等. 2012. 扬子地块西南缘大红山群老厂河组变质火山岩的锆石U-Pb定年及其地质意义[J]. 岩石学报, 28(9): 2994-3014.
杨蔚华. 1984. 中国层控矿床地球化学(第一卷)[M]. 北京: 科学出版社.
杨学明, 杨晓勇, 陈天虎, 等. 1999. 白云鄂博富稀土碳酸岩的地球化学特征[J]. 中国稀土学报, 17(4): 289-295.
杨勇, 罗泰义, 黄智龙, 等. 2010. 西藏纳如松多银铅矿 S、Pb 同位素组成: 对成矿物质来源的指示[J]. 矿物学报, 30(3): 311-318.
姚金炎. 1981. 研究成矿系列, 建立成矿模式[J]. 地质与勘探, (4): 72-73.
叶天竺, 肖克炎, 严光生. 2007. 矿床模型综合地质信息预测技术研究[J]. 地学前缘, 14(5): 11-19.
尹冰川, 安国英. 1994. 再论矿床模型及分类[J]. 吉林地质, 13(4): 8-13.
尹观, 倪师军. 2009. 同位素地球化学[M]. 北京: 地质出版社.
曾广乾, 何良伦, 杨坤光. 2014. 黔西普安辉绿岩的年代学、地球化学特征及其地质意义[J]. 矿物岩石, 34(4): 61-70.
翟裕生. 2001. 矿床学的百年回顾与发展趋势[J]. 地球科学进展, 16(5): 719-725.
张刚生, 李达明. 1996. 云南东川铜矿田白锡腊铜矿床岩浆岩岩石地球化学特征[J]. 矿产与地质, 10(4): 224-241.
张均. 1997. 矿床定位预测的研究现状与趋向[J]. 地球科学进展, 12(3): 242-246.
张文兰, 王汝成, 华仁民, 等. 2003. 副矿物的电子探针化学测年方法原理及应用[J]. 地质论评, 49(3): 253-260.
张晓静, 肖加飞. 2014. 桂西北玉凤、巴马晚二叠世辉绿岩年代学、地球化学特征及成因研究[J]. 矿物岩石地球化学通报, 33(2): 163-176.
张旭, 李胜荣, 卢晶, 等. 2012. 山东招远金翅岭金矿床 H, O, He, Ar 同位素组成及其成矿流体示踪的研究[J]. 矿物岩石, 32(1): 40-47.
张学诚, 李天福. 1994. 康滇裂谷带火山活动及其碱性(钠质)火山岩系列的岩石化学特征[J]. 西南矿产地质, (3): 57-71.
张贻侠. 1993. 矿床模型导论[M]. 北京: 地震出版社.
张长俊. 1989. 云南澄江上震旦统白云岩的成因探讨[J]. 成都地质学院学报, 16(1): 58-66.
张招崇, 王福生, 范蔚茗, 等. 2001. 峨眉山玄武岩研究中的一些问题的讨论[J]. 岩石矿物学杂志, 20(3): 239-246.
张招崇, 王福生, 郝艳丽, 等. 2004. 峨眉山大火成岩省中苦橄岩与其共生岩石的地球化学特征及其对源区的约束[J]. 地质学报, 78(2): 171-180.
赵彻终, 刘肇昌, 李凡友, 等. 1999. 会理-东川拗拉槽对铜多金属成矿的控制[J]. 四川地质学报, 19(3): 215-221.
赵劲松, 赵斌, 张重泽. 1996. 有机质萃取东川铜矿紫色泥砂质白云岩中铜的实验研究[J]. 大地构造与成矿学, 20(3): 238-245.
赵卫卫, 王宝清. 2011. 鄂尔多斯盆地苏里格地区奥陶系马家沟组马五段白云岩的地球化学特征[J]. 地球学报, 32(6): 681-690.
郑理珍. 1981. 根据黄铁矿的 Co/Ni 比确定矿床的成因[J]. 桂林冶金地质学院学报, (1): 86.
钟宏, 胡瑞忠, 叶造军. 2000. 云南大平掌铜多金属矿床硫、铅、氢、氧同位素地球化学[J]. 地球化学, 29(2): 136-142.

周家云, 毛景文, 刘飞燕, 等. 2011. 扬子地台西缘河口群钠长岩锆石 SHRIMP 年龄及岩石地球化学特征[J]. 矿物岩石, 31(3): 66-73.

周剑雄, 陈克樵. 1996. 锆石 Th-U-Pb 等时年龄的电子探针测定方法的研究简介[J]. 国外矿床地质, (2): 120-122.

周剑雄, 杨明明. 1996. 微区痕量分析及其应用[J]. 国外矿床地质, (2): 77-107.

周智勇, 陈建宏, 周科平. 2004. Surpac Vision 软件在矿床建模中的应用[J]. 矿业工程, 2(4): 56-58.

朱炳泉. 1993. 矿石 Pb 同位素三维空间拓扑图解用于地球化学省与矿种区划[J]. 地球化学, 22(3): 209-216.

朱炳泉. 2001. 地球化学省与地球化学急变带[M]. 北京: 科学出版社.

朱炳泉, 李献华, 戴橦谟. 1998. 地球科学中同位素体系理论与应用: 兼论中国大陆壳幔演化[M]. 北京: 科学出版社.

朱华平, 范文玉, 周邦国, 等. 2011. 论东川地区前震旦系地层层序: 来自锆石 SHRIMP 及 LA-ICP-MS 测年的证据[J]. 高校地质学报, 17(3): 452-461.

朱士飞, 秦勇, 钱壮志, 等. 2008. 云南省丽江-宾川地区二叠纪玄武岩地球化学特征及其构造背景研究[J]. 矿物岩石, 28(1): 64-71.

朱裕生. 1992a. 建立成矿模式的内容及工作方法(一)[J]. 中国地质, (2): 22-24.

朱裕生. 1992b. 建立成矿模式的内容及工作方法(二)[J]. 中国地质, (3): 20-22.

朱裕生, 1993. 论矿床成矿模式[J]. 地质论评, (3): 216-222.

朱裕生, 梅燕雄. 1995. 成矿模式研究的几个问题[J]. 地球学报, (2): 182-189.

祝明金, 田亚洲, 聂爱国, 等. 2018. 黔南基性岩墙岩石地球化学、SHRIMP 锆石 U-Pb 年代学及地质意义[J]. 地球科学, 43(4): 1333-1349.

ALI J R, LO C H, THOMPSON G M, et al. 2004. Emeishan basalt Ar-Ar overprint ages define several tectonic events that affected the western Yangtze platform in the Mesozoic and Cenozoic[J]. Journal of Asian Earth Sciences, 23(2): 163-178.

ALI J R, THOMPSON G M, SONG X, et al. 2002. Emeishan basalts (SW China) and the "End-Guadalupian" Crisis: Magneto biostratigraphic constraints[J]. Journal of the Geological Society, 159(1): 21-29.

ANDERSEN T. 2002. Correction of common lead in U-Pb analyses that do not report ^{204}Pb[J]. Chemical Geology, 192: 59-79.

ARTH J G. 1976. Behavior of trace elements during magmatic processes: A summary of theoretical models and their applications[J]. Journal of Research of the U. S. Geological Survey, 4(1): 41-48.

BAKER J A, MENZIES M A, THIRLWALL M F, et al. 1997. Petrogenesis of Quaternary intraplate volcanism, Sana'a, Yemen: Implications for plume-lithosphere interaction and polybaric melt hybridization[J]. Journal of Petrology, 38(10): 1359-1390.

BI X W, HU R Z. 1998. REE geochemistry of primitive ore in Ailaoshan gold belt, southwest China[J]. Chinese Journal of Geochemistry, 17(1): 91.

BRAUN I, MONTEL J M, NICOLLET C. 1998. Electron microprobe dating of monazites from high-grade gneisses and pegmatites of the Kerala Khondalite Belt, southern India[J]. Chemical

Geology, 146: 65-85.

BROWN P E, LAMB W M. 1989. P-V-T properties of fluids in the system H_2O-CO_2-NaCl: New graphical presentations and implications for fluid inclusion studies[J]. Geochimica et Cosmochimica Acta, 53(6): 1209-1221.

BROWN P E. 1989. FLINCOR: A microcomputer program for the reduction and investigation of fluid inclusion data[J]. American Mineralogist, 74: 1390-1393.

CHAUSSIDON M, ALBARÈDE F, SHEPPARD S M F. 1989. Sulphur isotope variations in the mantle from ion microprobe analyses of micro-sulphide inclusions[J]. Earth and Planetary Science Letters, 92(2): 144-156.

CHEN T H, YANG X M, YUE S C, et al. 2000. Geochemistry of rare elements in Xikeng Ag-Pb-Zn ore deposit, south Anhui, China[J]. Journal of Rare Earths, 18(3): 169.

COCHERIE A, LEG ENDRE O, PEUCAT J J, et al. 1998. Geochronology of polygenetic monazites constrained by in situ electron microprobe Th-U-total Lead determination: Implications for Lead behavior in Monazite[J]. Geochim Cosmochim Acta., 62: 2475-2497.

CONDIE K C. 1993. Chemical composition and evolution of the upper continental crust: Contrasting results from surface samples and shales[J]. Chemical Geology, 104(1/2/3/4): 1-37.

COOKE D R, LARGE R R. 1998. Practical uses of chemical modeling-defining new exploration targets in sedimentary basins[J]. Australian Geology and Geophysics, 17(4): 259-275.

DENG J, LIU W, SUN Z, et al. 2003a. Evidence of mantle-rooted fluids and multi-level circulation ore-forming dynamics: A case study from the Xiadian gold deposit, Shandong Province, China[J]. Science in China, series d, 46(S2): 124-134.

DENG J, YANG L Q, CAO B F, et al. 2009. Fluid evolution and metallogenic dynamics during tectonic regime transition: Example from the Jiapigou gold belt in northeast China[J]. Resource Geology, 59(2): 140-152.

DENG J, YANG L Q, SUN Z S, et al. 2003b. A metallogenic model of gold deposits of the Jiaodong granite-greenstone belt[J]. Acta Geologica Sinica, 77(4): 537-546.

DEPAOLO D J, WASSERBURG G J. 1976. Inferences about magma sources and mantle structure from variations of $^{143}Nd/^{144}Nd$[J]. Geophysical Research Letters, 3(12): 743-746.

DMITRIEV Y I, BOGATIKOV O A. 1996. Emeishan flood basalts, Yangtze platform: Indications of an aborted oceanic environment[J]. Petrology, 4: 407-418.

FAN H P, ZHU W G, BAI Z J, et al. 2017. Geochronologic and geochemical constraints of the petrogenesis of permian mafic dykes in the wuding area, SW China: Implications for Fe-Ti enrichment in mafic rocks in the ELIP[J]. Journal of Volcanology and Geothermal Research, 331: 64-78.

FAN W M, WANG Y J, PENG T, et al. 2004. Ar-Ar and U-Pb geochronology of late paleozoic basalts in western Guangxi and its constraints on the eruption age of Emeishan basalt magmatism[J]. Chinese Science Bullet in, 49(21): 2318-2327.

FAN W M, ZHANG C H, WANG Y J, et al. 2008. Geochronology and geochemistry of Permian basalts in western Guangxi province, southwest China: Evidence for plume-lithosphere interaction[J]. Lithos, 102(1/2): 218-236.

FAURE G. 1986. Principles of Isotope Geology. 2nd ed[M]. New York: John Wiley and Sons.

FOLEY S, PECCERILLO A. 1992. Potassic and ultrapotassic magmas and their origin[J]. Lithos, 28(3/4/5/6): 181-185.

GARCIA P F. 1990. Rio Tinto Deposits[M]. London: Institution of Mining and Metallurgy.

GREENTREE M R, LI Z X. 2008. The oldest known rocks in southwestern China: SHRIMP U-Pb magmatic crystallisation age and detrital provenance analysis of the paleoproterozoic Dahongshan group[J]. Journal of Asian Earth Sciences, 33(5/6): 289-302.

GULSON B L, LARGE R R, PORRITT P M. 1987. Base meal exploration of the mount read volcanics. western Tasmania: Pt. III application of lead isotopes at elliott bay[J]. Economic Geology, 82: 308-327.

GULSON B L, PORRITT P M. 1987. Base metal exploration of the Mount Read Volcanics, western Tasmania: Pt. II. Lead isotope signatures and genetic implications[J]. Economic geology, 82: 291-307.

GUO F, FAN W, WANG Y, et al. 2004. When did the Emeishan mantle plume activity start? Geochronological and geochemical evidence from ultramafic-mafic dikes in southwestern China[J]. International Geology Review, 46(3): 226-234.

HANSKI E, KAMENETSKY V S, LUO Z Y, et al. 2010. Primitive magmas in the Emeishan large igneous province, southwestern China and northern Vietnam[J]. Lithos, 119: 75-90.

HART S R, HAURI E H, OSCHMANN L A, et al. 1992. Mantle plumes and entrainment: Isotopic evidence[J]. Science, 256(5056): 517-520.

HAWKESWORTH C J, KEMPTON P D, ROGERS N W, et al. 1990. Continental mantle lithosphere, and shallow level enrichment processes in the Earth's mantle[J]. Earth and Planetary Science Letters, 96(3): 256-268.

HE B, XU Y G, HUANG X L, et al. 2007. Age and duration of the Emeishan flood volcanism, SW China: Geochemistry and SHRIMP zircon U-Pb dating of silicic ignimbrites, post-volcanic Xuanwei Formation and clay tuff at the Chaotian section[J]. Earth and Planetary Science Letters, 255: 306-323.

HENDERSON P. 1984. General geochemical properties and abundances of the rare earth elements[M]//HENDERSON P. Rare Earth Element Geochemistry. New York: Elsevier.

HENDERSON P. 1984. Rare Earth Element Geochemistry[M]. New York: Elsevier.

HOFMANN A W. 1997. Mantle geochemistry: The massage from oceanic volcanism[J]. Nature, 385: 219-229.

HOFMANN A W. 2003. Sambling mantle heterogeneity through oceanic basalts: Isotopes and trace elements[J]//Holland H D, Turekin K K. Treatise on geochemistry. Amsterdam: Elsevier, 2: 69-97.

HU A Q, ZHU B Q, MAO C X, et al. 1991. Geochronology of the Dahongshan group[J]. Chinese Journal of Geochemistry, 10(3): 195-203.

HUANG K N, OPDYKE N D. 1998. Magnetostrati graphic investigations on an Emeishan Basalt Section in Western Guizhou Province, China[J]. Earth and Planetary Science Letters, 163(1/2/3/4): 1-14.

HUANG Z L, XIAO H Y, XU C, et al. 2000. Geochemistry of rare earth elements in lamprophyres in Laowangzhai gold ore field, Yunnan Province [J]. Journal of Rare Earths, 18(1): 62.

IRVINE T N, BARAGER W R A. 1971. A guide to the chemical classification of the common volcanic rocks[J]. Canadian Journal of Earth Sciences, 8: 523-548.

JACOBSON S B, WASSERBURG G J. 1980. Sm-Nd isotopic evolution of chondrites[J]. Earth and Planetary Science Letters, 50(1): 139-155.

LAI J Q, CHI G X, PENG S L, et al. 2007. Fluid evolution in the formation of the Fenghuangshan Cu-Fe-Au deposit, Tongling, Anhui, China[J]. Economic Geology, 102(5): 949-970.

LAI J Q, WU C J, PENG S L. 2001. REE characteristics and genesis of alkaline-rich porphyry, Yunnan Province [J]. Journal of Central South University, 8(1): 45.

LAI S C, QIN J F, LI Y F, et al. 2012. Permian high Ti/Y basalts from the Eastern Part of the Emeishan large igneous Province, southwestern China: Petrogenesis and tectonic implications[J]. Journal of Asian Earth Sciences, 47: 216-230.

LEBAS M J. 1986. A chemical classification of volcanic rocks based on the total alkali-silica diagram[J]. Journal of Petrology, 27: 745-750.

LI H B, ZHANG Z C, RICHARD E, et al. 2015. Giant radiating mafic dyke swarm of the Emeishan large igneous Province: Identifying the mantle plume centre[J]. Terra Nova, 27(4): 247-257.

LIGHTFOOT P, NALDRETT A J, GORBACHEV N S, et al. 1990. Geochemistry of the Siberian Trap of the Noril'sk area, USSR, with implications for the relative contributions of crust and mantle to flood basalt magmatism[J]. Contributions to Mineralogy and Petrology, 104(6): 631-644.

LO C, CHUNG S, LEE T, et al. 2002. Age of the Emeishan flood magmatism and relations to Permian-Triassic boundary events[J]. Earth and Planetary Science Letters, 198(3): 449-458.

LOTTERMOSER B G. 1992. Rare earth elements and hydrothermal ore formation processes[J]. Ore Geology Reviews, 7: 25-41.

MACDONALD R, ROGERS N W, FITTON J G, et al. 2001. Plume-lithosphere interactions in the generation of the basalts of the Kenya Rift, East Africa[J]. Journal of Petrology, 42(5): 877-900.

MAHONEY J, COFFIN F. 1997. Large Igneous Province: Contimental, Oceanic, and Planetary Flood Volcanism[M]. Washington D C: American Geophysical Union.

MCKENZIE D, O'NIONS R K. 1991. Partial melt distributions from inversion of rare earth element concentrations[J]. Journal of Petrology, 32(5): 1021-1091.

MELSON W G, VALLIER T L, WRIGHT T L, et al. 1976. Chemical diversity of abyssal volcanic glass erupted along Pacific, Atlantic and Indian Ocean sea floor, spreading centers[C]// The geophysics of the Pacific Ocean Basin and its Margin. Washington D C: Am Geophys Union.

MONTEIRO J H, CARCALHO D. 1986. Submarine explosive volcanism and sulfide deposition in ancient active margins: The case of the Iberian Pyrite Belt[J]. Mar Geol, 59.

MONTEL J M, FORET S, VESCHAMBRE M, et al. 1996. Electron microprobe dating of monazite[J]. Chemical Geology, 131: 37-53.

OHMOTO H, RYE R O. 1979. Isotopes of surfer and carbon//Geochemistry of Hydrothermal Ore Deposits[M]. New York: John Wiley and Sons.

PANG J L. 1999. Geochemistry of rare earth elements in hydrothermal ore deposit in Heishan area, Shaanxi Province[J]. Journal of Rare Earths, 19(1): 53.

PEARCE J A. 1982. Trace element characteristics of lavas from destructive plate boundaries[C]// Andesite: Orogenic Andesites and Related Rocks. Chichester: Wiley.

PEARCE J A. 2008. Geochemical fingerprinting of oceanic basalts with applications to ophiolite classification and the search for archean oceanic crust[J]. Lithos, 100(1): 14-48.

PEARCE J A, NORRY M J, 1979. Petrogenetic Implications of Ti, Zr, Y, and Nb variations in volcanic rocks[J]. Contributions to Mineralogy and Petrology, 69: 33-47.

PITCHER W S. 1983. Granite type and tectonic environment[M]//Mountain Building Processes. London: Academic Press, 19-40.

QI H, XIAO L, BALTA B, et al. 2010. Variety and complexity of the Late-Permian Emeishan basalts: Reappraisal of Plume-Lithosphere interaction processes[J]. Lithos, 119(1): 91-107.

QIU H N, WUBRANS J R, LI X H. 2003. ^{40}Ar-^{39}Ar mineralization ages of the Dongchuan-type layered copper deposits, Yunnan, China[J]. Geochimica et Cosmochimica Acta, 67(188): A386.

RHEDE D, WENDT I, FÖRSTER H J. 1996. A three-dimensional method for calculating independent chemical U/Pb and Th/Pb-ages of accessory minerals[J]. Chemical Geology, 130: 247-253.

ROLLINSON H. 1993. Using Geochemical Data: Evaluation, Presentation, Interpretation[M]. London: Routledge: 1-384.

SAUNDERS A D, STOREY M, KENT R W, et al. 1992. Consequences of plume-lithosphere interactions[J]. Geological Society, London, Special Publications, 68(1): 41-60.

SCARROW J H, COX K G. 1995. Basalts generated by decompressive a diabatic melting of a mantle plume: A case study from the Isle of Skye, NW Scotland[J]. Journal of Petrology, 36(1): 3-22.

SONG X Y, QI H W, ROBINSON P T, et al. 2008. Melting of the subcontinental lithospheric mantle by the Emeishan mantle plume: evidence from the basal alkaline basalts in Dongchuan, Yunnan, Southwestern China[J]. Lithos, 100(1): 93-111.

SONG X, ZHOU M, CAO Z, et al. 2004. Late permian rifting of the South China craton caused by the Emeishan mantle plume?[J]. Journal of the Geological Society, 161(5): 773-781.

SONG X, ZHOU M, HOU Z, et al. 2001. Geochemical constraints on the mantle source of the upper Permian Emeishan continental flood basalts, southwestern China[J]. International Geology Review, 43(3): 213-225.

SUN S S, MCDONOUGH W F. 1989. Chemical and Isotopic Systematics of Oceanic Basalts: Implications for Mantle Composition and Processes[M]. London: Geological Society Special Publication.

SUZUKI K, ADACHI M. 1991a. Precambrian provenance and silurian metamorphism of the tsubonosaw a paragneiss in the south Kitakami Terrene, northeast Japan[J]. Geochemical Journal, 25: 357-376.

SUZUKI K, ADACHI M. 1991b. The chemical Th-U-Total Pb isochron ages of zircon and monazite from the gray granite of the Hida terrene, Japan[J]. J Earth Sci Nagoya Univ., 38: 11-37.

TAYLOR S R, MCLENNAN S M. 1985. The Continental Crust: Its Composition and Evolution[M].

Oxford: Blackwell, 1-312.

THOMAS M D, PARKHILL M. 1996. Gravity and magnetic prospecting for massive sulfided deposits[J]. Atlantic Geology, 32(1): 87-88.

TUREKIAN K K, WEDEPOHL K H. 1961. Distribution of the elements in some major units of the Earth's crust[J]. Geological Society of America Bulletin, 72: 175-192.

WARREN J. 2000. Dolomite: Occurrence, evolution and economically important associations[J]. Earth-Science Reviews, 52(1/2/3): 1-81.

WEAVER B L. 1991. The origin of ocean island basalt end-member compositions: Trace element and isotopic constraints[J]. Earth and Planetary Science Letters, 104(2): 381-397.

WHITNEY P R, OLMSTED J F. 1998. Rare earth element metasomatism in hydrothermal systems: The Willsboro-Lewis wollastonite ores, New York, USA[J]. Geochimica et Cosmochimica Acta, 62(17): 2965.

WILLIAMS M, JERCINOVIC M, TERRY M. 1999. Age Mapping and dating of monazite on the electron microprobe: Deconvoluting multistage tectonic histories[J]. Geology, 27: 1023-1026.

WILSON M. 1989. Igneous Petrogenesis[M]. London: Unwin Hyman.

WOODEN J L, CZAMANSKE G K, FEDORENKO V A, et al. 1993. Isotopic and trace-element constraints on mantle and crustal contributions to Siberian continental flood basalts, Noril'sk area, Siberia[J]. Geochimicaet Cosmochimica Acta, 57(15): 3677-3704.

WRIGHT J B. 1969. A simple alkalinity ratio and its application to questions of non-orogenic granite genesis[J]. Geological Magazine, 106(4): 370-384.

XIA L Q. 2014. The geochemical criteria to distinguish continental basalts from arc related ones[J]. Earth Science Reviews, 139: 195-212.

XIAO L, XU Y G, MEI H J, et al. 2004. Distinct mantle sources of low-Ti and high-Ti basalts from the Western Emeishan Large Igneous Province, SW China: Implications for Plume-Lithosphere interaction[J]. Earth and Planetary Science Letters, 228(3/4): 525-546.

XU C, LIU C Q, QI L, et al. 2003. Geochemistry of carbonatites in maoniuping REE deposit, Sichuan Province, China [J]. Science in China(series D), 46(3): 246.

XU Y G, CHUNG S L, JAHN B M, et al. 2001. Petrologic and geochemical constraints on the petrogenesis of Permian-Triassic Emeishan flood basalts in Southwestern China[J]. Lithos, 58(3): 145-168.

XU Y G, HE B, CHUNG S L, et al. 2004. Geologic, geochemical and geophysical consequences of plume involvement in the Emeishan Flood-Basalt Province[J]. Geology, 32(10): 917.

YUAN F, ZHOU T F, LIU X D, et al. 2002. Geochemistry of rare earth elements of Anhui copper deposit in Anhui Province[J]. Journal of Rare Earths, 20(3): 223.

ZARTMAN R E, DOE B R. 1981. Plumbotectonics—the model[J]. Tectonophys, 75: 135-162.

ZAW K, HUSTON D L, LARGE R R. 1999. A chemical model of the Devonian remobilization process in the Cambrian volcanic hosted massive sulfide Rosebery Deposit, western Tasmania[J]. Economic Geology and the Bulletin of the Society of Economic Geologists, 94(4): 529-546.

ZHAN M G, LU Y F, DONG F L, et al. 1999. Genesis of Yangla Banded Skarn-hosted copper deposit in tethys orogenic belt of Southwestern China [J]. Journal of China University of Geosciences, 10(1): 58.

ZHANG Z C, MAHONEY J J, MAO J W, et al. 2006. Geochemistry of picritic and associated basalt flows of the western Emeishan flood basalt province, China[J]. Journal of Petrology, 47(10): 1997-2019.

ZHAO X F, ZHOU M F. 2011. Fe-Cu deposit in the Kangdian region, SW China: A Proterozoic IOCG (iron-oxide-copper-gold) metallogenic province[J]. Miner Deposita, 46: 731-747.

ZHAO X F, ZHOU M F, LI J W, et al. 2010. Late paleoproterozoic to early mesoproterozoic Dongchuan Group in Yunnan, SW China: implications for tectonic evolution of the Yangtze Block[J]. Precambrian research, 182: 57-69.

ZHOU M F, ZHAO J H, QI L, et al. 2006. Zircon U-Pb geochronology and elemental and Sr-Nd isotope geochemistry of permian mafic rocks in the funing area, SW China[J]. Contributions to Mineralogy and Petrology, 151(1): 1-19.

ZOU H B, ZINDLER A, XU X S, et al. 2000. Major, trace element, and Nd, Sr and Pb ispotope studies of Cenozoic basalts in SE China: Mantle sources, regional variations, and tectonic significance[J]. Chemical Geology, 171(1/2): 33-47.

图 版

图版 Ⅰ

1. 雪岭矿区全景
2. 矿部至 PD1 公路上以筇竹寺组为核的向斜
3. 宝九断裂在雪岭矿区的位置
4. 滥泥坪断裂在雪岭矿区的位置
5. 西碑垭口辉绿岩与白云岩断裂接触带中见有铜矿化
6. 探槽 TC6 全貌
7. 钻探施工现场
8. DZK3-3 钻孔岩心，黑色碳质白云岩为灯影组和陡山沱组分界线(331.4m)

图版 Ⅱ

1. 辉铜矿、孔雀石呈浸染状、块状、网脉状产出于灯影组白云岩中
2. 3350 平硐见氧化较强的铜多金属矿化呈浸染状、块状产出
3. 3300 平硐含闪锌矿、方铅矿、孔雀石等沿石英脉呈星点状、浸染状产出
4. Ⅱ号铁矿点块状硫铁矿沿断裂带产出于灯影组白云岩中
5. 探槽 TC2 中的褐铁矿体
6. DZK3-3 钻孔于 343m 见黄铜矿呈浸染状赋存于陡山沱组深灰色白云岩中
7. DZK3-3 钻孔于 346m 见斑铜矿、黄铁矿呈浸染状、星点状、细脉状赋存于陡山沱组深灰色白云岩中
8. DZK3-3 钻孔于 566m 见黄铜矿沿石英脉呈浸染状赋存于陡山沱组黑色碳泥质白云岩中

图版 Ⅲ

1. 灯影组白云岩，4×(+)
2. 昆阳群因民组紫红色长石石英砂岩，4×(+)
3. 辉绿岩中细粒斜长石被辉石包含形成嵌晶含长结构，4×(+)

4. 辉绿岩中辉石充填于自形的长板状斜长石搭成的三角形格架中，呈典型的辉绿结构，4×(+)
5. 黝铜矿、闪锌矿、方铅矿、黄铁矿紧密共生，4×(−)
6. 浸染状黝铜矿，10×(−)
7. 黝铜矿与黄铜矿紧密共生，4×(−)
8. 浸染状黝铜矿与半自形粒状黄铁矿共生，20×(−)

图版 Ⅳ

1. 闪锌矿交代黝铜矿，说明黝铜矿结晶在前，10×(−)
2. 黄铜矿、闪锌矿共生，闪锌矿交代黄铜矿，说明黄铜矿结晶在前，10×(−)
3. 方铅矿呈脉状交代闪锌矿，说明闪锌矿结晶在前，10×(−)
4. 方铅矿与闪锌矿共生，方铅矿交代闪锌矿，说明闪锌矿结晶在前，4×(−)
5. 方铅矿、闪锌矿、黄铁矿共生，方铅矿交代闪锌矿，说明闪锌矿结晶在前，10×(−)
6. 黄铁矿和黄铜矿共生，黄铁矿被黄铜矿包裹，说明黄铁矿结晶在前，10×(−)
7. 黄铁矿和黄铜矿共生，黄铁矿被黄铜矿包裹，说明黄铁矿结晶在前，4×(−)
8. 黄铁矿和褐铁矿共生，部分黄铁矿氧化形成褐铁矿，4×(−)

图版 Ⅴ

1. 它形黝铜矿，100×(BSE)
2. 黄铁矿、方铅矿、闪锌矿共生，黄铁矿呈半自形粒状被闪锌矿交代，说明黄铁矿结晶早于闪锌矿，闪锌矿又被方铅矿交代，说明闪锌矿结晶早于方铅矿，500×(BSE)
3. 方铅矿和闪锌矿，方铅矿呈脉状充填交代闪锌矿，说明闪锌矿结晶在前，300×(BSE)
4. 方铅矿和闪锌矿，闪锌矿被方铅矿包裹，说明闪锌矿结晶在前，1000×(BSE)
5. 黄铁矿呈密集浸染状晶出，300×(BSE)
6. 半自形黄铁矿晶体，650×(BSE)
7. 黄铁矿中裂纹发育，40×(BSE)
8. 自形-半自形黄铁矿粒状集合体，1000×(BSE)

图版 VI

1. 石英颗粒中的流体包裹体，类型为气液两相型，形态呈米粒状、椭圆状等，大小约为 4μm
2. 石英颗粒中的流体包裹体，类型为气液两相型，形态呈椭圆状、多边形状等，大小为 1.5~4μm
3. 石英颗粒中的流体包裹体，类型为气液两相型，形态呈米粒状，大小约为 2μm
4. 石英颗粒中的流体包裹体，类型为气液两相型，形态呈多边形状，大小约为 2μm
5. 方解石颗粒中的流体包裹体，类型为气液两相型，形态呈米粒状，大小约为 5μm
6. 方解石颗粒中的流体包裹体，类型为气液两相型，形态呈菱状、多边形状，大小约为 2μm
7. 方解石颗粒中的流体包裹体，类型为气液两相型，形态呈椭圆状，大小约为 4μm
8. 方解石颗粒中的流体包裹体，类型为气液两相型，形态呈米粒状、椭圆状，大小约为 10μm

扫描以下二维码，可见图版彩图。

图版 Ⅰ

图版 II

图版 Ⅲ

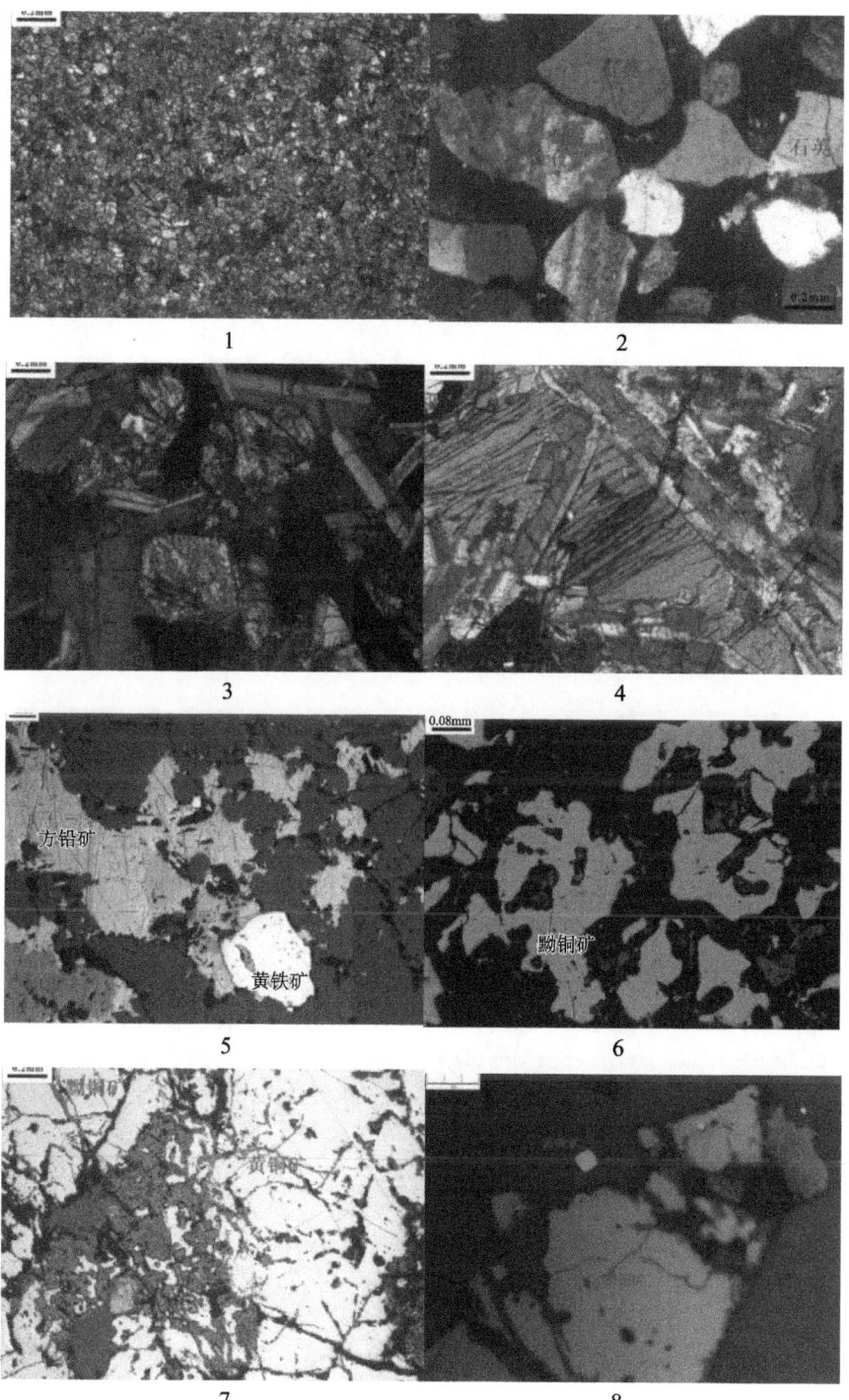

图版 IV

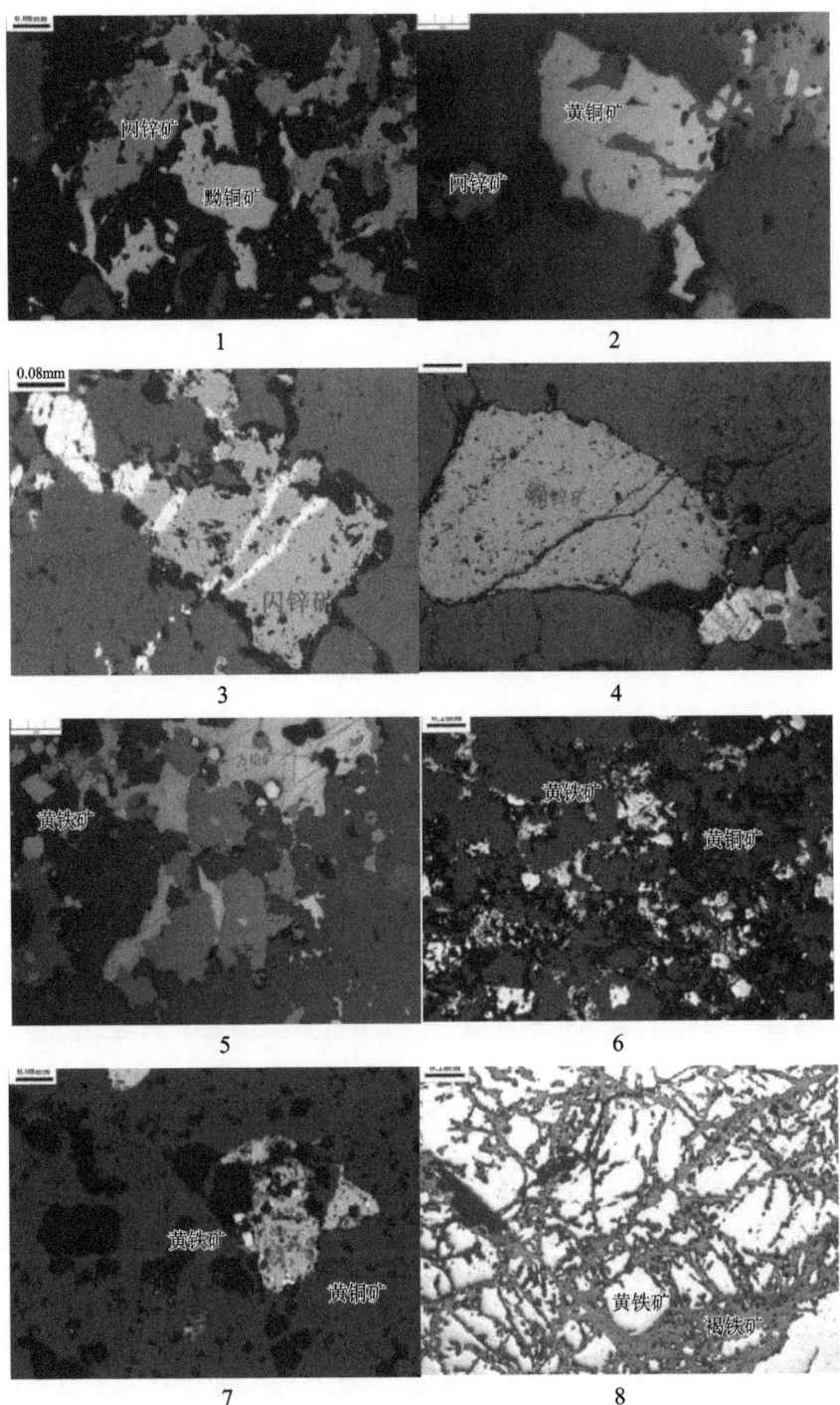

图版 V

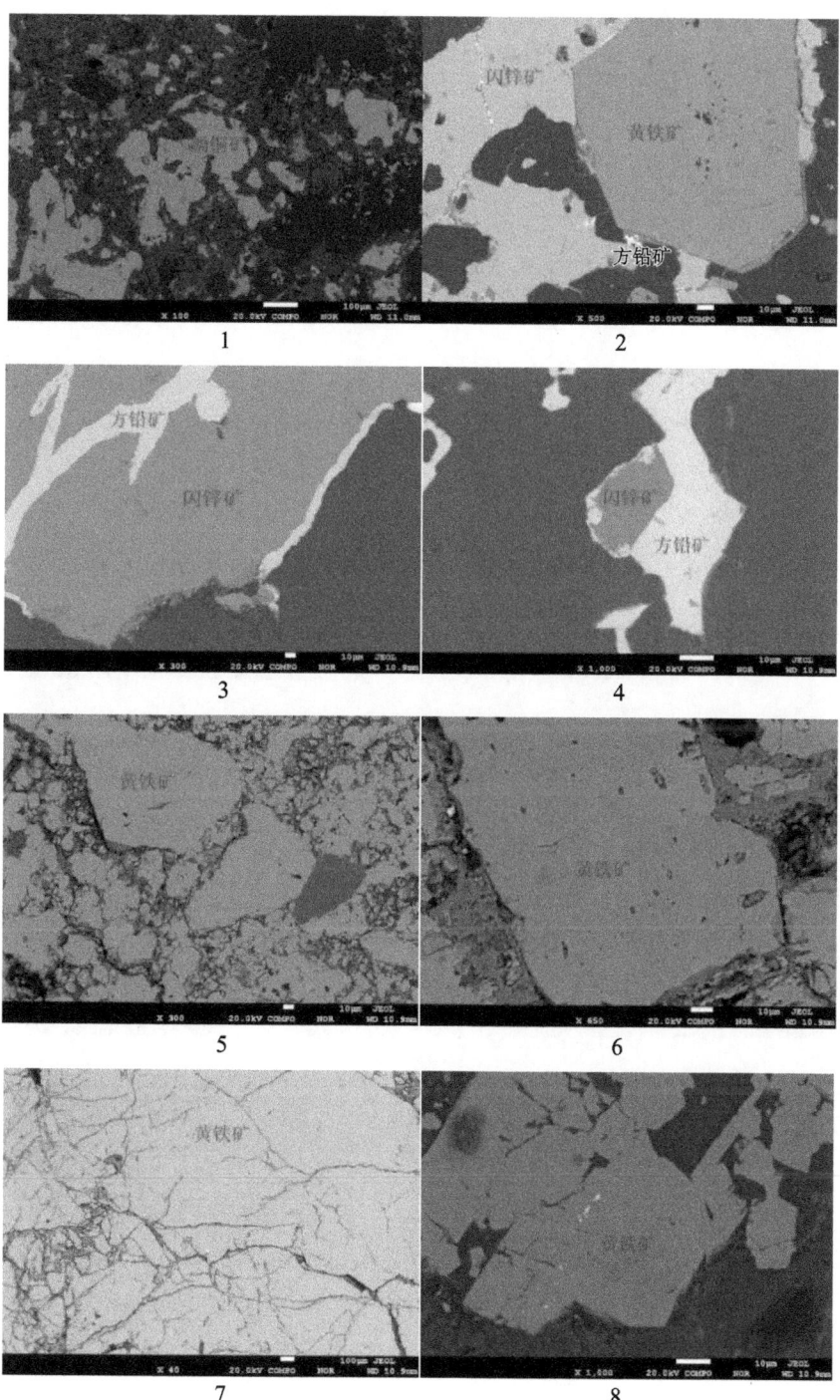

图版 VI

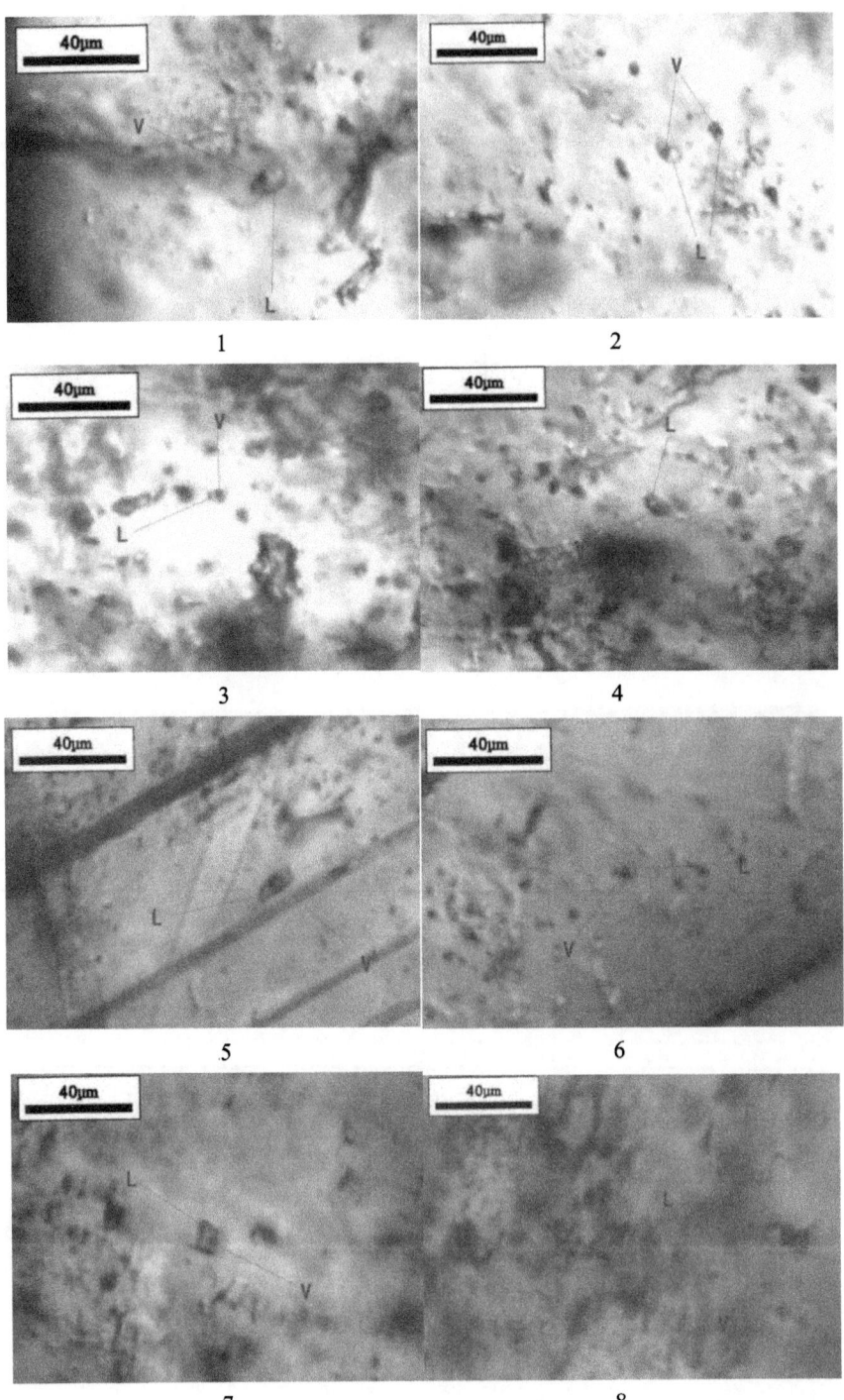